行水云课数字教材

普通高等教育"十四五"系列教材

高电压技术

主　编　刘望来

主　审　段慧达

中国水利水电出版社
www.waterpub.com.cn
·北京·

内 容 提 要

本书内容主要包括绪论，电介质的极化、电导和损耗，气体介质的电气强度，液体介质和固体介质的电气强度，电气设备绝缘预防性试验，高电压耐压试验，输电线路和绕组中的波过程，雷电放电及雷电防护设备，输电线路的防雷保护，发电厂和变电站的防雷保护，内部过电压，绝缘配合，以及附录和训练题。

本书主要作为普通高等院校及高等职业院校电气工程及其自动化专业、智能电网专业及相关专业的教学用书，也可以用作国家电网公司招聘考试辅导用书。

图书在版编目（CIP）数据

高电压技术 / 刘望来主编. -- 北京 ： 中国水利水电出版社，2024.2
普通高等教育"十四五"系列教材
ISBN 978-7-5226-2039-8

Ⅰ. ①高… Ⅱ. ①刘… Ⅲ. ①高电压－技术－高等学校－教材 Ⅳ. ①TM8

中国国家版本馆CIP数据核字(2024)第005906号

书　　名	普通高等教育"十四五"系列教材 **高电压技术** GAODIANYA JISHU
作　　者	主编　刘望来 主审　段慧达
出版发行	中国水利水电出版社 （北京市海淀区玉渊潭南路1号D座　100038） 网址：www.waterpub.com.cn E-mail：sales@mwr.gov.cn 电话：(010) 68545888（营销中心）
经　　售	北京科水图书销售有限公司 电话：(010) 68545874、63202643 全国各地新华书店和相关出版物销售网点
排　　版	中国水利水电出版社微机排版中心
印　　刷	清淞永业（天津）印刷有限公司
规　　格	184mm×260mm　16开本　16.75印张　408千字
版　　次	2024年2月第1版　2024年2月第1次印刷
印　　数	0001—2000册
定　　价	**50.00**元

凡购买我社图书，如有缺页、倒页、脱页的，本社营销中心负责调换

前言

    工程教育理念不断深化，为实现培养未来工程师的课程目标，必须对课程内容与教学方法进行改革；信息化教学技术的应用又拓展了教学内容的深度和广度。编写组在完成教育部产学合作协同育人、吉林省教育厅产学合作协同育人项目及在线课程建设过程中，积累了丰富的教学经验和课程资源。为了帮助普通本科院校、高职院校电气工程及相近专业学生更好地学习本课程，特编写此书。

    本书内容全面、丰富。淡化数学公式推导，更多的是利用算例对问题进行解析，简单易懂。

    编写组成员有长春工程学院刘望来、马莹、周珊，长春建筑学院曹琳。其中第一章至第三章由刘望来编写，第四章和第五章、附录和训练题由曹琳编写，第六章至第八章由马莹编写，第九章至第十一章由周珊编写，全书由刘望来统稿并担任主编。

    在本书编写过程中，段慧达教授给予了大量帮助及意见并审稿，特此表示感谢！

    由于编者水平有限，书中难免存在疏漏之处，诚盼读者指正。

刘望来

2023 年 9 月于长春工程学院

数 字 资 源 清 单

序　号	资 源 名 称	资源类型
资源 0.1	特高压发展概况	视频
资源 1.1	电介质极化（一）	视频
资源 1.2	电介质极化（二）	视频
资源 1.3	电介质电导	视频
资源 1.4	电介质损耗	视频
资源 2.1	气体分子本身的游离及负离子的形成	视频
资源 2.2	金属表面游离	视频
资源 2.3	带电粒子的消失	视频
资源 2.4	伏安特性曲线	视频
资源 2.5	汤逊理论	视频
资源 2.6	巴申特性曲线	视频
资源 2.7	流注理论和先导主放电	视频
资源 2.8	电晕	视频
资源 2.9	极性效应	视频
资源 2.10	冲击电压作用下气隙击穿	视频
资源 2.11	气体间隙的电气强度	视频
资源 2.12	大气条件对气隙击穿电压的影响	视频
资源 2.13	提高气隙击穿电压的措施（一）	视频
资源 2.14	提高气隙击穿电压的措施（二）	视频
资源 2.15	沿面放电—干闪	视频
资源 2.16	沿面放电—污闪	视频
资源 2.17	绝缘子串上的电压分布	视频
资源 3.1	液体放电理论（一）	视频
资源 3.2	液体放电理论（二）	视频
资源 3.3	固体的放电理论	视频
资源 3.4	电介质老化	视频
资源 4.1	高压试验概述	视频

序　　号	资　源　名　称	资源类型
资源4.2	绝缘电阻和吸收比的测量	视频
资源4.3	泄漏电流的测量及试验设备（一）	视频
资源4.4	泄漏电流的测量及试验设备（二）	视频
资源4.5	介质损耗角正切值的测量	视频
资源4.6	局部放电的测量	视频
资源4.7	其他检查性试验	视频
资源5.1	工频交流耐压试验	视频
资源5.2	直流耐压试验	视频
资源5.3	冲击耐压试验	视频
资源5.4	高电压测量技术	视频
资源6.1	无损单导线中的波过程（一）	视频
资源6.2	无损单导线中的波过程（二）	视频
资源6.3	行波的折反射（一）	视频
资源6.4	行波的折反射（二）	视频
资源6.5	行波通过串联电感和并联电容	视频
资源6.6	平行多导线系统中的波过程（一）	视频
资源6.7	平行多导线系统中的波过程（二）	视频
资源6.8	波在有损导线中的传播	视频
资源6.9	单相变压器绕组中波过程	视频
资源6.10	三相变压器和电机绕组中的波过程	视频
资源7.1	雷电参数	视频
资源7.2	直击雷防护设备（一）	视频
资源7.3	直击雷防护设备（二）	视频
资源7.4	保护间隙和管型避雷器	视频
资源7.5	普通阀型避雷器和磁吹避雷器（一）	视频
资源7.6	普通阀型避雷器和磁吹避雷器（二）	视频
资源7.7	氧化锌避雷器	视频
资源7.8	防雷接地	视频
资源8.1	输电线路感应雷过电压	视频
资源8.2	输电线路直击雷过电压（一）	视频
资源8.3	输电线路直击雷过电压（二）	视频

序 号	资 源 名 称	资源类型
资源 8.4	输电线路雷击跳闸率	视频
资源 8.5	输电线路防雷措施	视频
资源 9.1	发电厂和变电站直击雷防护	视频
资源 9.2	阀型避雷器的保护作用	视频
资源 9.3	变电站进线段保护	视频
资源 9.4	变压器的防雷保护	视频
资源 9.5	直配电机的防雷保护	视频
资源 10.1	内部过电压概述	视频
资源 10.2	切断空载线路过电压	视频
资源 10.3	合空载线路过电压	视频
资源 10.4	切空载变压器过电压	视频
资源 10.5	中性点不接地系统弧光接地过电压	视频
资源 10.6	工频电压升高	视频
资源 10.7	谐振过电压	视频
资源 11.1	绝缘配合基本概念	视频
资源 11.2	绝缘配合的惯用法	视频
资源 11.3	中性点运行方式	视频
资源 11.4	架空输电线路的绝缘配合	视频

目录

前言

数字资源清单

绪论 ……………………………………………………………………………… 1

第一章　电介质的极化、电导和损耗 …………………………………………… 3

　第一节　电介质的极化 …………………………………………………………… 3

　第二节　电介质的电导 …………………………………………………………… 11

　第三节　电介质的损耗 …………………………………………………………… 13

第二章　气体介质的电气强度 …………………………………………………… 19

　第一节　带电粒子的产生与消失 ……………………………………………… 19

　第二节　伏安特性曲线与汤逊理论 …………………………………………… 24

　第三节　巴申定律 ……………………………………………………………… 27

　第四节　流注理论和先导主放电 ……………………………………………… 29

　第五节　不均匀电场中气体的放电 …………………………………………… 33

　第六节　气隙在冲击电压下的击穿特性 ……………………………………… 39

　第七节　气体介质的电气强度 ………………………………………………… 44

　第八节　提高气隙击穿电压的方法 …………………………………………… 51

　第九节　沿面放电 ……………………………………………………………… 58

第三章　液体介质和固体介质的电气强度 …………………………………… 74

　第一节　液体介质的击穿 ……………………………………………………… 74

　第二节　固体介质的击穿 ……………………………………………………… 81

　第三节　组合绝缘的电气强度 ………………………………………………… 85

　第四节　电介质的老化 ………………………………………………………… 85

第四章　电气设备绝缘预防性试验 …………………………………………… 89

　第一节　绝缘电阻的测量 ……………………………………………………… 90

　第二节　泄漏电流的测量 ……………………………………………………… 94

　第三节　介质损耗角正切值的测量 …………………………………………… 99

　第四节　局部放电的测量 ……………………………………………………… 103

　第五节　电压分布的测量 ……………………………………………………… 106

第五章　高电压耐压试验 ……………………………………………………… 108

　第一节　工频交流耐压试验 …………………………………………………… 108

第二节 直流耐压试验 …………………………………………………………… 115

第三节 冲击耐压试验 …………………………………………………………… 116

第四节 绝缘状态的综合判断 …………………………………………………… 120

第六章 输电线路和绕组中的波过程 ………………………………………… 122

第一节 无损单导线中的波过程 ………………………………………………… 123

第二节 行波的折射与反射 ……………………………………………………… 128

第三节 行波通过串联电感和并联电容 ………………………………………… 132

第四节 行波多次折反射 ………………………………………………………… 136

第五节 平行多导线系统中的波过程 …………………………………………… 137

第六节 冲击电晕对线路中波过程的影响 ……………………………………… 141

第七节 绕组中的波过程 ………………………………………………………… 142

第八节 旋转电机中的波过程 …………………………………………………… 150

第七章 雷电放电及雷电防护设备 …………………………………………… 152

第一节 雷电参数及雷电放电的计算模型 ……………………………………… 152

第二节 直击雷防护设备 ………………………………………………………… 156

第三节 入侵波防护设备 ………………………………………………………… 162

第四节 防雷接地 ………………………………………………………………… 171

第八章 输电线路的防雷保护 ………………………………………………… 178

第一节 感应雷过电压 …………………………………………………………… 178

第二节 直击雷过电压及线路耐雷水平 ………………………………………… 181

第三节 雷击跳闸率 ……………………………………………………………… 184

第四节 线路防雷措施 …………………………………………………………… 186

第九章 发电厂和变电站的防雷保护 ………………………………………… 189

第一节 发电厂和变电站直击雷保护 …………………………………………… 189

第二节 阀型避雷器的保护作用 ………………………………………………… 190

第三节 变电站进线段保护 ……………………………………………………… 193

第四节 变压器的防雷保护 ……………………………………………………… 197

第五节 变电站的防雷保护 ……………………………………………………… 200

第六节 旋转电机的防雷保护 …………………………………………………… 202

第十章 内部过电压 …………………………………………………………… 206

第一节 切断空载线路过电压 …………………………………………………… 207

第二节 合空载线路过电压 ……………………………………………………… 210

第三节 切空载变压器过电压 …………………………………………………… 214

第四节 弧光接地过电压 ………………………………………………………… 216

第五节 工频电压升高 …………………………………………………………… 220

第六节 谐振过电压 ……………………………………………………………… 223

第十一章　绝缘配合 ·· 226

　第一节　绝缘配合的概念和原则 ·· 226

　第二节　绝缘配合的基本方法 ·· 227

　第三节　中性点接地方式对绝缘水平的影响 ···································· 229

　第四节　电气设备绝缘水平的确定 ··· 230

　第五节　架空线路绝缘水平的确定 ··· 233

附录 A　标准球间隙放电电压表 ··· 238

附录 B　避雷器电气特性 ··· 243

训练题 ··· 247

参考文献 ·· 256

绪　论

高电压技术是电工学科的一个重要分支，它主要研究高电压、强电场下电介质的各种电气物理问题。高电压技术是一门试验科学，始终与大功率远距离输电的需求密切相关。

一、我国电压等级的划分

以 1kV 为分界线，把 1kV 以下的电压等级称为低压，主要有 380V、220V 等；把 1kV 及以上的电压等级称为高压。在高压部分，随着电压等级的升高，伴随着一些物理现象的出现，根据这些物理现象的特征可以将高压部分划分成普通高压、超高压和特高压。普通高压指 1~220kV 范围内的电压等级，工程中，主要有交流 3kV、6kV、10kV、35kV、60kV、110kV、220kV 等，直流 ±100kV、±120kV、±125kV、±166.7kV 等。超高压指交流 250~1000kV、直流 ±220~±800kV 范围内的电压等级，工程中，主要有交流 330kV、500kV、750kV 和直流 ±400kV、±500kV、±600kV。特高压指交流 1000kV 及以上、直流 800kV 及以上部分的电压等级，工程中有交流 1000kV、直流 ±800kV 及 ±1100kV。目前，我国是唯一在特高压输电领域实现大规模商业运营的国家，预计到 2025 年特高压输电线路总长度将达到甚至突破 4 万 km。

资源 0.1

二、为什么要采用高电压

我国是一次能源分布极不均衡的国家，煤炭矿藏主要集中在内蒙古、山西和新疆等地区，水力资源主要集中在西南地区，而用电负荷中心却主要集中在东部沿海、京津和广东等地区。要把一次能源输送到用电负荷中心再转化成电能，既不经济也不环保，因此需要在一次能源集中的地区建设电厂，并通过输电线路把电能输送到用电负荷中心。借用电工学的基本结论：

$$P \propto \frac{U^2}{Z} \qquad (0-1)$$

式中　P——输电功率；

　　　U——电压；

　　　Z——阻抗。

输电功率正比于电压的平方，反比于系统阻抗（实质是波阻抗）；而输电线路的阻抗又与线路长度成正比，即 $P \propto \dfrac{U^2}{l}$

因此要实现大功率、远距离输电，最为可行的措施是提高输电电压。特高压电网建设是建立能源互联网，保障我国能源供应安全的关键一环。

三、要实现大功率远距离输电首先要解决的技术问题

绝缘问题是一个必须被解决的重要技术问题。绝缘是判定两点之间电位差的依据。要在高电压状态下保持安全，电气设备的绝缘必须能够耐受相应的工作电压和过电压。在电力系统导电、导磁和绝缘三大技术材料类别中，绝缘材料的重要性最高，主要体现在如下方面：

（1）绝缘性能会影响设备的温升，从而影响设备的容量、体积和质量等参数的设计。

（2）绝缘性能会影响设备的寿命。一方面电气设备故障主要是绝缘故障；另一方面电气设备的设计寿命是依据绝缘的热老化速度确定的。

（3）绝缘性能会影响电力系统投资。随着电压等级的提高，电气设备外形尺寸越来越大，绝缘材料费用在总成本中占据的比例越来越高。同时，随着土地资源越来越紧张，征地费用占电力系统投资的比例不断提高。以 220kV 输送自然功率 121MW 为基准，不同输电电压等级的输送能力比较值见表 0-1。

表 0-1　　　　　　　　　不同输电电压等级的输送能力比较值

额定电压/kV	220	330	500	750	1000
输送能力比较值	1.00	2.98	7.44	18.18	33.06

输电线路的电压等级越高，输送自然功率越大。1000kV 输电线路的输电能力约为 500kV 输电线路的 4.5 倍，而单条 1000kV 线路走廊宽度约为 90m，单条 500kV 线路走廊宽度约为 45m，若采用 500kV 的电压输送与 1000kV 线路同样的功率，线路的走廊总宽度需要是 1000kV 输电线路的 2 倍左右。因此，采用特高压能够节约大量征地费用。

四、如何解决绝缘问题

解决绝缘问题可以从两方面寻找途径：①寻找和研制新型绝缘材料；②限制作用在绝缘上的过电压。

这两个方面是"高电压技术"课程将要讲授的主要内容。

第一章 电介质的极化、电导和损耗

电介质是指在物理上没有传导电子的结构，但在电场下会发生极化的材料，它们的电导很小，绝缘电阻率很高，电阻率通常达 $10^6 \sim 10^{19} \, \Omega \cdot m$，在电场中起绝缘作用，可以用来分隔不同电位的导体或分隔导体与地面。电介质按其物质形态可分为气体介质、液体介质和固体介质。电介质的电气特性主要表现为它们在电场作用下的导电性、介电性和电气强度，即在电场作用下，电介质会发生电导、极化、介质损耗，当电场强度足够高时，还会发生放电、击穿等现象。电导率 γ（或绝缘电阻率 ρ）、相对介电常数 ε_r、介质损耗角正切值 $\tan\delta$ 和击穿场强 E_b 是一些常用来描述电介质性能的变量。

气体介质的极化、电导和介质损耗都比较微弱，一般可以忽略不计。需要关注的是液体介质和固体介质在这些方面的特性。

第一节 电介质的极化

把电场作用下电介质相对电极两面呈现电性的现象称为极化。由于电介质的物质结构不同，极化的基本形式有电子式极化、离子式极化、偶极子极化和空间电荷极化。

资源 1.1

一、问题提出

图 1-1 是极化试验电路，在密闭容器中加入两个平板电极，在电极上外施直流电压进行充电，图 1-1（a）中，容器为真空状态，极板上的电荷只来源于外施电源。充电结束后极板上所充电量为 Q_0，电容量为

$$C_0 = \frac{Q_0}{U} = \varepsilon_0 \frac{A}{d} \tag{1-1}$$

式中 ε_0——真空介电常数，$\varepsilon_0 \approx 8.854 \times 10^{-14} \, F/cm$；

$\qquad A$——极板面积，cm^2；

$\qquad d$——极间距离，cm。

图 1-1（b）中，在两个电极间加入厚度与极间距离相同的固体介质重新进行试验。充满电后，发现极板上的电量增加了 Q'，所充电量为 $Q = Q_0 + Q'$。

Q' 电量来源于固体介质的极化。由于极化，固体介质内部形成一个与外施电场方向相反的附加电场。在外施电源电压恒定的条件下，由于固体介质极化产生了反方向电场，为保持两极板间电压不变，电源需要额外提供电量 Q' 来平衡附加电场。此时，

电容值为

$$C = \frac{Q_0 + Q'}{U} = \varepsilon \frac{A}{d} \qquad (1-2)$$

式中 ε——极板间加入固体介质的介电常数。

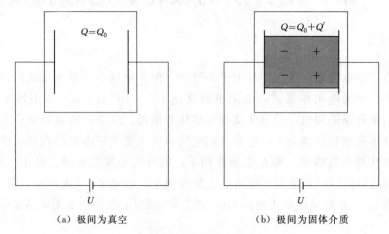

（a）极间为真空 　　　　　　（b）极间为固体介质

图 1-1　极化试验电路

可见，通过在相同的极板间加入不同绝缘材料可以获得不同的电容值，加入电介质的介电常数越大，得到的电容值就越大。

二、相对介电常数

用相对介电常数 ε_r 描述电介质极化能力强弱。

$$\varepsilon_r = \frac{Q_0 + Q'}{Q_0} = \frac{C}{C_0} \qquad (1-3)$$

相对介电常数是电极间加入电介质后总的充电量与电极间为真空时充电量之比，即两种情况下的电容之比，因此又称为电容率。相对介电常数越大，电介质的极化能力越强。

电介质极化与介质类型、外施电压大小、电场的频率、温度等因素有关，表 1-1 中列举了若干常用电介质在 20℃时工频交流电压下的 ε_r 值。气体介质由于密度很小，其 ε_r 接近于 1，而液体介质和固体介质的 ε_r 大多在 2~6 之间。

表 1-1　　　　　　　　常用电介质的相对介电常数 ε_r 值

材　料　类　别		名　称	ε_r（工频，20℃）
气体介质（标准大气条件下）	中性	空气	1.00058
		氮气	1.00060
	极性	二氧化硫	1.009
液体介质	弱极性	变压器油	2.2
		硅有机油	2.2~2.8
	极性	蓖麻油	4.5

续表

材料类别		名　称	ε_r（工频，20℃）
液体介质	极性	氯化联苯	4.6～5.2
	强极性	酒精	33
		水	81
固体介质	中性或弱极性	石蜡	2.0～2.5
		聚苯乙烯	2.5～2.6
		聚四氟乙烯	2.0～2.2
		松香	2.5～2.6
		沥青	2.6～2.7
	极性	纤维素	6.5
		胶木	4.5
		聚氯乙烯	3.0～3.5
	强极性	钛酸钡	几千
	离子性	云母	5～7
		电瓷	5.5～6.5

三、极化的形式及特点

（一）电子式极化

1. 极化的发生

电子式极化如图 1-2 所示，没有外加电场作用时，电介质原子中的电子围绕原子核做圆周运动，正负电荷的作用中心一致，没有形成附加电场；在外施电压作用下，带正电的原子核趋向负极板运动，带负电的电子趋向正极板运动，电子围绕原子核运动轨迹的形状发生变化，并形成附加电场，发生电子式极化。

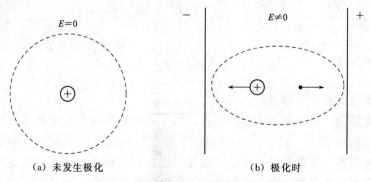

(a) 未发生极化　　　　　　　(b) 极化时

图 1-2　电子式极化

2. 电子式极化的特点

电子式极化具有以下特点：

（1）速度快。电子式极化的形成所需要的时间仅为 $10^{-15}\sim10^{-14}$ s，该时间长度已与可见光的周期相近，即电场频率即使达到光频也能够发生电子式极化。因此，实际工程中，各种频率交变电场下电介质都能够发生电子式极化，不受电场频率影响。电场下，所有电介质中都发生着电子式极化。

（2）具有弹性。电子式极化发生时，电子围绕原子核运动轨迹形状由圆形变成椭圆形；去除外加电场后，电子运动轨迹还能够由椭圆形恢复成圆形，即具有弹性的特点。电子式极化是正负电荷之间发生的弹性位移，又称为电子位移极化。

（3）不消耗能量。电子式极化是电子围绕原子核运动轨迹形状的变化，并不消耗能量，不会引起电介质发热。

温度对电子式极化的影响很小。温度升高时电介质体积会略微膨胀，单位体积内的分子数减少，电子式极化稍有减弱。

电场强度增大，极化强度增加；气压增高，气体介质极化强度增加；但影响幅度都较小，一般不予考虑。

（二）离子式极化

固体无机化合物大多属于离子式结构，如云母、陶瓷等。电场下，固体无机化合物中发生电子式极化的同时，还会发生离子式极化。以氯化钠晶体为例，其离子式极化如图 1-3 所示。没有电场作用时，氯化钠分子中的 Cl^- 和 Na^+ 对称分布在标准六面体的各顶点上，正负电荷作用中心一致，没有形成附加电场；电场作用下，Cl^-、Na^+ 趋向电极运动，使标准六面体扭曲，正负电荷作用中心不再一致，形成附加电场，发生离子式极化。

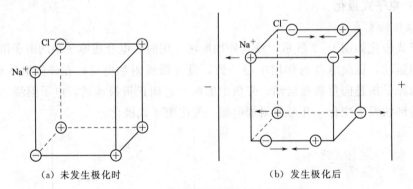

（a）未发生极化时　　　　　　　　（b）发生极化后

图 1-3　氯化钠晶体的离子式极化

离子式极化具有以下特点：

（1）速度较快。相对电子式极化而言，离子式极化的发生速度稍慢。发生离子式极化所需要时间为 $10^{-13} \sim 10^{-12}$ s，该时间长度已接近红外光的周期，即电场频率只要低于红外光频率，就能够发生离子式极化。因此，工程中只要有外施电场作用，离子结构的电介质中就会发生离子式极化，不受电场频率影响。

（2）具有弹性。没有电场时，正负离子对称分布，没有形成附加电场；电场作用下，正负离子趋向电极运动，不再对称分布，形成附加电场；去除电场后，正负离子恢复对称分布；因此离子式极化是弹性的。离子式极化是正负离子发生弹性位移形成的，又称为离子位移极化，与电子式极化统称为位移极化。

（3）消耗极微量能量。离子式极化是分子形状发生弹性形变的过程，消耗极少能量，不会引起电介质发热，可将其划归为无损极化。需要注意的是，一些结构不紧密的固体无机化合物的损耗因数较大，其损耗不是由电子式极化和离子式极化产生的，而是由离子松弛极化产生的。

温度升高会使电介质体积膨胀，导致离子式极化减弱；温度升高会使电介质中离子间结合力减弱，导致离子式极化加强；总体来说，温度升高，离子式极化加强。

（三）偶极子极化

有些物质的分子本身就呈现电性，即正负电荷作用中心不一致，把这种分子称为极性分子或偶极子。水分子是偶极子，其示意图如图 1-4 所示，由于 H^+ 和 O^{2-} 不对称分布，所以一个水分子一端带正极性，另一端带负极性。由极性分子组成的电介质是极性介质，常用的极性介质有胶木、橡胶、纤维素、蓖麻油、氯化联苯、有机玻璃、酒精和水等。电场下，极性介质中发生电子式极化的同时，还会发生偶极子极化。

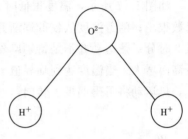

资源 1.2

图 1-4 水分子示意图

偶极子极化如图 1-5 所示，没有电场作用时，偶极子由于热运动处于杂乱无章状态，没有形成方向一致的附加电场；电场下，偶极子在电场的作用下转向，形成方向一致的附加电场，发生偶极子极化，又称为转向极化。外电场越强，极性分子的转向越充分，极化越强。

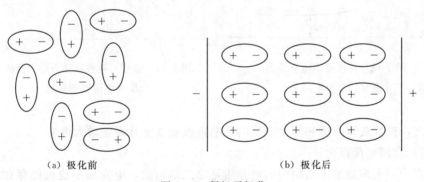

（a）极化前　　　　　　　　　（b）极化后

图 1-5 偶极子极化

偶极子极化具有以下特点：

（1）速度较慢。发生偶极子极化需要的时间为 $10^{-10} \sim 10^{-2}\,\mathrm{s}$，相对于位移极化来说速度较慢，极化的发生会受到电场频率影响。

（2）非弹性的。没有电场作用时，偶极子处于杂乱无章状态；电场下，偶极子转向，形成方向一致的附加电场；去除外加电场后，分子热运动会使附加电场慢慢消失，但需要一定时间。因此偶极子极化是非弹性的。

（3）消耗能量。偶极子转向的过程需要克服彼此之间的引力，因此会消耗能量、产生介质损耗。

电场频率和温度对偶极子极化有较大影响。电场频率对极性介质介电常数的影响如图 1-6 所示，频率较低时，偶极子完全能够跟上频率的变化，极化充分发生，介电常数为最大值 ε_d；频率升高到临界值 f_0 时，偶极子转向的完成程度开始受频率的影响。随着频率再升高，偶极子越来越跟不上电场的交变，介电常数不断减小。当频率达到 f_1 时，偶极子转向的速度完全无法跟上频率，不能再发生偶极子极化，此时只有电子式极化，介电常数为最小值 ε_∞。总之，极性介质的介电常数随频率升高而减小。

温度对极性介质介电常数也有较大的影响，但与电介质的物质状态相关。温度升高，气体密度降低，极性气体介质的介电常数减小。温度对极性液体介质和固体介质介电常数的影响需要从温度对分子间黏附力的影响和对热运动的影响两方面进行分析。

如图 1-7 所示，温度很低时，分子之间黏附力很大，偶极子转向比较困难，介电常数很小；随着温度从较低逐渐升高，分子之间黏附力减弱，有利于偶极子转向，并且此时分子热运动并不是特别剧烈，对偶极子转向的阻碍作用较小，介电常数随温度升高而增大；当温度达到临界值 t_1 时，分子热运动加剧的影响超过了黏附力减弱的影响，热运动将阻碍偶极子转向，导致温度再升高时介电常数随之减小。

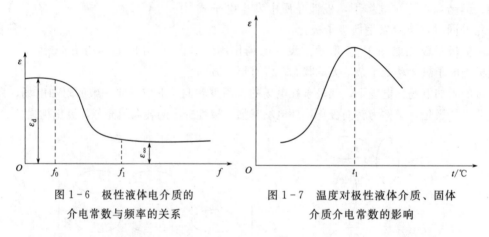

图 1-6　极性液体电介质的
介电常数与频率的关系

图 1-7　温度对极性液体介质、固体
介质介电常数的影响

总之，极性液体介质和固体介质的介电常数随温度升高先增大再减小。

（四）空间电荷极化

工程中，大多数绝缘结构中的电介质是层式结构的，电介质中也可能存在某些晶格缺陷。在电场的作用下，带电粒子在电介质中移动时，可能被晶格缺陷捕获或在两层电介质的交界面上堆积，造成电荷在电介质空间中形成新的分布，形成附加电场，产生空间电荷极化。

最典型的空间电荷极化是夹层极化。下面以最简单的双层电介质为例，对夹层极化的形成过程加以分析。

双层电介质极化模型如图 1-8 所示，各层电介质的电容分别为 C_1 和 C_2，电导分别为 G_1 和 G_2，直流电源电压为 U。为方便分析，全部参数均只标数值，略去单位。

设 $C_1 = 1$，$C_2 = 2$，$G_1 = 2$，$G_2 = 1$，$U = 3$，各层电介质分担的电压分别为 U_1 和 U_2。

开关 S 合闸初瞬，两种电介质上的电压按照电容的反比例分布，得

$$\frac{U_1}{U_2}=\frac{C_2}{C_1}=2$$

$$U_1=2, \quad Q_1=C_1U_1=2$$

$$U_2=1, \quad Q_1=C_2U_2=2$$

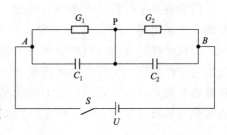

图 1-8 双层电介质极化模型

电荷和电位分布如图 1-9（a）所示时，可以看出，初瞬时总电量为 2，电容为 2/3，在两种电介质交界面处没有电荷。

稳态时，两种电介质上的电压按照电导反比例分布，得

$$\frac{U_1}{U_2}=\frac{G_2}{G_1}=\frac{1}{2}$$

$$U_1=1, \quad Q_1=C_1U_1=1$$

$$U_2=2, \quad Q_2=C_2U_2=4$$

电荷和电位分布如图 1-9（b）所示时，能够看出，稳态时总电量为 4，电容为 4/3，在两种电介质交界面处出现 3 个正电荷。

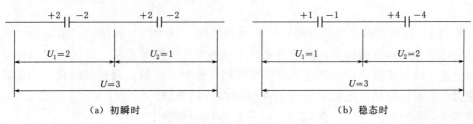

（a）初瞬时   （b）稳态时

图 1-9 电荷和电位分布

由初始状态向稳态过渡的过程中，第一个电介质通过电导释放掉 1 个电荷，第二个电介质通过电导从电源新获得 2 个电荷；在电荷重新分配过程中使电容增大，产生夹层极化。

夹层极化具有以下特点：

（1）速度慢。电荷的重新分配是通过电介质电导完成的，而电介质电导很小，完成夹层极化需要几十分之一秒到几分钟，甚至更长时间，因此只有在直流、低频交流电压下才能够发生。外施电压的频率是夹层极化能否发生的决定性因素。

（2）非弹性的。发生夹层极化需要的时间长，内部附加电场由于电荷热运动而消散所需要的时间更长，因此夹层极化过程是非弹性的。

需要特别注意的是，夹层极化形成的内部附加电场需要通过带电粒子的热运动慢慢消散，由附加电场在电介质表面产生的吸收电荷只有在内部附加电场消散后才会转化成自由电荷泄放掉，此过程需要的时间甚至比发生夹层极化的时间还长。因此，对退出运行的电气设备进行高压试验，在试验前和试验后必须用带限流电阻的接地线对地放电；对施加过直流高电压的大容量设备，放电时应将两极长时间短接，以免危及人身安全。同理，退出运行的电容器中还存储有大量电荷，不要用手直接触摸悬空的电极！

（3）消耗能量。电荷运动必然要消耗能量，产生介质损耗。

前面讲述了四种基本类型的极化，总结如下：极化是电场下电介质内部形成附加电场、表面出现束缚电荷的现象，电介质本身的极化形式有电子式极化、离子式极化、偶极子极化和空间电荷极化，不同电介质配合使用时会发生夹层极化。根据极化发生过程的特征，又可以把极化定义为电介质在电场作用下发生弹性位移、转向或电荷重新分配的过程，可以划分为快速无损极化（电子式极化、离子式极化）和慢速有损极化（偶极子极化、夹层极化）两类。

四、研究极化的意义

（1）选择制造电容的绝缘材料时，一方面需要注意材料的绝缘强度，另一方面材料的介电常数应尽可能大。相同电容值的电容器，使用介电常数大的材料可以使电容极板面积减小，这样可使单位电容的体积减小、重量减轻。然而，选择应用于其他电气设备的绝缘材料时往往更倾向于选用介电常数小的电介质，例如交流电缆中使用介电常数小的绝缘材料可以减小其电容和电容电流。此外，介电常数较大的电介质中可能会发生有损极化，在交变电压下将产生较大的介质损耗。

（2）在交流及冲击电压作用下，多层串联电介质中的电场强度按介电常数反比例分布。

算例 1： 在制造高压交流电缆时，如果只使用一种绝缘材料缠绕电缆芯线，会使内层绝缘承受很高电场强度，而外层绝缘分担的电场强度却很低，形成内层绝缘承担电压过高、外层绝缘承担电压过低而没有得到充分利用的不合理绝缘结构。因此，高压交流电缆可以使用介电常数不同的绝缘材料分别缠绕电缆芯线，形成分阶绝缘。例如用介电常数不同的两种绝缘纸缠绕电缆芯线。但需要注意，必须先缠绕介电常数大的高密度薄绝缘纸，后缠绕介电常数小的低密度厚绝缘纸，才是合理的绝缘结构。

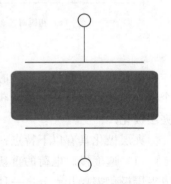

图 1-10　交流电压下
组合绝缘耐压试验

算例 2： 如图 1-10 所示，一个均匀电场气体间隙（简称气隙）的极间距离为 2cm，击穿场强为 30kV/cm。在施加 38kV（有效值）工频交流电压时没有击穿。现在在极板间插入厚度为 1cm 的固体绝缘板（相对介电常数为 2.3，击穿场强为 50kV/cm），问施加相同电压时气隙是否会击穿？

分析：设气体介质中电场强度为 E_1，分担的电压为 U_1，固体介质中电场强度为 E_2，分担的电压为 U_2。

$$U_1 + U_2 = \sqrt{2} \times 38 \approx 53.7(\text{kV})$$

$$\frac{E_1}{E_2} = \frac{\varepsilon_2}{\varepsilon_1} = 2.3 = \frac{U_1}{U_2}$$

$$U_1 = 37.4\text{kV}, \quad U_2 = 16.3\text{kV}$$

可以看出，加入固体介质后，1cm 厚气体介质上承担着 37.4kV 的电压，电场强度超过其击穿场强 30kV/cm，使气体介质击穿。气体介质击穿后，电压全部作用在固体介质上，也会使其击穿。

通过算例能够体会到，设计组合绝缘时要注意材料的配合对电场分布的影响。

（3）利用夹层极化可以判断绝缘受潮的情况。当电介质受潮后，电介质中除其本身的极化形式外，增加了偶极子极化和夹层极化，使介电常数增大。直流电压下，随着极化过程的发展，流过电介质的电流随加压时间而衰减，形成吸收现象。根据吸收现象可以判断绝缘是否受潮。

第二节 电介质的电导

任何电介质都不可能是理想的绝缘体，都有一定的导电性，即电导。但电介质电导与金属电导有本质的区别。金属电导是电子电导，电介质电导是由电介质中极微量的带电粒子（载流子）定向运动形成的，包括可迁移的正负离子、电子、空穴和带电分子团等，因此属于离子电导。准确地说，电介质电导可被分为离子电导和电子电导两种。电子电导通常非常微弱，在分析时可以忽略电子电导，只考虑离子电导。但当出现相当可观的电子电导时，表明电介质已经击穿。

资源 1.3

电介质电导还可被分为本征离子电导和杂质离子电导。气体介质的电导一般是由气体中杂质离解出的带电粒子产生，是杂质离子电导。中性、弱极性液体介质和固体介质的电导也属于杂质离子电导。极性液体介质中除了杂质离子电导之外，还有较大的本征离子电导，甚至包含电泳电导，因此电导较大。固体介质电导包括体积电导和表面电导，由于表面电导受介质表面状况影响较大，一般对于固体介质，更希望掌握的是其体积电导的大小，以判断绝缘状况。

一、电导率 γ

用电导率 γ 或绝缘电阻率 ρ 来描述电介质的导电性能。纯净的非极性电介质的电导率很小，亦即绝缘电阻率很高，可以达到 $10^{17} \sim 10^{19} \Omega \cdot \text{cm}$，甚至更高；极性电介质的电导稍大一些，绝缘电阻率降低，在 $10^{10} \sim 10^{14} \Omega \cdot \text{cm}$。

电导是产生介质损耗的主要原因之一，对电气设备的运行有重要影响。电导产生的能量损耗使设备发热，使绝缘劣化、老化，甚至可能导致电介质发生热击穿。因此电介质电导越小越好。部分液体介质的电导率见表 1-2。由表可知，高度净化后的水的电导率依然达到 10^{-5}S/m，因此水不能被用作绝缘材料。

表 1-2 部分液体介质的电导率

液体介质种类	液体名称	温度/℃	电导率/(S/m)	纯净程度
中性	变压器油	80	0.5×10^{-10}	未净化
	变压器油	80	2×10^{-13}	净化
	变压器油	80	0.5×10^{-13}	两次净化
	变压器油	80	10^{-16}	高度净化
极性	蓖麻油	20	10^{-10}	工程上应用

续表

液体介质种类	液体名称	温度/℃	电导率/(S/m)	纯净程度
强极性	水	20	10^{-5}	高度净化
	乙醇	20	10^{-6}	净化

二、影响电介质电导的主要因素

电介质电导是电场作用下带电粒子定向运动形成的，因此与带电粒子的数量和运动速度有关，能够影响带电粒子数量和粒子运动速度的因素都会影响电导。因此电介质性质、电场强度、温度、湿度、杂质等因素会影响电介质电导。

空气的电导远低于液体介质和固体介质的电导，极性电介质的电导一般比中性电介质电导大。电场强度对电介质电导的影响将在气体介质伏安特性曲线部分作详细介绍。电介质受潮、受污染后电导会变大。温度升高，电介质电导增大，绝缘电阻降低，因此电介质的电导具有正温度系数，绝缘电阻具有负温度系数。固体介质和液体介质的电导率 γ 与温度 T 的关系均可近似用下式表示：

$$\gamma = A e^{-\frac{B}{T}} \tag{1-4}$$

式中　A、B——常数，均与电介质的特性有关，固体介质的常数 B 通常比液体介质的大得多；

　　　T——绝对温度，K。

可见，固体介质和液体介质的电导率随温度升高按指数规律增大。在测量电介质电导或绝缘电阻时，一定要注意温度。

三、电介质等值电路

可以通过试验测量直流电压下流过电介质的电流，试验电路如图 1-11（a）所示，在两个平板电极之间加入一个厚度与极间距离相等的固体介质，极板上施加直流电压，电路中检流计能检测到三个电流，如图 1-11（b）所示。

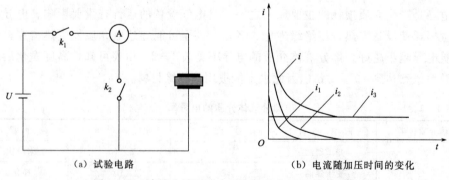

（a）试验电路　　　　　　（b）电流随加压时间的变化

图 1-11　直流电压下电介质中电流与时间关系曲线

（1）电容电流 i_1，由建立电场和快速无损极化形成，又被称作位移电流。i_1 随加压时间的延长快速衰减到 0。

(2) 吸收电流 i_2，由慢速有损极化形成，出现的时间比 i_1 稍晚，也随加压时间的延续而衰减到 0。由于完成偶极子极化和夹层极化需要较长时间，尤其是大容量电气设备，i_2 衰减到 0 所需的时间更长，有时可能需要几分钟，甚至几小时。

(3) 泄漏电流 i_3，由带电粒子定向运动形成，只要施加电压就始终存在。

三个电流叠加在一起，得到总电流 i。i 随加压时间的延续而衰减并稳定在泄漏电流上，把这种现象称为吸收现象，把 $i-t$ 关系曲线称为吸收曲线。研究极化的工程意义中，利用夹层极化可以判断绝缘受潮，就是基于吸收曲线进行判断的。

基于直流电压下流过电介质的三个电流的成因，对应使用不同电路元件对电介质进行等效，得出电介质等值电路如图 1-12 所示。等值电路由电阻、电容串并联构成，可以根据分析问题的需要，简化成电阻与电容并联电路或电阻与电容串联电路，在后续课程中会经常用到。

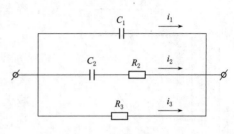

图 1-12　电介质等值电路

四、研究电导的意义

(1) 在高压电气设备绝缘预防性试验中，测量电介质电导和绝缘电阻可以判断绝缘是否受潮。

(2) 多层电介质在直流电压作用下，稳态电压分布与各层电介质电导成反比。因此用两种电导率不同的绝缘纸分别缠绕直流电缆芯线时，要先缠绕电导率大的绝缘纸，再缠绕电导率小的绝缘纸。

(3) 设计绝缘时，要考虑到绝缘的使用条件，特别是湿度的影响。例如一些绝缘纸受潮后电气性能明显下降。

(4) 绝缘电阻并不是在所有情况下都是越高越好，有些情况下要设法减小绝缘电阻。例如，套管类设备在法兰附近通过涂半导体釉、喷涂金属粉末等方法减小其表面电阻，降低法兰附近绝缘上的电压降，改善电场分布。

第三节　电介质的损耗

电场下，电介质会产生能量损耗，称为介质损耗。由图 1-12 能够看出，等值电路中有两个支路含有耗能元件，分别是有损极化形成的吸收电流支路和电导形成的泄漏电流支路。这两个支路代表了介质损耗的两种基本形式，即极化损耗和电导损耗。在强电场中，如果发生了局部放电，则介质损耗除了包含极化损耗和电导损耗之外，还会伴随游离损耗（游离：中性质点中的电子摆脱原子核束缚成为自由电子的过程）。

介质损耗由极化、电导甚至游离产生，因此能够影响极化、电导和游离的因素都会影响到介质损耗功率，例如电介质性质、外施电压（幅值、频率、作用时间等）、温度、湿度、试品体积等。

资源 1.4

一、评价介质损耗特性的参数

直流电压作用下，电介质中没有周期性的极化过程发生，极化损耗很小，可以不予考虑。当外施电压低于游离所需电压时，电介质中的损耗仅由电导引起。此时，用体积电导率和表面电导率两个物理量就可以充分说明问题，不必引入介质损耗的概念。由于温度升高时电介质电导增大，介质损耗也随之增大。

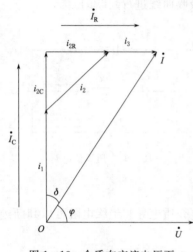

图 1-13　介质在交流电压下的向量图

交流电压下，流过电介质的电流依然包含电容电流、吸收电流和泄漏电流，电流向量图如图 1-13 所示。图中电流 $\dot{I}$ 与 $\dot{U}$ 之间的夹角 φ 是功率因数角，把其余角 δ 称为介质损耗角。δ 越大，流过电介质电流的阻性分量越大，介质损耗越大。介质损耗既包括电导损耗，也包括极化损耗，损耗功率为

$$P = UI_R = UI_C \tan\delta = U^2 \omega C \tan\delta \quad (1-5)$$

式中　ω——电源角频率。

由式（1-5）可见，损耗功率与电压平方（或电压）成正比，试验电压越高，损耗功率越大；损耗功率与电压频率成正比，频率越高，损耗功率越大；损耗功率与由试品绝缘材料、结构和体积决定的等值电容成正比，电容越大，损耗功率越大；损耗功率与介质损耗角正切值 $\tan\delta$（又称为损耗因数）成正比，$\tan\delta$ 越大，损耗功率越大。

影响损耗功率 P 的因素太多，试验电压不同、电压频率不同时测出的损耗功率都会有所不同；被试品外形、尺寸差异又使得不同试品间难以互相比较。因此用 P 来表示介质损耗是不方便的。而对于一定结构的同一类被试品，其等值电容相等，如果试验电压和电压频率一定的话，介质损耗就仅取决于 $\tan\delta$，因此用 $\tan\delta$ 来描述交变电压下电介质的损耗特性。

$$\tan\delta = \frac{I_R}{I_C} = \frac{U/R}{U\omega C} = \frac{1}{\omega RC} \quad (1-6)$$

$\tan\delta$ 等于交流电压下流过电介质电流的阻性分量与容性分量之比，是一个远小于1的百分数与电压频率、试品的绝缘电阻和等值电容有关，反映的是电介质单位体积内损耗功率的大小，与电介质的形状和尺寸无关。工频交流电压下，20℃时，一些液体介质和固体介质的 $\tan\delta$ 值见表 1-3。

表 1-3　一些液体介质和固体介质的 $\tan\delta$ 值（工频交流电压下，20℃时）

电　介　质	$\tan\delta$/%	电　介　质	$\tan\delta$/%
变压器油	0.05～0.5	聚乙烯	0.01～0.02
蓖麻油	1～3	交联聚乙烯	0.02～0.05

电　介　质	tanδ/%	电　介　质	tanδ/%
沥青云母带	0.2~1	聚苯乙烯	0.01~0.03
电瓷	2~5	聚四氟乙烯	<0.02
油浸电缆纸	0.5~8	聚氯乙烯	5~10
环氧树脂	0.2~1	酚醛树脂	1~10

一般中性或弱极性电介质的 tanδ 比较小，而极性电介质的 tanδ 比较大。还需要注意，并不是电介质的介电常数大，其 tanδ 值就一定大。例如，沥青云母带中云母的相对介电常数为 5~7，比较大，但其 tanδ 是 0.2%~1%，并不太大；再例如钛酸钡，在 1kHz 交变电压下相对介电常数达到 1000 到几千，但其 tanδ 却约等于 1%。电介质的介电常数、电导率和介质损耗角正切值三者之间没有明确的函数关系，不能由一个去推导另一个。

电介质受潮后，水分使电介质电导增大，绝缘电阻 R 减小，电导损耗增大；由于发生偶极子极化和夹层极化，使介电常数增大，试品等值电容 C 增大，极化损耗增大；因此电介质受潮后总介质损耗功率会增大。但是，tanδ 值的变化是不确定的，可能增大，也可能减小，取决于流过电介质的阻性电流和容性电流的变化幅度。例如，华东某变电站一台大容量自耦变压器，在安装过程中发现设备进水受潮，但测其 tanδ 值却下降了。

二、气体介质的损耗

气体介质的极化微弱，损耗主要是电导损耗，损耗极小，tanδ < 10^{-8}。温度升高，电导增大，气体介质的损耗增大。气体介质 tanδ 与电压的关系如图 1-14 所示。当作用在外施电压低于发生游离所需要电压 u_0 时，tanδ 与 u 无关；外施电压超过 u_0 时，由于气体放电，介质损耗随外施电压的升高急剧增大。

三、液体介质的损耗

电场下，中性或弱极性电介质中没有偶极子极化，损耗主要由电导产生，损耗较小，其 tanδ 随温度升高而增大。弱极性绝缘油的 tanδ 值对温度变化较敏感，老化越严重，其 tanδ 值随温度的变化越快。例如，绝缘油老化后，在 20℃时测得的 tanδ 值仅相当于新油 tanδ 值的 2 倍，但在 100℃时却相当于新油 tanδ 值的 20 倍。

中性、弱极性液体介质 tanδ 与电压的关系如图 1-15 所示。在液体介质中没有产生游离时，tanδ 很小；当外加电压达到局部放电所需电压 u_0 时，tanδ 随外加电压升高快速上升。

电场下，极性液体介质中既有电导损耗，还有周期性偶极子极化引起的极化损耗，tanδ 较大。tanδ 与外加电压的关系与图 1-15 类似，且与温度和电压频率有较强的相关性。

1. 温度对极性液体介质 tanδ 的影响

需要通过温度对极化和电导两个因素的影响来分析。如图 1-16 所示，当温度很

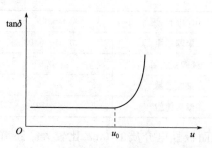

图 1-14　气体介质 $\tan\delta$ 与电压的关系

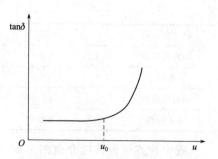

图 1-15　中性、弱极性液体介质 $\tan\delta$
与电压的关系

低时，液体介质黏稠，电导小、偶极子转向困难，电导损耗和极化损耗都小，因此总介质损耗小。随着温度升高，液体介质分子间黏附力减弱，有利于偶极子转向，极化损耗增大，同时电导损耗也增大，总介质损耗增大；温度达到临界值 t_1 时，$\tan\delta$ 达到一个极大值。温度超过 t_1 后，由于分子热运动加剧，影响偶极子转向，使极化损耗减小；此时极化损耗减小的幅度大于电导损耗增大的幅度，总介质损耗随温度升高而减小，温度达到 t_2 时 $\tan\delta$ 达到极小值。温度超过 t_2 后，偶极子极化不能再发生，只有电导损耗仍然存在，使得 $\tan\delta$ 随温度升高而增大。

　　2. 频率对极性液体介质 $\tan\delta$ 的影响

　　需要从频率对偶极子极化的影响入手进行分析。如图 1-17 所示，频率为高于 ω_1 的较低频率时，偶极子极化能够充分发生，但单位时间内偶极子转向次数少，消耗的能量少，使得总介质损耗小，$\tan\delta$ 小。随着频率升高，单位时间内偶极子转向次数增多，极化损耗增大，$\tan\delta$ 随之增大，在频率达到临界值 ω_2 时达到极大值。频率超过 ω_2 后，偶极子的转向开始受电压频率的影响，频率越高，转向越不充分，$\tan\delta$ 越小。当频率为低于 ω_1 的极低频率时，由于容抗增大，使电容电流减小，回路中电流主要是电导电流，导致 $\tan\delta$ 随频率降低稍有增大。

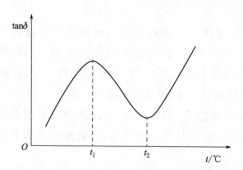

图 1-16　温度对极性液体介质 $\tan\delta$ 的影响

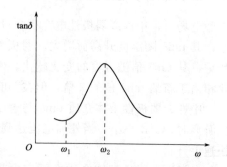

图 1-17　频率对极性液体介质 $\tan\delta$ 的影响

四、固体介质的损耗

　　固体介质的损耗与温度、频率和外加电压的关系与液体介质类似。

中性和弱极性固体介质的损耗主要由电导引起，因为固体介质的电导极小，故 $\tan\delta$ 很小。比如聚乙烯，是典型的非极性有机电介质，如果不含极性杂质，电场下电介质内部只有电子式极化，介质损耗由电导产生，$\tan\delta$ 稳定在 0.01% ～0.02% 范围内；并且聚乙烯具有很高的化学稳定性、弹性，不吸潮，所以成为制造电缆的主要绝缘材料之一，也可以用来制造高频电缆、海底电缆和高频电容器。

极性固体介质（如纸、聚氯乙烯、有机玻璃等）既有电导损耗也有极化损耗，故它们的 $\tan\delta$ 较大。

一些离子式结构的固体无机化合物在电气设备中被广泛采用，如云母、电瓷和玻璃等。云母是一种优良的绝缘材料，结构紧密，纯净的云母中只有位移极化，损耗主要因电导而引起，而它的电导率又很小，且耐局部放电能力强，是理想的电机绝缘材料。电瓷既有电导损耗又有极化损耗，常温下电瓷的电导很小，但由于离子松弛极化，在 20℃、工频交流电压下电瓷的 $\tan\delta$ 在 2% ～5% 范围内。玻璃也具有电导损耗和极化损耗，总介质损耗的大小与玻璃的成分有关，含碱金属氧化物的玻璃介质损耗较大，加入重金属氧化物后能使碱玻璃损耗下降一些。

五、不均匀介质的损耗

工程中，某些因绝缘电阻较低、泄漏电流较大而试验不合格的试品，测得的 $\tan\delta$ 却不一定很大，有时还可能是合格的，为什么？下面对此进行解析。

如图 1-18 所示，一个固体介质中含有一个小气泡，形成不均匀介质。参数设定如下：电介质总电容为 C ，总介质损耗功率为 P ，总介质损耗角正切值为 $\tan\delta$ ，良好绝缘部分电容为 C_1 ，介质损耗功率为 P_1 ，介质损耗角正切值为 $\tan\delta_1$ ，气泡等值电容为 C_2 ，介质损耗功率为 P_2 ，介质损耗角正切值为 $\tan\delta_2$ 。把不均匀介质等效成 C_1 与 C_2 的并联，由于气泡中气体的介电常数小，气泡体积也小，使得 C_2 远小于 C_1 。介质中总损耗功率为

图 1-18 不均匀介质

$$P = P_1 + P_2$$

可以写成

$$U^2 \omega C \tan\delta = U^2 \omega C_1 \tan\delta_1 + U^2 \omega C_2 \tan\delta_2$$

化简得出

$$\tan\delta = (C_1\tan\delta_1 + C_2\tan\delta_2)/C \approx \frac{C_1}{C_1+C_2}\tan\delta_1$$

能够发现，电介质中总介质损耗角正切值不等于各部分介质损耗角正切值之和，即使气泡发生放电，产生很大的 $\tan\delta_2$ ，但由于 C_2 小，导致 P_2 在 P 中的占比很小，可以忽略其对总 $\tan\delta$ 的影响。这就造成了泄漏电流较大，绝缘电阻较低，但 $\tan\delta$ 却没有增大的现象，这也是测量 $\tan\delta$ 不容易发现大体积被试品中局部缺陷的原因。

六、研究电介质损耗的意义

（1）在选择绝缘材料时，必须注意其 $\tan\delta$。如果 $\tan\delta$ 值过大，在交变电压下会产生较大的介质损耗，使电介质发热，加速其老化，甚至可能导致热击穿。因此，作为绝缘材料，希望其 $\tan\delta$ 越小越好。通常极性电介质的 $\tan\delta$ 较大，在电气设备中极少被使用。但并不是说 $\tan\delta$ 大的电介质就不能被用作电气设备的绝缘材料，例如蓖麻油的电气强度很好，相对介电常数是 4.5，在 20℃时的 $\tan\delta = 1\% \sim 3\%$；由于蓖麻油的 $\tan\delta$ 较大，不适合用作交流电气设备的绝缘材料，但可以被用作直流电气设备的绝缘，在直流电压下，无须考虑极化损耗。再例如，电瓷的 $\tan\delta$ 很大，但因其具有良好的绝缘性能和机械强度，被广泛应用于电力系统中，发挥支持和绝缘作用，有时兼作其他电气部件的容器。

（2）用于冲击测量的连接电缆，其绝缘的 $\tan\delta$ 值必须很小，否则冲击波在电缆中传播时将引起严重畸变，影响测量精确度。

（3）在绝缘预防性试验中，测量 $\tan\delta$ 是一项基本测试项目，可以发现绝缘受潮、老化等缺陷。

（4）介质损耗也有可利用的地方。例如，生产瓷套管时，在泥坯上施加工频或高频电压，利用介质损耗发热加热泥坯，可以使泥坯受热非常均匀，提高产品质量。

第二章 气体介质的电气强度

大自然为我们提供了一种相当理想的气体介质——空气。空气被广泛用作电气设备的外绝缘和部分电气设备的内绝缘,例如输电线路上导线与大地、导线与铁塔、导线相与相之间都是利用空气进行绝缘的。任何绝缘的电气强度都是有限的,当外加电压超过一定值时会失去其绝缘性能从而击穿。

首先给出一些基本概念:

(1)放电。电介质在电场下由于游离使流过电介质的电流增大的现象。

(2)击穿。电介质在电场下失去其绝缘性能形成沟通两极的放电现象。击穿是放电现象,但放电不一定击穿。

(3)击穿电压(U_b)。使电介质击穿所需要的最低、临界、外加电压。

(4)击穿场强(E_b)。均匀电场中使电介质击穿所需要的最低、临界、外加电场强度;在极不均匀电场中一般使用平均击穿场强。

(5)绝缘强度。绝缘强度又被称为电气强度,是指均匀电场中电介质不击穿所能承受的最高、临界、外加电场强度。

(6)绝缘水平。电气设备出厂时保证承受的试验电压。可见电气设备的绝缘水平不是由击穿电压决定的,而是由试验电压决定的。

放电是电流增大的现象,即放电区域中产生大量新的带电粒子。我们知道,纯净的中性气体分子的热运动是不受电场影响的。研究表明,每立方厘米空气中有500~1000对带电粒子。虽然这些带电粒子的数量相对于气体分子的数量来说微乎其微,但正是由于它们的存在,带电粒子在电场作用下被加速,在与气体分子碰撞时可能产生新的带电粒子,引起气体放电,甚至气隙击穿。空气中极微量的带电粒子是引起气体放电的起始带电粒子重要来源之一,那么这些带电粒子是怎么来的?

第一节 带电粒子的产生与消失

气体放电过程中不断有带电粒子产生,同时又不断有带电粒子消失。如果产生带电粒子的数量大于消失带电粒子的数量,放电就会持续发展,直到气隙击穿;反之,放电会逐渐减弱,直到停止。

一、带电粒子的产生

气隙中带电粒子来源于气体分子本身的游离和金属表面游离,下面分别予以介绍。

（一）气体分子本身的游离

如图 2-1 所示，以带一个电子的原子为例。没有电场作用时，电子围绕原子核做圆周运动，电子处于能量最低的轨道，中性质点处于基态。当基态质点中的电子获得一定能量时，电子会由低能量轨道跳到高能量轨道运行，中性质点发生激励，变成激励状态。使中性质点激励，需要给它能量，把这个能量称为激励能。激励状态的质点能够维持激励状态的时间很短，电子就会失去能量，重新回到低能量轨道，发生反激励。反激励时，中性质点会释放出能量，能量是以光的形式反映的。如果中性质点中的电子吸收能量后摆脱原子核的束缚成为自由电子，此时就形成了两个独立的带电粒子，称为游离或电离。使中性质点发生游离需要给它能量，把这个能量称为游离能。很显然，要使中性质点发生游离，给它的能量不能小于其游离能。自由运动的正离子与电子（或负离子）也可能重新聚到一起，形成中性质点，称为复合。复合时会释放出能量，此能量也是以光的形式反映的。

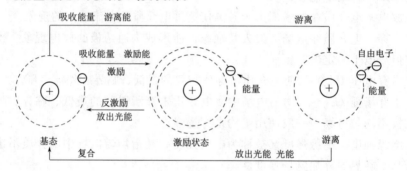

图 2-1　原子激励和游离过程

一些气体分子的激励能和游离能见表 2-1。

表 2-1　　　　　　　　　一些气体分子的激励能和游离能　　　　　　　　单位：eV

气　体	激励能 W_e	游离能 W_i	气　体	激励能 W_e	游离能 W_i
N_2	6.10	15.60	CO_2	10.00	13.70
O_2	7.90	12.50	H_2O	7.60	12.80
H_2	11.20	15.40	SF_6	6.80	15.60
Hg 蒸气	4.89	10.39	Na 蒸气	2.09	5.12
N	6.30	14.50	氮离子	—	29.80

能够发现以下几个问题：

（1）Na 蒸气和 Hg 蒸气的游离能很低，因此在气体放电式电光源中得到应用，作为高压钠灯和高压汞灯中的气体介质。

（2）SF_6 气体的游离能较高，是其具有高电气强度的原因之一。

（3）N_2 的游离能高于 O_2、CO_2、H_2O 等气体的游离能，使得 N_2 的游离能高于空气的游离能。相同条件下，N_2 间隙的击穿电压高于空气间隙的击穿电压。

（4）气体质点状态不同，其游离能也不同。把分子或原子的游离能称为第一游离能，把离子的游离能称为第二、第三游离能，它大于第一游离能。

依据给中性质点能量途径的不同，气体分子本身游离包括碰撞游离、光游离和热游离三种形式。

1. 碰撞游离

碰撞游离是由于碰撞引起的游离，是气体放电时最基础、最重要的游离形式。各种放电中都存在碰撞游离，其条件是撞击质点的能量不小于被撞质点的游离能，并且有足够的能量交换时间。

如图 2-2 所示，电场作用下，中性气体分子的热运动不受电场影响，正离子、负离子和电子向电极定向运动。当外施电压较低时，带电粒子与气体分子之间的碰撞不会产生碰撞游离；只有外施电压达到一定值，带电粒子从电场获得的能量超过气体分子游离能时，带电粒子与气体分子之间的碰撞才会产生碰撞游离。带电粒子的能量与其运动速度和运动距离相关。外施电压越高，带电粒子运动速度越

图 2-2　碰撞游离

快，把带电粒子运动速度与电场强度之比称为迁移率，电子的质量远小于离子的质量，因此电子的迁移率远高于离子的迁移率。带电粒子运动过程中会不断与气体分子发生碰撞，把一个带电粒子与气体分子相邻两次碰撞之间的平均距离称为自由行程，即带电粒子单位行程内与气体分子碰撞次数的倒数为其自由行程；由于电子的体积远小于离子的体积，因此电子的自由行程远大于离子的自由行程。

各种带电粒子中，电子的迁移率最高、自由行程最大，因此电子最容易积累能量，使之成为碰撞游离的主导因素。离子产生碰撞游离的概率很低，可以不考虑。电子的自由行程取决于气体分子之间的距离，与气体密度相关，气体分子体积、气压和温度等因素会影响自由行程，进而影响击穿电压。

2. 光游离

光游离是由于高能射线的作用而产生的游离。高能射线可能来自电场外，如 X 光、γ 射线、宇宙射线等，也可能来自气体放电本身，如复合和反激励时释放出的光。每立方厘米空气中存在的 500～1000 对的带电粒子就来源于光游离。

光具有粒子性，把光的最小基本单位称为光子。发生光游离的条件是光子给气体分子的能量不小于其游离能。可见光的能量较低，不能够产生光游离；能够产生直接光游离的光的波长均应小于 3184×10^{-10} m，这样的波长已经属于光谱中的紫外部分。光的波长越短、频率越高，能量就越高，越容易产生光游离。

光的照射具有连续性，气体分子吸收能量后可以先发生激励，然后在激励状态下继续吸收能量产生游离，把这种先激励再游离的现象称为分级游离。在分级游离的两个阶段，每阶段所需要的能量都小于气体分子的游离能，因此光的能量即使低于气体分子的游离能也可能引起光游离。例如紫外线，从能量角度看紫外线只能使少数几种游离能低于 6～8eV 的气体游离，但实际上它几乎可以使任何气体游离，原因就在于

分级游离。

把光游离产生的新电子称为光电子。在一定条件下，光电子是可以产生碰撞游离的。例如，用伦琴射线照射气体分子，游离产生的光电子具有很高的初速度，如果与气体分子碰撞，可能产生碰撞游离。

3. 热游离

热游离是在高温作用下发生的游离。热游离不是一种单独的游离形式，在高温下，分子热运动已相当剧烈，分子之间的碰撞会产生碰撞游离；高温向外辐射的能量又会引起光游离，因此热游离是碰撞游离和光游离的综合。

不同类型中性质点的游离能不同，研究表明，一般气体有较明显热游离的起始温度为 10^3K 数量级。把间隙中发生游离的分子数与总分子数的比值称为电离度。空气的电离度 m 与温度 T 的关系曲线如图 2-3 所示，温度在超过 10000K 时才考虑出现热游离；电离度随温度升高而增大；温度超过 20000K 时，电离已经接近 1，几乎所有的气体分子都发生了热游离。

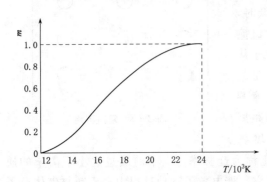

图 2-3　空气电离度与温度的关系曲线

前面介绍了气体分子本身游离的三种形式，需要注意的是，不是所有的气体放电中都同时存在碰撞游离、光游离和热游离，带电粒子来源途径与气隙的极间距离等因素相关，极间距离越大，带电粒子来源途径越多，游离形式越多。

电子在与气体分子碰撞时，不仅仅可能引起碰撞游离，还可能被气体分子俘获并与之结合成一个呈现负电性的离子，把这种过程称为负离子形成，或称为附着。一些气体分子对电子有亲合性，在它们与电子结合成负离子时会释放出能量，定义其电子亲合能为正，称为具有电负性，如 SF_6、H_2O、O_2 等。还有一些气体分子在与电子结合成负离子时需要吸收能量，定义其电子亲合能为负。很显然，亲合能越高、电负性越强的气体分子越容易俘获电子形成负离子，惰性气体和 N_2 不会形成负离子。

负离子形成并没有改变间隙中带电粒子的数量，只是由一个小体积的电子转化成一个大体积的负离子，使带电粒子的迁移率和自由行程下降，游离能力减弱，因此对放电具有抑制作用。工程中，随着空气湿度的增大，空气中的水分子数量增多，容易俘获电子形成负离子，空气间隙的击穿电压会随之提高；但湿度饱和后，再增大湿度，空气间隙中会形成水滴，空气间隙的击穿电压要下降。

（二）金属表面游离

把金属中的电子摆脱金属表面位能势垒的束缚成为自由电子的过程称为金属表面游离，其条件是给电子的能量不小于金属的逸出功。一些金属的逸出功见表 2-2。

能够发现，金属的逸出功比气体的游离能低很多，常用的铜电极的逸出功仅为 3.9eV。因此表面游离在气体放电过程中起着相当重要的作用，常常是气体放电时起始带电粒子的来源。

表 2-2		一 些 金 属 的 逸 出 功			单位：eV	
金　属	逸 出 功	金　属	逸 出 功	金　属	逸 出 功
铝	1.8	铁	3.9	氧化铜	5.3
银	3.1	铜	3.9	铯	0.7

依据给电子能量途径的不同，金属表面游离有光电子发射、热电子发射、强电场发射和二次发射四种形式。

1. 光电子发射

光电子发射是用高能射线照射金属电极，电子吸收能量后从电极中逃逸出来的现象，其条件是光子的能量应大于金属的逸出功。金属逸出功低于气体分子的游离能，在相同光照强度情况下，光电子发射比空间光游离强得多。紫外线可以引起光电子发射，在高电压试验中使用球间隙作为测量仪表时，常用紫外线等高能射线照射负极板，促进气体放电的发生，缩短间隙击穿所需时间，提高测量精度。

2. 热电子发射

热电子发射是加热金属电极让电子热运动加剧，使其从金属中逃逸出来的现象。高压汞灯就是利用热电子发射提供起始电子产生气体放电的，其原理是：开关闭合时流过灯丝的电流加热灯丝，使灯丝产生热电子发射，电子被镇流器产生的高电压加速，撞击汞蒸气产生碰撞游离。

3. 强电场发射

强电场发射是在负极附近设置一个强电场，利用强电场把负极中的电子拉出来的现象，又称为场致发射或冷发射，电场强度需要达到 $10^5 \sim 10^7$ V/cm 数量级，当电极很细时，在千伏级电压下电极附近电场强度可达到产生强电场发射的强度。强电场发射所需电场强度远高于常态气体间隙的击穿场强，因此常态气隙的击穿过程完全不受强电场发射的影响；在高压气体间隙的击穿过程中可能会产生强电场发射；在真空气隙的击穿过程中，强电场发射起着决定性的作用。

4. 二次发射

二次发射是正离子撞击负极板时，靠其能量把金属中电子打拉出来的现象。通常正离子的动能不大，传给金属电极的能量主要是其势能，而其势能等于游离能。游离是产生新的带电粒子的过程，如果一个正离子只打拉出来一个电子，这个电子与其复合掉，没有产生新的自由电子；只有正离子至少打拉出来两个电子，一个被复合掉，剩余的电子是新产生的自由电子，才发生游离。这需要正离子的游离能不低于金属逸出功的 2 倍，对比表 2-1 和表 2-2 中数据，并考虑到离子的游离能高于分子的游离能，这个条件是能够满足的。

工程中，常见气体间隙的击穿过程中，起主要作用的金属表面游离形式是二次发射和光电子发射；在开关设备的电弧点燃过程中，由于考虑了电流，起主要作用的金属表面游离形式是热电子发射和强电场发射。

二、带电粒子的消失

带电粒子的消失有进入电极中和电量、复合和扩散三种方式。

1. 进入电极中和电量

进入电极中和电量又称为漂移或定向运动。所有物质的电子都是相同的，但不同物质的正离子是不同的。电场作用下，带电粒子定向运动到电极时，电子能够进入电极，正离子靠其能量打拉出电子与其复合，使一部分带电粒子消失。如果电场强度足够高，正离子定向运动到负极时产生二次发射，新的电子可能促进放电的发展。

2. 复合

影响复合的主要因素是带电粒子的浓度和带电粒子之间的相对运动速度。浓度越高越有利于复合，复合得越激烈，因此气体放电过程中往往强烈的游离区也是强烈的复合区，此区域光的亮度较强。带电粒子之间相对运动速度越慢越有利于复合，因此复合主要发生在正负离子之间，参加复合的绝大多数电子是先形成负离子再与正离子复合。复合时释放出光能，在一定条件下能够产生光游离，促进放电的发展。

3. 扩散

扩散是指带电粒子由于热运动，从浓度高的区域向浓度低的区域运动的现象。影响扩散的主要因素是气压和温度，气压越低或温度越高越有利于扩散。电子的运动速度比离子的运动速度快，因此电子扩散速度比离子的扩散速度快。

第二节　伏安特性曲线与汤逊理论

伏安特性曲线是指电场作用下，流过电介质的电流与外加电压的关系曲线，反映了电介质的电导与外加电压之间的关系。

一、气体介质伏安特性曲线

放电管中气体放电试验电路如图2-4所示，放电管中加入微量中性气体分子，形成低气压，气隙中没有带电粒子；放电管中两个平板电极极间距小于2cm，形成短间隙均匀电场；在负极附近放电管外壳上设置一个石英玻璃窗，透过窗用紫外线照射负极板，把紫外线称为外界游离因素或游离因子；在电路中接上检流计和电压表，监测回路中的电流和电极间电压；电路中串联限流电阻 R。电源电压由0开始升高，测得的伏安特性曲线如图2-5所示，可以被划分成四个阶段。

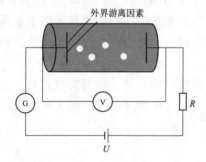

图 2-4　放电管中气体放电试验电路

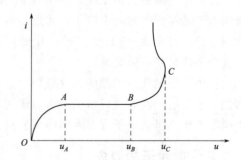

图 2-5　气体伏安特性曲线

$O-A$ 段，由于外界游离因素的作用，负极板产生光电子发射，电子在电场作用下定向运动形成泄漏电流；随着外加电压的升高，电子的运动速度越来越快，电流随电压升高而增大。但因光电子发射产生的电子数量极少，此时的电流是极微小的。

$A-B$ 段，外界游离因素强度一定，单位时间内产生的电子数量是一定的，当全部电子都投入运动，运动速度达到极限值时，如果没有新的带电粒子投入运动，泄漏电流就饱和了，电流在很宽一段电压范围内不再增大，电流密度约为 $10^{-19} A/cm^2$，间隙处于良好绝缘状态。

$B-C$ 段，当电场强度达到某一临界值（约 10kV/cm）时，自由行程内电子积累的能量超过气体分子的游离能，电子与气体分子碰撞时将产生碰撞游离；由于有新的带电粒子投入运动，电流开始增大，形成的电流是放电电流，电流可以接近或达到微安级，且电流随电压升高而增大；但在 $B-C$ 段，如果去掉外界游离因素，放电随即停止，把这种需要外界游离因素和电压两个条件来维持的放电称为非自持放电。

C 点之后，电压达到 u_C，流过间隙的电流急剧增大，由于回路中串联的保护电阻分压，使放电管极板间电压略有下降；此时即使去除外界游离因素，只靠电压也能维持放电的存在，把这种放电称为自持放电。把自持放电所对应的电压 u_C 称为起始放电电压或临界电压。外施电压达到起始放电电压，试验条件下的放电管气隙就击穿了，但由于电流密度小，放电表现形式是充满了整个间隙的辉光放电。

需要注意的是，不是所有的气隙发生自持放电就击穿，与电场形式相关。均匀电场中发生自持放电时间隙击穿，其起始放电电压等于击穿电压；极不均匀电场中发生自持放电，首先是在电场强度高的电极周围产生电晕，其起始放电电压等于起晕电压，低于击穿电压。

二、汤逊理论

1903 年，英国物理学家汤森德（J. S. Townsend）对低气压、短间隙、均匀电场条件下的气体放电机理开展研究，提出第一个气体放电理论——汤森德理论，又称汤逊理论。

为了简化分析，汤逊做了两个假设：一是外界游离因素作用下只有一个电子从负极板发射出来，把这个电子称为起始电子或一次电子，如图 2-6（a）所示；二是外加电场强度足够高，保证电子只要与气体分子碰撞就能够使其游离。电场中，起始电子定向运动时撞击 1 个气体分子使其游离，间隙中电子数由 1 个变成 2 个，相伴产生1 个正离子；2 个电子又分别与 2 个气体分子发生碰撞并使其游离，间隙中电子数变成

资源 2.5

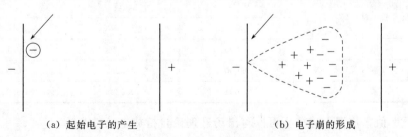

（a）起始电子的产生　　　　　　（b）电子崩的形成

图 2-6　汤逊理论示意图

4个，依此发展，碰撞游离产生的电子数量按指数增长，像发生雪崩一样，把这种急剧增大的空间电子流称为电子崩，如图2-6（b）所示。汤逊理论实质就是电子崩理论，任何形式的气体放电都是从碰撞游离产生电子崩开始的。

汤逊理论定义了3个放电系数来反映各种因素对放电过程的影响，本书只关注第一放电系数和第三放电系数。汤逊第一放电系数 α 是指一个电子沿电场方向单位行程内由于碰撞游离产生的电子平均数，其数值与单位行程内电子与气体分子的碰撞次数和电子使气体分子游离的概率（游离率）有关，受到气体分子体积、温度、气压及电场强度等因素的影响。

（1）相同条件下各种气体在单位容积内的分子数是相同的，分子体积越大，分子之间距离越小，电子自由行程就越小，不利于电子积累能量，游离率降低。

（2）温度和气压变化会影响气体密度，进而影响电子与气体分子的碰撞次数和电子的自由行程，温度越低或气压越高，气体密度越大，单位容积内的气体分子数越多，电子与气体分子的碰撞次数增多，但由于自由行程减小使游离率下降。在高气压时，游离率下降的幅度大于碰撞次数增多的幅度，使得 α 值较小；在高真空时，电子的自由行程很大，有利于积累能量而使游离率很高，但碰撞次数极少，导致 α 值较小。

（3）电场强度的大小会影响电子的运动速度，影响电子在自由行程内所积累的能量，影响游离率。

在极间距离为 d 的气隙中，由一个起始电子产生的电子数量为 e^{ad} 个。间隙中的正离子数量总是比电子数量少1个，为 $e^{ad}-1$ 个。

带电粒子定向运动，电子运动到正极时进入电极，正离子运动到负极时打拉出电子，如果一个正离子只打拉出一个电子，每个正离子都与电子复合后，间隙中就没有带电粒子了；要维持电子崩的存在，需要外界游离因素继续提供起始电子，此种放电属于非自持放电；如果一个正离子能够打拉出来两个电子，一个电子和它复合掉，另一个电子就是自由电子（二次电子），可以替代光电子发射提供的一次电子维持放电的存在，即使去掉外界游离因素，只靠外加电压就能维持放电的存在，此种放电属于自持放电。

汤逊第三放电系数 γ 是指一个正离子运动到负极板时能够打拉出来的二次电子的平均数，与负极板材料的逸出功、电极表面状况、气体分子游离能、电场强度及气压等因素有关。某些气体在低气压下的 γ 值见表2-3。

表2-3　　　　　　　　　某些气体在低气压下的 γ 值

负 极 材 料	γ 值		
	H_2	空　气	N_2
铝	0.095	0.035	0.100
铜	0.050	0.025	0.066
铁	0.061	0.020	0.059

有了 γ 值，依据上述分析可以写出汤逊理论自持放电条件为

$$\gamma(e^{ad}-1) \geqslant 1 \qquad\qquad (2-1)$$

其含义是一个起始电子由负极向正极运动过程中产生的正离子，在到达负极时，如果能够产生一个二次电子，放电就由非自持放电转化成自持放电。在汤逊理论范畴内的气体放电，发生自持放电，间隙就击穿，自持放电条件同样也是击穿的条件，因此击穿电压与负极材料有关。

在汤逊理论范畴内的气体放电是均匀且连续的，电流密度很小，放电形式为辉光放电。可以通过算例来理解：一个极间距离为 1cm 的均匀电场，电极中间为低气压空气，电极用黄铜平板作成，材料的 γ 取 0.025，外界游离因素提供 1 个起始电子。不考虑附着的影响，可以计算出发生自持放电的条件是 $\alpha \geqslant 3.7$，即单位行程内发生碰撞游离的次数超过 4 次时就会发生自持放电，此时电子的数量为 55 个左右，间隙中总的带电粒子数量不多，因此放电电流密度不大。

汤逊理论适用于低气压、短间隙、均匀电场，即气体压力 p 与极间距离 d 乘积值 $pd < 26.66\text{kp} \cdot \text{cm}$ 的场合；在高气压、高真空及极不均匀电场气隙中的放电都不适用汤逊理论。在汤逊理论范畴内的气体放电，带电粒子来源于金属表面游离和碰撞游离。

汤逊给出了第一放电系数 α 与气压 p、电场强度 E 的关系式。

当气温不变时：

$$\alpha = Ape^{-\frac{Bp}{E}} \tag{2-2}$$

式中 A、B——两个与气体种类有关的常数。

式（2-2）表明提高电场强度能够使 α 值增大，并且 α 值对电场强度非常敏感，电场强度的较小变化就会引起 α 值的较大变化。

结合自持放电条件，并考虑均匀电场中自持放电起始场强 $E_0 = U_0/d$（式中 U_0 为起始放电电压），可以得出如下关系式：

$$U_0 = \frac{B(pd)}{\ln\dfrac{A(pd)}{\ln(1+1/\gamma)}} \tag{2-3}$$

均匀电场的起始放电电压 U_0 与击穿电压 U_b 相等，可见，均匀电场气隙的击穿电压与气体压力和极间距离乘积 pd 值关系密切。击穿电压是 pd 值的函数，即

$$U_b = f(pd) \tag{2-4}$$

影响均匀电场气隙击穿电压的最大因素是 pd 值；气隙的击穿电压还与 γ 值有关，但影响很小。

第三节 巴 申 定 律

在汤逊理论提出之前，物理学家帕邢（F. Paschen）通过均匀电场中气隙击穿试验，得到了气隙击穿电压与气体压力和极间距离乘积之间的关系，称为帕邢定律，又称巴申定律，把对应的关系曲线称为巴申特性曲线。巴申定律为汤逊理论奠定了试验基础，汤逊给出的数学表达式（2-4）为巴申定律提供了理论依据。

资源 2.6

均匀电场中空气的巴申特性曲线如图 2-7 所示，呈 U 形，存在最小值 $U_b \approx$

327V，对应的 $pd \approx 76\text{Pa} \cdot \text{cm}$。在击穿电压最小值（A 点）的右侧区域，击穿电压随着 pd 值的增大而升高；在 A 点的左侧区域，击穿电压随着 pd 值的减小而升高。

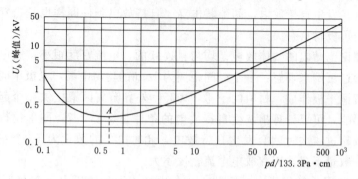

图 2-7 均匀电场中空气的巴申特性曲线

基于汤逊理论，气隙击穿是在碰撞游离产生的带电粒子达到一定数量时发生的。利用"总碰撞游离数＝碰撞次数×游离率"的关系，对巴申特性曲线进行定性分析，为简化分析，以两种最简单的方式增大或减小 pd 值。

1. A 点左侧

（1）p 一定、d 减小。假设 d 没有减小时间隙的击穿电压为 U，现在间隙上依然施加电压 U。p 一定、气体密度一定，电子的自由行程一定；d 减小，电场强度 $E = U/d$ 加大，自由行程内电子积累的能量加大，游离率提高。p 一定、d 减小，气隙中气体分子数量减少，电子与气体分子的碰撞次数减少。巴申特性曲线变化情况表明碰撞次数减小的幅度比游离率增大的幅度大，使总游离数减少，现在的外加电压 U 已不能使间隙击穿。要使间隙击穿，需要进一步提高游离率，表现为击穿电压升高。

（2）d 一定、p 减小。假设 p 没有减小时间隙的击穿电压为 U，现在间隙上依然施加电压 U。d 一定，电场强度一定；p 减小，电子的自由行程增大，电子积累的能量加大，游离率提高。d 一定、p 减小，气隙中气体分子数量减少，电子与气体分子的碰撞次数减少。由于碰撞次数减少的幅度比游离率增大的幅度大，使总游离数减少，现在的外加电压 U 已不能使间隙击穿。要使间隙击穿，需要进一步提高游离率，表现为击穿电压升高。

2. A 点右侧

（1）d 一定、p 增大。假设 p 没有增大时间隙的击穿电压为 U，现在间隙上依然施加电压 U。d 一定，电场强度一定；p 加大，电子的自由行程减小，电子积累的能量减少，游离率降低。d 一定，p 增大，气隙中气体分子数增多，电子与气体分子的碰撞次数增多。巴申特性曲线变化情况表明碰撞次数增多的幅度小于游离率下降的幅度，使总游离数减少，现在的外加电压 U 已不能使间隙击穿。要使间隙击穿，需要提高游离率，表现为击穿电压升高。

（2）p 一定、d 增大。假设 d 没有增大时间隙的击穿电压为 U，现在间隙上依然施加电压 U。p 一定，电子的自由行程一定；d 增大，电场强度下降，电子积累的能量减少，游离率降低。p 一定，d 增大，气隙中气体分子数增多，电子与气体分子的碰撞次数增多。碰撞次数增多的幅度小于游离率下降的幅度，使总游离数减少，现在的外加电压 U 已不能使间隙击穿。要使间隙击穿，需要提高游离率，表现为击穿电压升高。

通过分析，巴申特性曲线呈 U 形是由于气体压力和极间距离变化时影响碰撞次数和游离率，进而影响总游离数造成的。巴申定律表明，在极间距离一定、高气压和真空时气隙的击穿电压都很高，因此巴申定律为压缩空气断路器和真空断路器提供了理论依据。

由巴申定律能够看出，气隙的击穿电压与气体压力和极间距离两个参数有关，但与其中任意一个参数无直接函数关系，是两者乘积的函数，即均匀电场中影响气体电气强度的最大因素是 pd 值。因此不能说极间距离大的气隙击穿电压就高，也不能说气体压力大的气隙击穿电压高，要给出前提条件；在两个参数的变化过程中，如果保持 pd 值不变，击穿电压不变。

第四节　流注理论和先导主放电

标准大气压下，一般间隙（极间距离在 $2\sim100\mathrm{cm}$），当 $pd \geqslant 26.66\mathrm{kPa \cdot cm}$ 时，气隙中的放电与汤逊理论有很大区别，用汤逊理论不能解释放电现象。1939 年，雷特（H. Reafher）提出了适合 pd 值较大气隙的放电理论——流注理论。

资源 2.7

一、$pd \geqslant 26.66\mathrm{kPa \cdot cm}$ 时气体放电与汤逊理论的区别

不同之处主要有以下几个方面：
（1）按汤逊理论计算出的击穿电压比实际击穿所需电压高。
（2）按汤逊理论计算出的击穿所需时间比实际击穿所需时间长。
（3）一般间隙的击穿电压与负极材料无关。
（4）放电形状不同，一般间隙中的放电形式为细线状火花。
气隙击穿是各种游离形式产生的带电粒子达到一定数量时发生的。理论计算的击穿电压比实际击穿电压高，说明在标准大气压、一般间隙中气体放电的带电粒子比汤逊理论范畴内气体放电的带电粒子来得更容易，提示除了碰撞游离之外还有没有其他形式的游离提供带电粒子。理论计算的击穿所需时间比实际击穿所需时间长，说明在一般间隙气体放电时带电粒子的运动速度比电子的运动速度更快，提示是否存在光游离。

二、汤逊理论解释不了 $pd \geqslant 26.66\mathrm{kPa \cdot cm}$ 时气体放电的原因

1. 没有考虑空间电荷对电场的畸变

如图 2-8 所示，放电从电子崩开始。极间距离较大的气隙中，电子崩中的带电粒子数量较多。由于带电粒子的定向运动，电子崩中带电粒子的分布是有规律的，崩头集中的主要是电子，崩中和崩尾集中的主要是正离子。这样的空间电荷分布会对电极间电场分布造成影响：崩头中的电子会加强与正极之间气隙的电场强度，而减弱了与

负极之间气隙的电场强度；崩中和崩尾中的正离子会减弱与正极之间气隙的电场强度，而加强了与负极之间气隙的电场强度。总体来看，电子崩中带电粒子加强了崩头与崩尾局部区域的电场强度，而减弱了崩中局部区域的电场强度。电场强度加强有利于游离，电场强度减弱有利于复合。汤逊理论没有考虑空间电荷对电场分布的影响。

　2. 没有考虑光游离

当外加电压刚好等于击穿电压时，从负极向正极发展一个大的电子崩，如图 2-9中 1 所示，把它称为主崩。当主崩沟通两极时，正极附近的大量正离子减弱了正极附近的电场强度，有利于复合的发生。复合发出的光持续照射气体分子使其发生光游离。汤逊理论没有考虑光游离的出现。

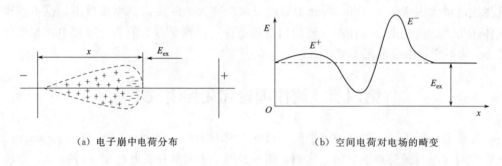

(a) 电子崩中电荷分布　　　　　　　(b) 空间电荷对电场的畸变

图 2-8　空间电荷对电场分布的影响

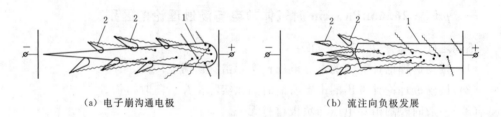

(a) 电子崩沟通电极　　　　　　　(b) 流注向负极发展

图 2-9　流注放电发展过程

1—主崩；2—子崩

三、流注理论

流注理论充分考虑了空间电荷对电场的畸变和光游离，对放电进行了解释：

光游离产生的光电子在向正极运动时产生新的电子崩，如图 2-9中 2 所示，称为子崩。子崩中带电粒子受到主崩中带电粒子的吸引，汇入到主崩中，形成带电粒子数量更多的区域，称为流注。流注形成后，由于流注区域内带电粒子数量更多，导电性更好，流注自身压降低，流注前端电场强度被加强，促进其前端空间中发生游离和复合，使流注由正极向负极发展。当流注接近负极时，其端部与极板之间很小的气隙上作用着很高的电压，引起强烈的游离过程，称为主放电。主放电发生后，间隙击穿。因为击穿过程是个纯空间的问题，不需要二次发射将非自持放电转化成自持放电，所以气隙击穿电压与负极材料无关。

流注理论认为，电子崩中空间电荷达到一定数量后造成电场畸变，当产生光游离并形成流注时发生自持放电，即光游离出现并形成流注的条件就是流注理论的自持放电条件。研究表明，$ad \approx 20$、间隙中电子数量 $e^{ad} \geqslant$ 常数（10^8）时，能够满足自持放电条件，相应的 pd 值应不小于 26.66kPa·cm。当 $pd < 26.66$kPa·cm 时，无论电场强度大或小，ad 均达不到发展流注需要的最小值，也就不可能发展流注，因此汤逊理论与流注理论划分的临界 pd 值为 26.66kPa·cm，用空气相对密度表述的话，δd 值为 0.26cm。工程中，空气间隙在 $d \approx 0.26$cm 时就能达到 $\delta d \geqslant 0.26$cm，因此空气间隙中的放电几乎都遵循流注理论，气隙的击穿电压与负极材料几乎无关。

在电离室中高速相机拍摄的正流注发展过程如图 2-10 所示，最初从正极出发的流注不只有一个，但当某个流注发展速度比较快时，会屏蔽掉其他流注，使放电局限在狭窄的空间，放电形式为细线状火花。照片还显示了流注放电具有间歇、分段发展的性质，有别于汤逊理论范畴内均匀的、连续的气体放电。

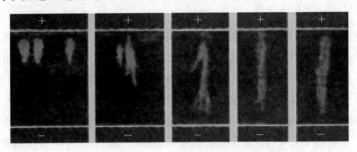

图 2-10 高速相机拍摄的正流注发展过程

通过上述分析，可以总结出流注放电具有以下特点：

（1）游离强度很大，有碰撞游离和光游离，同样也有金属表面游离，只是没考虑其影响。流注理论认为碰撞游离和光游离是产生和维持自持放电的主要因素，在完全没有 γ 过程的情况下，自持放电仍然能够实现。

（2）传播速度很快，是初崩发展速度的 10 倍甚至以上。电子崩在空气中的发展速度约为 1.25×10^7cm/s，正流注的发展速度为 $(1 \sim 2) \times 10^8$cm/s。

（3）带电粒子数量更多，达到 10^8 数量级，导电性好，压降低。流注通道中的电位梯度约为 5kV/cm。

流注分正流注和负流注。在外加电压刚好等于间隙击穿电压时，流注由正极向负极发展，形成正流注。当外加电压远高于间隙击穿电压时，流注直接从负极向正极发展，形成负流注。需要注意的是，流注形成后间隙不一定击穿，可能产生流注型电晕。

四、先导主放电

在极间距离超过 1m 的长间隙的击穿过程中，流注往往不能一次贯通整个气隙。但由于出现了逐级推进的先导放电，在流注不足以贯穿两极的电压下，仍可发展成击穿。下面以雷电放电为例进行介绍。

1. 雷云的形成

空中的云经过复杂的物理过程会在云中形成电荷积累，将有电荷积累区的云称为

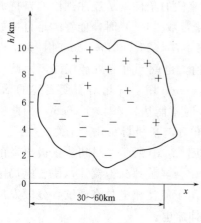

图 2-11　雷云中电荷分布

雷云。雷云中电荷分布是比较有规律的，如图 2-11 所示，一般雷云下层聚集的是电子，雷云上层聚集的是正电荷，负电荷中心距离地面为 500～10000m，电压约为 100MV。云中电荷积累区之间或雷云与雷云之间距离较近时，会产生云中或云间闪电，因其对生产生活影响较小，不予关注。

2. 雷电的发展过程

以雷云与大地之间发生的负极性下行雷为例。如图 2-12 所示，雷云中电荷积累区积聚的电荷数量越多，其周围电场强度越高，当电场强度超过空气的绝缘强度（25～30kV/cm）时，空气中发生游离形成流注。流注向地面发展几十米后，其前端电场强度低于空气的绝缘强度时，流注不能继续向前发展将停顿。流注停顿后，放电区域中的电子扩散到放电区域之外，正离子沿放电通道向雷云运动去中和电量，带电粒子与空气之间产生剧烈摩擦而使温度升高，引起热游离，形成一个带电粒子数量更多的区域，将其称为先导。先导是以热游离为标志，出现在 1m 以上气隙的气体放电中。因为先导中带电粒子数量更多、导电性更好，其前端电场强度被加强，超过空气绝缘强度时又在空气中产生游离并形成流注向地面发展。同样流注发展几十米后停顿，然后再形成先导。先导分阶段向下发展，每次发展的距离取决于雷云中电荷的多少（对应于雷电强度）。当先导接近地面时，先导与大地之间很短的气隙上作用着很高的电压，产生剧烈的放电，将其称为主放电或回击，此时听到雷声、看到闪电。主放电产生的正离子沿雷电放电通道向上运动去平衡雷云中的电子，与之等量的电子注入大地形成雷电流。主放电持续时间很短，在主放电阶段只有 30% 的电荷复合掉，70% 的电荷在其后的余辉阶段复合。因此一次雷电放电包括先导、主放电和余辉三个阶段。10m 棒-棒间隙雷电连接模拟试验典型高速图像如图 2-13 所示，可以清晰观察到先导的发展进程和主放电。

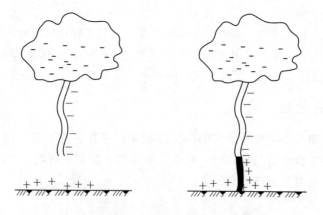

图 2-12　下行雷发展过程示意图

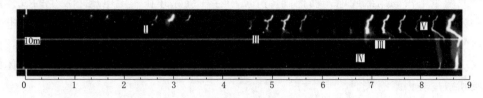

图 2-13　10m 棒-棒间隙雷电连接模拟试验典型高速图像

雷电放电过程中，先导每级的平均长度为 $25\sim50$m，每两级之间会停顿 $30\sim90\mu s$，下行平均速度为 $0.1\sim0.8$m/μs，先导阶段电流仅数十到数百安。主放电持续的时间只有 $50\sim100\mu s$，发展速度为 $50\sim100$m/μs，电流达数十到数百千安。余辉持续 $0.03\sim0.15$s，电流为数百安。

前面讲述了气隙放电的汤逊理论、流注理论和长间隙中的先导主放电，放电理论各有自己的适用范围，不能相互替代。气隙极间距离越大，游离形式越多。除了金属表面游离（雷电除外），低气压短间隙中只有碰撞游离，形成电子崩；一般间隙中有碰撞游离形成的电子崩和光游离形成的流注；长间隙中有碰撞游离形成的电子崩、光游离形成的流注及热游离形成的先导。可见，间隙越长，带电粒子来源途径越多，导致击穿场强下降。

第五节　不均匀电场中气体的放电

在实际电力设施中很难见到均匀电场，多数为不均匀电场。不均匀电场又分稍不均匀电场和极不均匀电场。电场的均匀程度用电场不均匀系数 $f=E_{\max}/E_{\mathrm{av}}$ 来评价。均匀电场的 $f=1$，稍不均匀电场的 $f<2$，极不均匀电场的 $f>4$。电场不均匀系数越大，气隙的击穿电压越低。

工程中，唯一的均匀电场是消除了边缘效应的平板电场；典型的稍不均匀电场有球-球间隙和同轴圆筒间隙电场；对称的极不均匀电场如棒-棒间隙电场，如输电线路导线相与相之间的电场；不对称极不均匀电场如棒-板间隙电场，如输电线路导线对大地的电场；其中棒-板间隙电场具有最大的 f 值。在不均匀电场气隙放电过程中有特殊的现象。

一、电晕

输电线路的导线与大地、铁塔之间的气体间隙需要足够的距离来保证运行安全，工作电压下这两种气隙是不能击穿的。但暗夜中可能看到超高压输电线路的导线周围环绕着浅蓝色或淡紫色晕光，并发出"咝咝"的声音，这是一种没有沟通两个电极、稳定的自持放电现象，称为电晕。电晕是极不均匀电场中特有的自持放电现象，均匀电场中各点电场强度相等，有一点被突破，整个间隙就击穿，不存在电晕；稍不均匀电场会出现电晕，但不会稳定存在，一旦出现电晕就立即转化成间隙击穿。

电晕是一种局部放电现象，但不把所有的局部放电都称为电晕。电晕是一定触及

资源 2.8

一个或两个电极的局部放电，而把固体介质中存在气隙并在一定电压下发生的气体放电称为局部放电。图 2-14 为同轴圆柱间发生电晕后的空间电荷示意图，电晕放电与沟通两极的放电有本质的区别，电晕放电的电流强度不取决于电源电路中的阻抗，而是取决于电极外气体空间的电导，与外施电压的大小、电极形状、极间距离、气体的性质和密度等因素有关。

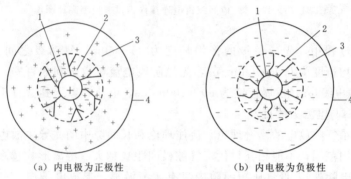

（a）内电极为正极性　　　　　　　（b）内电极为负极性

图 2-14　同轴圆柱间发生电晕后的空间电荷示意图

1—电晕电极；2—电晕层；3—外区；4—外电极

电晕形成的根本原因是电极近旁的电场强度超过了空气的绝缘强度，使空气发生游离。根据带电粒子来源的不同，有电子崩型电晕和流注型电晕两种。在电压较低，只有碰撞游离提供带电粒子时产生电子崩型电晕；升高电压，出现光游离时产生流注型电晕。把产生电晕所需要的电场强度称为起晕场强 E_c，与之对应的电压称为起晕电压 U_c。影响起晕电压的因素很多，以输电线路的导线为例进行分析。

几何半径为 r 的单根导线，对地高度为 h，对地电压为 U 时，导线表面电场强度为

$$E = \frac{U}{r\ln\dfrac{2h}{r}} \tag{2-5}$$

导线表面电场强度与对地电压、导线半径和对地高度（即极间距离）有关。电压越高，导线表面电场强度越大；导线半径越小，导线表面电场强度越大；对地高度越高，导线表面电场强度越小。工程中，如果想通过增大导线对地高度 h 来降低导线表面电场强度，一方面效果较差，另一方面需要增加铁塔高度，因此一般不予采用，而是通过增大或等效增大导线半径 r 来降低导线表面电场强度。

两根线间距离为 D、半径为 r 的平行导线，如果线间电压为 U，则导线表面电场强度为

$$E = \frac{U}{2r\ln\dfrac{D}{r}} \tag{2-6}$$

导线表面电场强度与线间电压 U、导线半径 r 和线间距离 D 有关。线间距离 D 越大，导线表面电场强度越小。工程中，通过增大输电线路导线间距离 D 来降低导线表面电场强度的效果不好，并且会增大铁塔横担宽度，因此一般不予采用，还是通过

增大或等效增大导线半径 r 来降低导线表面电场强度。

研究起晕场强 E_c 比较被认可的是皮克公式，即

$$E_c = 30 m_1 m_2 \delta \left(1 + \frac{0.298}{\sqrt{r\delta}} \right) \qquad (2-7)$$

式中　m_1——导线表面粗糙系数，光滑导线的 $m_1 \approx 1$，绞线的 $m_1 \approx 0.8 \sim 0.9$；

m_2——气象系数，好天气时 $m_2 = 1$，坏天气时 $m_2 = 0.8$；

δ——空气相对密度；

r——导线半径，cm。

影响 E_c 的因素有导线表面粗糙度、空气相对密度、导线半径和天气等。

算例 1：输电线路导线为半径 2cm 的光滑导线，导线对地高度 20m，空气相对密度取 1。天气良好时起晕场强取 36.4kV/cm，起晕电压为 218.1kV。220kV 线路最大运行相电压幅值为 206.5kV，不会产生电晕；330kV 线路最大运行相电压幅值为 296.4kV，会产生电晕。

由算例能够发现，220kV 及以下电压等级的普通高压输电线路在正常设计和正常运行时不会产生电晕，而 330kV 及以上电压等级的超高压、特高压输电线路在正常设计和正常运行时就会产生电晕，必须采取措施加以限制。因此，用电晕作为划分普通高压和超高压的依据。

算例 2：输电线路导线为半径 2cm 的钢芯铝绞线，导线表面粗糙系数取 0.8，导线对地高度 20m，空气相对密度取 1。如果在雨天，气象系数取 0.8，则起晕场强为 23.3kV/cm，起晕电压为 139.6kV。

由算例可知，在恶劣天气，如雨、雪、雾等坏天气时，普通高压输电线路上也可能产生电晕。其原因是坏天气时导线表面出现许多水滴，它们在强电场和重力的作用下，将克服本身的表面张力而被拉成锥形，形成局部强电场，导致起晕场强和起晕电压下降。

算例 3：算例 1 中导线半径 $r = 2$cm 时，起晕场强为 36.4kV/cm，起晕电压为 218.1kV。如果导线半径 $r = 4$cm，则起晕场强为 34.5kV/cm，同样导线距地高度为 20m，所需的起晕电压为 317.8kV。

由算例可知，加大导线半径，起晕场强稍有下降，对应的起晕电压升高。因此可以采取扩大导线半径的办法抑制电晕。

（一）电晕具有的效应

电晕形成后会伴随着一些现象，称为电晕具有的效应。

1. 声、光、热效应

电晕会发出咝咝的声音，产生浅蓝色或淡紫色的晕光，使周围空气温度升高。电晕产生的可闻噪声会对人的生理和心理造成影响，成为确定特高压输电线路导线和走廊宽度的决定性因素。超高压、特高压输电线路一般采用分裂导线，对电晕的可闻噪声影响大的因素主要有导线表面电场强度、导线分裂数、子导线的半径、大气条件和从导线到测量点之间的横向距离等。在导线表面缠绕扰流线或使用低噪声导线，能够降低导线的电晕噪声和风噪声水平。

2. 消耗能量

带电粒子在电场下被加速产生碰撞游离，要消耗电场能量，造成电网电能损失。研究表明，如果线路持续运行在满负荷状态，其年平均电晕损耗通常远小于有功损耗，可以不予考虑。在雨天时电晕损耗将远高于晴天时的电晕损耗，交流输电线路雨天电晕损耗是晴天的 50～100 倍，直流输电线路雨天电晕损耗是晴天的 2～4 倍；大雨天，500kV 交流输电线路三相导线总电晕损耗可达 300kW/km。

电晕消耗能量，能够限制输电线路上过电压的幅值。例如雷击输电线路导线，冲击波沿导线传播时，如果产生电晕，会消耗雷电冲击波的能量，使过电压幅值衰减、陡度下降。

3. 对无线电产生干扰

电晕放电具有脉冲特性，高频脉冲电流中包含许多高次谐波，造成无线电干扰。不同极性电晕的电流脉冲略有不同，较低电压下，负极性电子崩型电晕产生有规律的电流脉冲，正极性电子崩型电晕产生无规则的电流脉冲，电流为微安级。在超高压及以上电压等级电网中，必须采取措施解决无线电干扰问题。

4. 发生化学反应

电晕会使空气发生化学反应，主要产物是 NO、NO_2、O_3 等，因此到大型变电站参观时会闻到 O_3 的味道。化学反应产物中 NO、NO_2 与水结合成次硝酸和硝酸，是强腐蚀剂，O_3 是强氧化剂，它们都会对导体及绝缘造成腐蚀和氧化。

生活中，电晕发生化学反应的效应是可以被利用的，如家庭用臭氧消毒柜，工业中臭氧发生器等，都是利用电晕产生 O_3。

5. 产生"电风"

电晕形成后，会对悬挂或支撑导体的绝缘产生一定的作用力，将此现象称为"电风"。如果电晕强烈，对绝缘产生较强的机械力可能使其受损。

（二）限制电晕的措施

从电晕的各种效应能够看出，电晕对电力生产和人们生活会造成一定的影响，需要采取措施加以限制。以输电线路为例，在选择导线的结构和尺寸时，应使良好天气时的电晕损耗相当小，甚至接近于 0，对无线电和电视的干扰应限制在容许的水平以下。要防止或减轻电晕放电的危害，就要从电晕产生的根本原因——电极近旁的电场强度超过了空气的绝缘强度入手，想办法限制和降低电极近旁的电场强度，通常采用改进电极形状、扩大电极截面积、分裂导线、加均压环等措施。下面对分裂导线及均压环进行介绍。

1. 分裂导线

为降低导线表面电场强度而增大单根导线的截面积，在技术、经济上是不合理的。可以用若干根直径较小的平行子导线组成分裂导线来替代大直径单导线。分裂导线电场分布如图 2-15 所示，很明显，利用子导线间的电磁屏蔽，等效地增大导线截面积，能降低电极表面电场强度。采用分裂导线会使成本增加约 20%，220kV 及以下电压等级的输电线路中，电晕引起的能量损耗和无线电干扰都不严重，没必要采用结构比较复杂的分裂导线；330～750kV 超高压输电线路，按电压不同，通常导线分裂

数取 $2\sim6$；1000kV 交流特高压输电线路导线分裂数取 $6\sim8$，甚至更多。

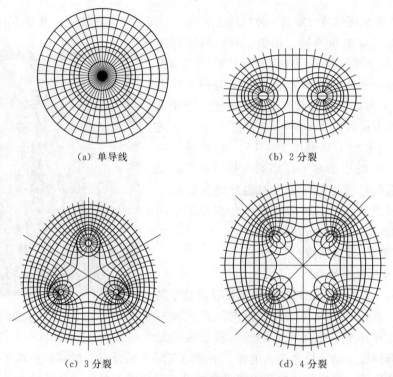

(a) 单导线　　　　　　　　(b) 2 分裂

(c) 3 分裂　　　　　　　　(d) 4 分裂

图 2-15 分裂导线电场分布

如图 2-16 所示，将分裂导线中子导线之间的距离称为分裂距，分裂导线要有合适的分裂距。分裂距太小，没达到扩大导线等效截面积的目的，导线表面电场强度依然很高，不能有效限制电晕；分裂距太大，子导线之间会失去相互电磁屏蔽作用，成为半径更小的独立导线，因为表面电场强度更高，会产生更强烈的电晕。通过试验能够找到分裂导线表面电场强度最小的最佳分裂距。需要注意的是，在确定实际分裂距时，不仅仅以表面电场强度最低作为唯一标准。分裂导线能使线路输送的自然功率提高 $40\%\sim50\%$，增大分裂距有利于减小导线电感，增大导线对地电容，进一步提高输电功率，工程中常将分裂距取得比最佳分裂距再大些，例如 45cm 左右。

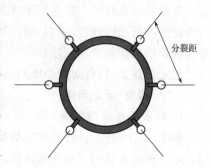

分裂距

图 2-16 分裂导线示意图

2. 均压环

图 2-17 中避雷器顶端圆环形金属装置就是均压环，与导线共同接在避雷器顶端电极上。均压环的作用是等效扩大电极的截面积，降低电极近旁的电场强度，限制电晕。在超高压特高压变电站中应用了大量的均压环，1000kV 交流特高压电气设备加装的均压环的高度达到 2m 左右。

二、极性效应

进行气隙耐压试验时发现一种特殊的现象——同一气隙施加同一类型、不同极性电压时，气隙击穿电压不同。例如，对极间距离为
4cm 的棒-板空气间隙进行直流耐压试验，当棒极接电源正极、板极接电源负极时，间隙的击穿电压为 35kV；而棒极接电源负极、板极接电源正极时，间隙的击穿电压为 80kV；极间距离为 4cm 的棒-棒空气间隙的击穿电压为 45kV。把这种不对称极不均匀电场中曲率半径小的电极（棒极，又称大曲率电极）所带电荷极性对击穿电压影响的现象称为极性效应。极性效应产生的根源是空间电荷畸变电场，下面进行定性分析。

图 2-17 均压环

（一）棒正-板负间隙

1. 对击穿电压的影响

如图 2-18 所示，在外加电压不足以使整个间隙击穿时，放电首先从棒极开始（与极性无关），棒极近旁产生电晕。电晕产生的带电粒子定向运动，电子向棒极运动，快速进入电极，不考虑其对电场分布的影响；正离子向板极运动，由于速度慢，看成原地振荡、缓慢向板极运动，随着时间的延续就会在棒极近旁形成正电荷积累区。正电荷积累区与棒极之间气隙已经游离，而其与板极之间气隙是未游离区。正电荷积累区的存在加强了未游离区的电场强度，有利于未游离区发生游离，使汤逊第一放电系数 α 增大，因此击穿电压较低。

2. 对起晕电压的影响

电晕是自持放电，在电晕形成之前的非自持放电阶段，棒极近旁积聚的正离子使棒极近旁电场强度减弱，α 减小，抑制游离的发生，导致非自持放电转化成自持放电变得困难，因此起晕电压较高。

总之，棒正-板负间隙中空间电荷会抑制起晕、促进击穿。

（二）棒负-板正间隙

1. 对击穿电压的影响

如图 2-19 所示，放电首先从棒极开始。棒极近旁产生的电晕中带电粒子定向运动，电子向板极运动，由于速度快，对电极间电场分布几乎不产生影响；正离子向棒极运动，由于速度慢，在棒极近旁形成正电荷积累区。正电荷积累区的存在使未游离区的电场强度减弱，不利于未游离区发生游离，α 减小，因此击穿电压较高。

2. 对起晕电压的影响

在电晕形成之前的非自持放电阶段，棒极近旁积聚的正离子使棒极近旁电场强度加强，促进游离的发生，α 增大，有利于非自持放电转化成自持放电，起晕电压较低。

总之，棒负-板正间隙中空间电荷会促进起晕、抑制击穿。

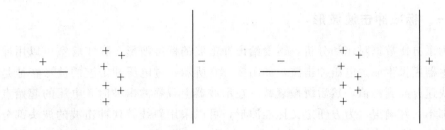

图 2-18　棒正-板负间隙极性效应　　　图 2-19　棒负-板正间隙极性效应

对称极不均匀电场，如针-针、棒-棒电场，由于两个电极形状相同，两极间的电场分布要比不对称极不均匀电场中电场分布均匀些，其击穿电压介于棒正-板负电场和棒负-板正电场的击穿电压之间。

通过对极性效应形成原因的分析，能够了解到空间电荷对电场分布的影响会影响到间隙的击穿电压，这在寻找提高气隙击穿电压的措施时可以加以利用。

（三）极性效应相关的结论

（1）在直流、冲击电压作用下，棒-板间隙正极性击穿电压低于棒-棒间隙击穿电压，棒-棒间隙击穿电压低于棒-板间隙负极性击穿电压。

（2）棒-棒对称的极不均匀电场也存在弱极性效应，取决于不接地电极所带电荷的极性，但一般可以不予考虑。

（3）起晕电压的极性效应与击穿电压极性效应相反，棒-板间隙正极性起晕电压略高于棒-板间隙负极性起晕电压。

（4）稍不均匀电场中也会出现电晕，但一旦出现电晕就立即转化成击穿，因此其起晕电压等于击穿电压。由于不接地电极带正极性电压时起晕电压高于带负极性电压时的起晕电压，因此稍不均匀电场中击穿电压的极性效应与极不均匀电场中的结论相反，不接地电极带负极性电压时击穿电压低于带正极性电压时的击穿电压。

（5）工程上，考虑到极性效应，在确定线路对大地或相间绝缘距离时，应根据棒-板或棒-棒间隙在正极性电压作用下的击穿特性曲线确定，才能确保安全。

（6）一些利用气隙放电工作的装置，需要注意极性效应的影响。例如，设计煤气灶电子点火装置时，需要将针极接电源的正极，这样才容易点火。

第六节　气隙在冲击电压下的击穿特性

电力系统中，造成绝缘故障和损伤的最主要原因是过电压，而过电压大多数是冲击波，如雷电形成的过电压，持续时间很短，一般为微秒级。气隙击穿所需要时间也是微秒级的，气隙在直流、工频交流这样长时间持续电压作用下，击穿电压与电压作用时间之间关系不是很密切，击穿所需要的最低电压称为静态击穿电压。但在冲击电压下，气隙的击穿电压与电压作用时间之间有很强的相关性，同一个间隙在持续时间不同的冲击电压作用下，击穿所需要的冲击电压幅值可能是不同的，即同一个间隙具有不同的冲击击穿电压。下面对冲击电压下间隙击穿特性进行介绍。

资源 2.10

一、标准冲击波波形

为了方便数据对比和分析，需要给出冲击波的标准波形。在实验室可以用冲击电压发生器模拟生成过电压冲击波，如图 2-20 所示，过电压冲击波的波形特征是电压由 0 快速升高到幅值，然后缓慢衰减。在示波器上观察冲击波时，电压的起始点和幅值点都不太好确定。为方便定义标准波形，可以采用斜线替代冲击波的波头部分，具体做法为：在波头部分 30% 幅值和 90% 幅值位置分别取一点，过这两个点作一条直线，把其与时间轴的交点标注成 A、与过幅值点的水平线交点标注成 B，用 A、B 两点间的直线替代冲击波的波头。把 B 点在时间轴上的投影标注为 C，A 点与 C 点之间的时间定义为视在波前时间 T_1；把冲击波波尾上电压为 50% 幅值的位置标注为 D，D 点在时间轴上的投影标注为 E，A 点与 E 点之间的时间定义为视在半峰值时间 T_2，或称为波长。《高电压试验技术 第 1 部分：一般定义及试验要求》（GB/T 16927.1—2011）（以下简称"国家标准"）规定，冲击波标准波形由视在波前时间和视在半峰值时间两个参数定义，冲击波陡度由幅值和视在波前时间两个参数定义。

（一）雷电冲击电压标准波形

采用单极性非周期双指数波模拟电力系统中的雷电冲击电压波，国家标准制定的雷电冲击电压标准波形分为全波和截波两种。

1. 雷电冲击全波电压标准波形

雷电冲击全波电压标准波形如图 2-20 所示，定义为：$T_1 = 1.2\mu s$，允许偏差 $\pm 30\%$；$T_2 = 50\mu s$，允许偏差 $\pm 20\%$；电压的极性可能是负极性也可能是正极性；标准波形通常表示为 $\pm 1.2/50\mu s$。

2. 雷电冲击截波电压标准波形

雷电冲击截波电压标准波形如图 2-21 所示，用来模拟雷电过电压引起气隙击穿或外绝缘闪络后出现的截尾冲击波。雷电过电压通常在冲击波波尾某一时刻被截断，$T_1 = 1.2\mu s(1 \pm 30\%)$。设在波尾 G 点处截断，G 点在时间轴上的投影为 H，把 A 与 H 两点之间的时间称为截断时间，取 $2 \sim 5\mu s$，波形表示为 $1.2/2 \sim 5\mu s$。

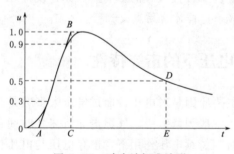

图 2-20 冲击波标准波形

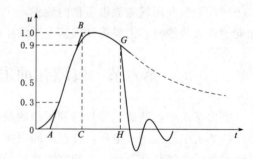

图 2-21 雷电冲击截波电压标准波形

（二）操作过电压标准波形

电力系统内部出现的操作过电压，持续时间比雷电冲击波持续时间长很多，可以用长波前长波尾的非周期性冲击波来描述。国家标准制定的操作过电压标准波形为 $250/2500\mu s$。

二、放电时延

对一个静态击穿电压为 u_0 的气隙施加冲击电压，如果冲击波的幅值小于 u_0，间隙一定不击穿；提高冲击波幅值，当幅值比 u_0 高得不多时，由于电压作用时间短，间隙也可能不击穿；再提高冲击波幅值，间隙可能在冲击波波尾某一时刻击穿；再提高冲击波幅值，间隙击穿概率提高，并且击穿所需时间缩短。可见，间隙在幅值高于静态击穿电压的冲击电压作用下，击穿总是在静态击穿电压之后某一时刻发生，称其为时延性，冲击波的幅值与击穿所需时间之间有很强的相关性，时间特性特别显著。那么，间隙击穿所需要的时间都消耗在哪里？

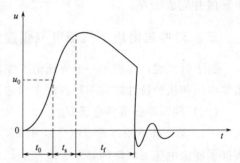

图 2-22　冲击电压下气隙击穿所需时间

如图 2-22 所示，冲击电压下气隙击穿所需时间包括升压时间、统计时延和放电形成时延。

（1）升压时间 t_0。电压由 0 升高到静态击穿电压 u_0 所需要的时间，在此时间内间隙不击穿。

（2）统计时延 t_s。统计时延是从电压达到静态击穿电压 u_0 时刻起，到有效电子出现所需要的时间。有效电子是指最终导致间隙击穿的那个电子。有效电子的出现一方面由外界游离因素在间隙中产生自由电子的偶然性决定，另一方面，不是每个自由电子都能在电场作用下形成电子崩并最终使间隙击穿，它很可能被气体分子俘获形成负离子，失去游离能力，或者扩散到放电区域以外，因此统计时延具有很强的统计性（分散性），不是唯一的固定时间。影响统计时延的主要因素有电极材料及表面状况、外施电压、电场形式、外界游离因素的强弱等。电极材料的逸出功越小越有利于有效电子的出现；电极表面不光滑，会在凸起部分近旁形成局部强电场，使金属电极表面的位能势垒降低，有利于有效电子的出现；外施电压升高，电极表面电场强度增大，有利于有效电子的出现；如果是极不均匀电场，相同外施电压下由于棒电极表面电场强度更高，将有利于有效电子的出现；如果用高能射线照射负极，可以促进负极释放电子，增加有效电子出现的概率，使统计时延缩短并稳定。

（3）放电形成时延 t_f。有效电子出现后，在电场作用下产生碰撞游离，发展电子崩，形成流注甚至先导，直到间隙击穿，把这个过程消耗的时间称为放电形成时延，又称为放电发展时间，同样具有很强的统计性，也不是唯一的固定时间。影响放电形成时延的主要因素有间隙长度、外施电压和电场形式等。间隙越长，放电形成时延越长；外施电压越高，带电粒子的运动速度就越快，放电形成时延越短；电场越均匀，电场强度就越高，带电粒子运动速度越快，放电形成时延越短。

气隙击穿所需时间 t_b 可以表达为

$$t_b = t_0 + t_s + t_f \tag{2-8}$$

又把 t_s 与 t_f 之和称为放电时延 t_1，即

$$t_1 = t_s + t_f \tag{2-9}$$

在短间隙中，特别是均匀电场，放电时延主要是统计时延；而在较长间隙或极不均匀电场中，放电时延主要是放电形成时延。

由冲击电压下间隙击穿的时间特性可以总结出气隙击穿需要三个基本条件，即气体放电三要素：①足够大的电场强度或足够高的电压；②在气隙中存在能引起电子崩并导致流注和主放电的有效电子；③需要电压作用一定的时间，让放电得以逐步发展并完成击穿。

三、对冲击电压下气隙电气强度的描述

由于时延性，单独用一个电压值不能清晰描述气隙的电气强度，需要用 50% 冲击击穿电压和伏秒特性曲线两种方法来描述。

（一）50% 冲击击穿电压 $U_{50\%}$

$U_{50\%}$ 是指在该幅值冲击电压作用下，气隙击穿和不击穿的概率各为 50%。$U_{50\%}$ 表征了冲击电压下气隙的基本耐电性能，实际上它和绝缘的最低冲击击穿电压已相差很少。要得到一个气隙的 $U_{50\%}$ 需要作大量试验，为简化试验，通常采用 10 次冲击法，即当把某一幅值冲击电压施加到间隙上，如果 10 次加压中能够使间隙击穿 4~6 次，就把这个冲击波的幅值作为该间隙的 $U_{50\%}$。

把 $U_{50\%}$ 与静态击穿电压之比称为冲击系数 β，其值与电场形式、电压类型、气压等因素相关，均匀电场的冲击系数等于 1；稍不均匀电场的冲击系数接近 1；极不均匀电场中，空气间隙的雷电冲击系数大于 1、操作冲击系数可能小于 1，高气压下气隙的雷电冲击系数可能小于 1。

在实用上，如果采用 $U_{50\%}$ 来决定气隙应有的长度，必须考虑一定的裕度，因为电压低于 $U_{50\%}$ 时气隙也可能击穿，只是概率下降了。应有裕度的大小取决于该气隙冲击击穿电压分散性的大小。均匀电场和稍不均匀电场的冲击击穿电压分散性很小，极不均匀电场的冲击击穿电压分散性较大。实际上，各种类型电压下气隙的击穿电压都有一定的分散性，即击穿概率分布特性。研究表明，气隙击穿的概率分布接近正态分布，通常用 $U_{50\%}$ 和变异系数 z 来表示，z 与电压类型有关，后续课程中再详细介绍，气隙的击穿概率分布见表 2-4。

表 2-4 气隙的击穿概率分布

外施电压 u	$(1-3z)$ $U_{50\%}$	$(1-2z)$ $U_{50\%}$	$(1-1.3z)$ $U_{50\%}$	$(1-z)$ $U_{50\%}$	$1U_{50\%}$	$(1+z)$ $U_{50\%}$	$(1+1.3z)$ $U_{50\%}$	$(1+2z)$ $U_{50\%}$	$(1+3z)$ $U_{50\%}$
耐受概率/%	99.86	97.70	90.00	84.15	50.00	15.85	10.00	2.30	0.14
击穿概率/%	0.14	2.30	10.00	15.85	50.00	84.15	90.00	97.70	99.86

能够看出，外施电压越高，气隙的击穿概率越高；外施电压越低，气隙的耐受概率越高。外施电压为 $(1+3z)U_{50\%}$ 时，间隙击穿概率已达到 99.86%，工程中常把

对应于击穿概率很高（例如99%）的电压作为气隙的确保击穿电压；外施电压为$(1-3z)U_{50\%}$时，气隙耐受概率已达到99.86%，工程中常把对应于耐受概率很高（例如99%）的电压作为气隙的耐受电压。

（二）伏秒特性曲线

把在一组波形相同、幅值不同的冲击电压作用下，间隙击穿过程中出现的电压最大值与击穿所需时间的关系曲线称为伏秒特性曲线。工程上常用它来表征间隙在冲击电压下的击穿特性。

气隙伏秒特性曲线如图2-23所示，作出曲线的基本要点有：给出一组波形相同但幅值不同的冲击电压波，在幅值最低的冲击波作用下，击穿发生在波尾，虽然此时间隙上的电压已经低于幅值，但幅值决定着击穿所需要的时间，因此要过幅值点及击穿时刻取点1；提高冲击波幅值，击穿所需要的时间缩短了，但只要击穿发生在波尾，就过幅值点和击穿时刻取点，如点2、点3；再提高幅值，击穿发生在电压为幅值时刻，就在幅值点取点4；再提高幅值，击穿发生在波前，在哪一时刻击穿就取哪点，如点5；把这些点连起来得到的曲线就是伏秒特性曲线。

特别需要注意的是，由于冲击电压下气隙击穿的分散性，在每一幅值冲击电压作用下，气隙击穿时刻都不是固定的，可能早点，也可能晚点。同一幅值冲击电压下可以取得若干个点，导致伏秒特性曲线不是一条单独的曲线，而是一个曲线组。如图2-24所示，由击穿概率不同的伏秒特性曲线组成，图中1是伏秒特性曲线组的上包络线，为100%伏秒特性曲线；3是伏秒特性曲线组的下包络线，为0%伏秒特性曲线；2是50%伏秒特性曲线。通常所说的气隙的伏秒特性曲线是指平均伏秒特性曲线或50%伏秒特性曲线；当加压时间足够长时，一切气隙的伏秒特性曲线都会趋于平坦，即击穿电压不再与电压作用时间相关联。4所标注位置电压基本等于$U_{50\%}$。

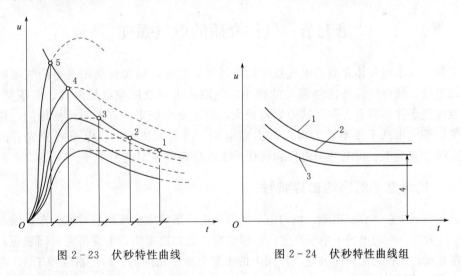

图2-23　伏秒特性曲线　　　　图2-24　伏秒特性曲线组

电场形式不同，产生的伏秒特性曲线的形状也不同。如图2-25所示，1为均匀电场或稍不均匀电场的伏秒特性曲线，曲线较平、分散性小、只在很小时间范围内上翘；2为极不均匀电场的伏秒特性曲线，曲线较陡、在较大的时间范围内明显上翘。

造成曲线形状不同的原因是：均匀电场或稍不均匀电场气隙的击穿所需时间短，伏秒特性曲线很快变平，想通过提高冲击电压幅值来缩短击穿所需时间的效果不好；而极不均匀电场气隙的击穿所需时间长，提高冲击电压幅值能够明显缩短击穿所需时间。

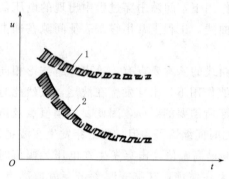

图 2-25 不同形式电场的伏秒特性曲线

1—均匀电场；2—极不均匀电场

用伏秒特性曲线比较不同设备绝缘的冲击击穿特性具有实际意义。例如：在雷电过电压入侵时，电力系统中的电气设备需要得到保护设备的可靠保护。假设图 2-25 中曲线 1 为被保护设备的伏秒特性曲线，曲线 2 为保护设备的伏秒特性曲线，保护设备要可靠保护被保护设备，其伏秒特性曲线必须完全位于被保护设备的伏秒特性曲线的下面，不允许有交叉。如果两条曲线有交叉，就不能确保完全保护。

工程中，有些过电压保护装置的伏秒特性曲线比较陡，而需要得到它们保护的设备的伏秒特性曲线比较平，例如变压器的伏秒特性曲线，此时，保护设备和被保护设备之间不好进行配合。图 2-25 中，如果两条曲线离得比较近，由于分散性，二者可能有交叉，不能可靠保护被保护设备，因此二者之间要有足够的配合裕度。如果把保护设备的伏秒特性曲线拉低，两条曲线离得比较远，保护设备在很低电压下就会动作，动作太频繁，对保护设备不利。因此保护设备的伏秒特性曲线越平越好。

从图 2-25 还能够看出，保护设备与保护设备之间不能够用 $U_{50\%}$ 进行配合。

第七节 气体介质的电气强度

资源 2.11

工程中，希望气体介质的电气强度越高越好，这样可以实现使用更短的气隙耐受相同的电压，使电气设备的外形尺寸减小。气隙的击穿电压与电场形式、电压类型、频率及大气条件等因素有关，其中影响最大的因素是电场形式，极间距离相同，均匀电场的击穿电压高于极不均匀电场的击穿电压。高电压技术中将电压划分成直流电压、工频交流电压、雷电冲击电压和操作冲击电压四种典型类型。

一、均匀电场气隙的击穿特性

均匀电场中，不存在电晕。均匀电场的两个电极形状完全相同且对称分布，因此不存在极性效应。均匀电场中电场强度高，带电粒子运动速度快，击穿所需时间极短，因此它在直流、工频交流和冲击电压作用下的击穿电压是相同的，冲击系数等于 1，击穿电压的分散性很小。

均匀电场空气间隙的击穿电压经验计算公式为

$$U_b = 24.55\delta d + 6.66\sqrt{\delta d} \tag{2-10}$$

式中　U_b——击穿电压峰值，kV；

　　　δ——空气相对密度；

　　　d——极间距离，cm。

由式（2-10）能够看出，均匀电场的击穿电压与空气相对密度和极间距离相关。工程中，空气相对密度一定时，增大极间距离，能够提高气隙的击穿电压。

均匀电场空气间隙的击穿场强经验计算公式为

$$E_b = 24.55\delta + 6.66\sqrt{\delta/d} \qquad\qquad (2-11)$$

由式（2-11）能够看出，均匀电场空气间隙的击穿场强随空气相对密度近似线性变化；击穿场强随极间距离增大稍有下降，但可以忽略其影响，认为无饱和现象。在 $d=1\sim10\mathrm{cm}$ 范围内，击穿场强约为 30kV/cm。

二、稍不均匀电场气隙的击穿特性

稍不均匀电场的击穿特性与均匀电场相似，而与极不均匀电场有很大的差别。在稍不均匀电场中没有稳定的电晕，一旦出现电晕，间隙会立即击穿，其冲击击穿电压与直流电压或工频交流电压下的稳态击穿电压基本一致，冲击系数接近于1。

稍不均匀电场有弱极性效应，不接地电极带负极性电压时的击穿电压低于带正极性电压时的击穿电压。

最重要的稍不均匀电场实例是球间隙和同轴圆筒间隙。

（一）球间隙

高电压试验中球间隙主要起测量和保护作用。如图2-26所示，球间隙的两个电极是直径为 D 的球，一个电极经限流电阻接试验电压，一个电极经金属支架直接接地，极间距离为 d。作为测量仪表，当 $d<D/4$ 时，球间隙的电场相当均匀，且周围物体对球隙中的电场分布影响很小，其直流、工频交流及冲击电压下的击穿电压大致相同。当 $d\geqslant D/4$ 时，电场不均匀度增大，大地对球隙中电场分布的影响加大，因而平均击穿场强下降，击穿电压的分散性增大。为了保证测量精度，球隙测压器一般应在 $d\leqslant D/2$ 的范围内工作。球间隙是唯一能够直接测量到兆伏级、各种电压幅值的仪表，但其缺点是需要靠球间隙击穿实现测压，球间隙击穿会使试验中断，因此现在一般不再使用球间隙测压，而将它作为标准计量器具使用。

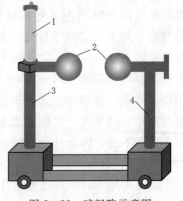

图2-26　球间隙示意图

1—限流电阻；2—球电极；

3—绝缘支架；4—金属支架

在高压试验中，为了防止由于误操作将过高的电压加到被试品上，使被试品受损，常在被试品旁并联一个球间隙，让其发挥保护作用，球间隙的击穿电压一般比试验电压高 $10\%\sim15\%$。

（二）同轴圆筒间隙

工程中，六氟化硫绝缘封闭组合电器中的同轴圆筒绝缘结构示意图如图2-27所示，设母线筒外半径为 r、外壳内半径为 R。当 $r/R<0.1$ 时，气隙中的电场属于极不均

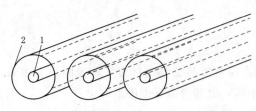

图 2-27　同轴圆筒绝缘结构示意图

1—母线筒；2—外壳

匀电场，会出现稳定的电晕且起晕电压值很低，因此不能把电气设备绝缘结构设计在这样的 r/R 范围内。当 $r/R \geqslant 0.1$ 时，气隙中的电场属于稍不均匀电场，击穿前不再有稳定的电晕放电。当 $r/R \approx 0.33$ 时，击穿电压出现极大值，因此在设计同轴圆筒绝缘结构时通常将 r/R 选取在 $0.25 \sim 0.4$ 的范围内。

三、极不均匀电场气隙的击穿特性

极不均匀电场中有强场区和弱场区，击穿过程中首先在强场区出现电晕，使得起始放电电压低于击穿电压。受空间电荷分布的影响，击穿电压有显著的极性效应。由于平均电场强度低，带电粒子运动速度慢，间隙击穿需要较长时间，因此伏秒特性曲线陡，放电的分散性比均匀电场的大。

（一）直流电压

常态空气中，气隙极间距离在 10cm 以下时，棒正-板负电场的平均击穿场强约为 7.5kV/cm，棒负-板正电场的平均击穿场强约为 20kV/cm，极性效应显著；棒-棒电场的平均击穿场强介于二者之间。在此极间距离范围内，击穿电压与极间距离保持线性关系。

随着超高压和特高压直流输电网络的建设，有必要掌握极间距离更大气隙的直流电压击穿特性。如图 2-28 所示，当气隙极间距离超过几十厘米后，气隙直流 1min 临界耐受电压与极间距离基本保持线性关系，但气隙平均击穿场强明显低于极间距离较小时的平均击穿场强，不对称极不均匀电场的平均击穿场强降到 4.5~10kV/cm。对比数据能够发现，起晕场强远高于击穿场强；随着极间距离的增大，气隙直流电压下平均击穿场强在下降，因此认为直流电压下气隙击穿电压有饱和性。

直流电压下，气隙击穿电压的分散性不大，可取变异系数 $z = 1\%$。

（二）工频交流电压

由于极性效应，棒-板间隙的击穿总是发生在工频交流电压的正半波、幅值点附近。在极间距离不超过 1m 时，工频交流电压下气隙击穿电压（幅值）和直流电压下的棒正-板负间隙的击穿电压相近；极间距离

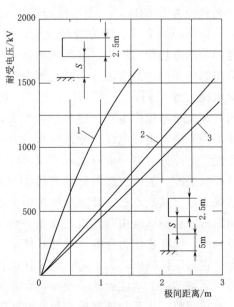

图 2-28　气隙直流 1min 临界耐受电压
与极间距离的关系

1—棒负-板正间隙；2—棒-棒间隙；
3—棒正-板负间隙

超过 1m 时,工频交流电压下气隙击穿电压介于直流电压下棒正-板负间隙击穿电压与棒负-板正间隙击穿电压之间。

因为极性效应,工频交流电压下棒-棒间隙击穿电压高于棒-板间隙击穿电压。工频交流电压下棒间隙击穿电压与极间距离关系如图 2-29 所示,在极间距离小于 1m 时,棒-棒间隙击穿电压与棒-板间隙击穿电压相差不大;但极间距离超过 1m 后,随着极间距离的增大,二者的差距越来越大。更长极间距离时,随着极间距离的增大,击穿电压增大的幅度越来越小,平均击穿场强下降,出现饱和现象,尤其是棒-板间隙。因此在交流电气设备中,如果不可避免地要使用极不均匀电场,希望尽量采用棒-棒类型的电极结构而避免采用棒-板类型的电极结构。

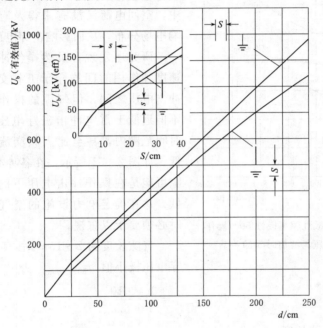

图 2-29 工频交流电压下棒间隙击穿电压与极间距离关系

交流电压作用下,气隙的击穿电压具有一定的分散性,但一般不大,变异系数 z 不会超过 2%~3%,一般取 $z=2\%$。

(三)雷电冲击电压

由于波前时间 1.2μs 太短,在 50% 雷电冲击击穿电压下,气隙击穿通常发生在波尾。雷电冲击击穿电压与极间距离成正比,无饱和现象。雷电冲击击穿电压具有分散性,可取变异系数 $z=3\%$。雷电冲击击穿电压的极性效应明显,棒正-板负间隙击穿电压低于棒负-板正间隙击穿电压,棒-棒间隙击穿电压介于二者之间。

(四)操作冲击电压

操作冲击波由电力系统内部过电压产生,操作冲击电压标准波形为 250/2500μs,波前时间 250μs 已经足够长,操作冲击电压作用下气隙击穿一般发生在波前时间内。

试验表明,操作冲击电压的波形对气隙的击穿电压有很大的影响。棒-板气隙正极性 50% 操作冲击击穿电压与波前时间的关系如图 2-30 所示,曲线呈 U 形。当极间

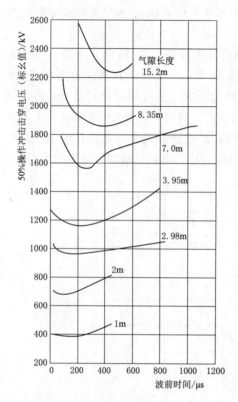

图2-30 棒-板气隙正极性50%操作
冲击击穿电压与波前时间的关系

距离一定时，在某一最不利的波前时间下，$U_{50\%}$出现极小值，把这个最不利的波前时间称为临界波前时间。随着极间距离的增大，临界波前时间增大。在工程中所遇到的极间距离范围内，临界波前时间处于$100\sim500\mu s$之间，这表明：气隙在电压作用时间为$100\sim500\mu s$的冲击电压下的击穿电压可能最低。分析其原因可能在于$100\sim500\mu s$的电压作用时间已经足够完成气隙的击穿，但在放电过程中，空间电荷又没有来得及有规律积聚而影响电场分布，从而影响击穿电压。

研究还发现，虽然操作冲击电压的变化速度和作用时间均介于工频交流电压和雷电冲击电压之间，但气隙的操作冲击击穿电压不但远低于雷电冲击击穿电压，在某些波前时间范围内，甚至比工频交流击穿电压还要低。如图2-31所示，在各种类型电压中，气隙可能是在操作冲击电压下的击穿电压值最低，这在确定电力设施的空气间隙安全间距时必须要予以重视。

气隙长度为$2\sim15m$时，50%操作冲击击穿电压极小值$U_{50\%(min)}$为

$$U_{50\%(min)} = \frac{3.4\times10^3}{1+8/d} \qquad (2-12)$$

式中 d——气隙长度，m。

当气隙长度超过15m时，可用下式计算：

$$U_{50\%(min)} = (1.4+0.055d)\times10^3 \qquad (2-13)$$

算例4：分别计算$d=5m$、10m、15m和20m时的$U_{50\%(min)}$及对应的平均击穿场强最小值。计算结果见表2-5。由表2-5能够发现，操作冲击电压下，随着气隙长度的增大击穿电压升高，但升高的幅度越来越小，使平均击穿场强下降，表明极不均匀电场长气隙的操作冲击击穿电压具有显著的饱和性，图2-31中曲线2也反映了此结论。当气隙长度达到25m时，平均击穿场强已经降至$1.11kV/cm$，这不禁让人思考能够工程应用的特高压电压等级有没有上限值呢？

操作冲击电压下，击穿电压有明显的极性效应，击穿电压的分散性也比较大，变异系数z可达$5\%\sim8\%$。

算例5：一个气隙的50%操作冲击击穿电压为100kV，如果取$z=8\%$，能够计算出间隙的耐受电压为$u=(1-3z)U_{50\%}=(1-3\times8\%)\times100=76(kV)$，此值就比较低了。

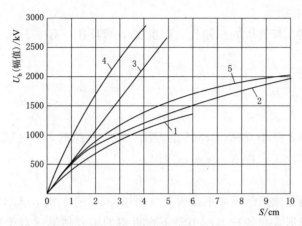

图 2-31 不同性质电压作用下棒-板气隙的击穿电压与气隙距离的关系

1—操作波作用下的平均最小击穿电压；2—+100/3200μs 冲击波，50%击穿电压；3—+1.5/40μs 冲击波，50%击穿电压；4——1.5/40μs 冲击波，50%击穿电压；5—工频击穿电压（均匀升压）

表 2-5 不同气隙长度 50%操作冲击击穿电压极小值、平均击穿场强最小值

气隙长度 /m	$U_{50\%(min)}$ /kV	平均击穿场强最小值 /(kV/cm)	气隙长度 /m	$U_{50\%(min)}$ /kV	平均击穿场强最小值 /(kV/cm)
5	1307.7	2.62	20	2500.0	1.25
10	1888.9	1.89	25	2775.0	1.11
15	2217.4	1.48			

四、大气条件对气隙击穿电压的影响

气压、温度和湿度的变化会对碰撞游离产生影响，因此气隙的击穿电压与气压、温度、湿度等大气条件相关。一般空气间隙的击穿电压随温度升高而下降，随湿度增大而提高，随气压升高而升高，随海拔高度升高而下降。需要注意的是，密闭容器中气压对击穿电压的影响较复杂，与电场形式、极间距离、气压大小等因素相关；在高气压和高真空气隙中，湿度增大，气隙击穿电压下降。

资源 2.12

国家标准中规定的标准大气条件为：温度 $t_0 = 20℃$，绝对压力 $p_0 = 101.3kPa$，绝对湿度 $h_0 = 11g/m^3$。当试验时的大气条件与标准大气条件不符时，应将实际大气条件下的气隙击穿电压换算到标准大气条件下，以便比较，换算时需要进行空气密度校正、湿度校正和海拔高度校正。在进行耐压试验时，应将规定的标准大气条件下的试验电压值进行换算，得出实际大气条件下应施加的试验电压值。

现场试验条件下的气隙击穿电压 U 与标准大气条件下的击穿电压 U_0 之间的换算可以通过相应的校正因数进行，即

$$U = K_1 K_2 U_0 \tag{2-14}$$

式中　K_1——空气密度校正因数；

　　　K_2——湿度校正因数。

1. 空气密度校正

空气相对密度 δ 与气压 p 成正比，与温度 T 成反比，有

$$\delta = 2.9 \frac{p}{T} \tag{2-15}$$

其中

$$T = 273 + t$$

试验表明，当 δ 处于 $0.95 \sim 1.05$ 的范围内时，气隙的击穿电压几乎与 δ 成正比，即此时的空气密度校正因数 $K_1 \approx \delta$，因而

$$U \approx \delta U_0 \tag{2-16}$$

研究表明，当气隙极间距离不是很大（例如 1m 以下）时，式（2-16）能够准确地适用于各种电场形式和各种电压类型下作近似的工程估算。对于更长的空气间隙，击穿电压与大气条件的关系并不是一种简单的线性关系，而是随电极形状、电压类型和气隙极间距离的变化而变化的复杂关系。除了在气隙极间距离不大、电场较均匀或极间距离虽大但击穿电压仍随气隙极间距离呈线性增大（如雷电冲击击穿电压）的情况下，式（2-16）仍可适用外，其他情况的空气密度校正因数应按下式计算：

$$K_1 = \delta^m \tag{2-17}$$

式中 m——空气密度校正指数，是与电极形状、气隙极间距离、电压类型及其极性相关的变量，可参考有关国家标准进行取值。

2. 湿度校正

湿度对空气间隙击穿电压的影响与电场形式有关，在均匀和稍不均匀电场中，因电场强度高，电子运动速度快，不容易被水分子俘获形成负离子，再加上电场中没有预放电过程，湿度对击穿电压的影响很小，实际上可以忽略；在极不均匀电场中，平均电场强度低，电子运动速度慢，电子容易被水分子俘获，再加上放电的发展要经过较弱的电场区，预放电时间较长，因此湿度增加，静态击穿电压明显提高。在冲击电压作用下，因电场强度高，放电时间短，湿度的影响会减弱。

极不均匀电场中，湿度对击穿电压的影响可以用湿度校正因数加以修正。

$$K_2 = K^w \tag{2-18}$$

式（2-18）中的因数 K 取决于试验电压类型，并且是绝对湿度 h 与空气相对密度 δ 之比（h/δ）的函数，而指数 w 取决于电极形状、气隙极间距离、电压类型及其极性，它们的具体取值可参考国家标准。

3. 海拔高度校正

随着海拔高度的增加，空气相对密度下降，空气间隙的击穿电压及外绝缘的闪络电压随之降低。考虑到这一影响，《高压输变电工程外绝缘放电电压海拔校正方法》（GB/T 42001—2022）中规定，对于拟用于海拔高度 1000～5000m 的电气设备的外绝缘，其试验电压应按规定的标准大气条件下的试验电压乘以系数 k_a 进行修正。

$$k_a = \frac{1}{1 - mH \times 10^{-4}} \tag{2-19}$$

式中 m——海拔校正因子；

H——海拔高度，m。

算例 6：计算用于海拔 4000m 地区的支柱绝缘子在标准大气条件下的出厂工频交流试验电压。设标准大气条件下支柱绝缘子外绝缘工频交流耐受电压 U_0 为 185kV。

解：m 取 1.0，则

$$k_a = \frac{1}{1 - mH \times 10^{-4}} = \frac{1}{1 - 1 \times 4000 \times 10^{-4}} = \frac{1}{0.6} \approx 1.67$$

因此出厂试验电压为

$$U = k_a U_0 = 1.67 \times 185 = 308.95(\text{kV})$$

通过算例能够理解：额定电压相同的电气设备，用于高海拔地区的要比用于平原地区的能耐受更高的出厂试验电压，具有更高的外绝缘水平，即用于高海拔地区的电气设备的外绝缘要比用于平原地区的电气设备的外绝缘更长，才能保证在高海拔地区安全运行。

五、邻近效应的影响

电极间电场的不均匀度不仅取决于电极的形状和布置，还要受到邻近物体的影响。把因邻近物体（特别是接地体）改变间隙中电场分布，使间隙击穿电压改变的现象称为邻近效应。邻近效应可以使间隙的正极性击穿电压降低，而使间隙的负极性击穿电压提高。例如高电压实验室中经常设置接地的金属围栏隔离高压试验装置与人员，在围栏中进行气隙耐压试验时，金属围栏与试验装置之间的杂散电容会对电极间电场分布产生影响，接地围栏与电极之间距离越近，气隙击穿电压受影响越大。

第八节 提高气隙击穿电压的方法

提高气隙击穿电压需要从改善电场分布和抑制游离过程两方面入手。

一、改善电场分布

（一）改进电极形状，增大电极曲率半径

均匀电场和稍不均匀电场的击穿场强比极不均匀电场的平均击穿场强高得多。一般电场分布越均匀，平均击穿场强也越高，因此可以通过改进电极形状、增大电极曲率半径来改善电场分布。

资源 2.13

1. 消除局部强场

去除电极表面及边缘的毛刺和棱角，消除电场局部增强的现象，改进电极形状，克服边缘效应，能够提高气隙的击穿电压。如图 2-32（a）所示，虽然平板电极间隙形成的是均匀电场，但在极板的边缘处电力线比较集中，电极边缘近旁存在局部强场，破坏了电场的均匀度，把这种现象称为边缘效应。如图 2-32（b）所示，将极板边缘弯卷，做成圆盘形电极，电极边缘处极间距离被拉大，能够克服边缘效应，消除局部强场，因此工程中高压电极常做成圆弧形状，如图 2-32（c）所示的试验变压器的高压电极。

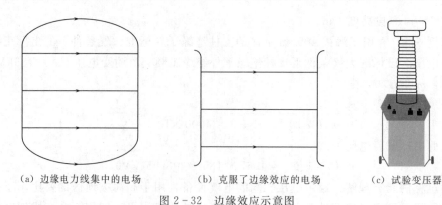

(a) 边缘电力线集中的电场　　(b) 克服了边缘效应的电场　　(c) 试验变压器

图 2-32　边缘效应示意图

2. 加屏蔽

图 2-33 是 1200kV 直流高压发生器上采用的屏蔽电极。把通过扩大电极截面积

图 2-33　1200kV 直流高压
发生器上采用的屏蔽电极

来改善电场分布的做法称为屏蔽，其作用是降低电极附近空间的最大电场强度，提高起晕电压和间隙击穿电压，是一种常用的方法。试验表明，在极间距离为 100cm 时，采用直径为 75cm 的球形屏蔽电极可使气隙的击穿电压约提高 1 倍。前面讲过，在超高压输电线路上采用扩径导线、分裂导线、绝缘子串加均压环等都是根据屏蔽原理改善电场分布的具体应用。

（二）利用空间电荷改善电场分布——细线效应

图 2-34 描述了线-板气隙中不同直径 D 导线的工频击穿电压与极间距离 d 的关系。在相同极间距时，均匀电场的击穿电压最高，针正-板负间隙的击穿电压最低；曲线 4 对应的导线直径为 20mm，曲线 5 对应的导线直径为 16mm，导线直径越大，导线表面电场强度越低，电场分布越均匀，击穿电压越高，曲线 4 上的击穿电压高于曲

线 5 上的击穿电压是合理的；曲线 2 对应的导线直径为 0.5mm，曲线 3 对应的导线直径为 3mm，为什么导线直径最小的气隙的击穿电压却是最高，并且曲线 2、3 上的电压都远高于曲线 4、5 上的电压呢？其原因是：导线直径减小后导致导线表面电场强度增大，如果超过起晕场强就会产生电晕，电晕形成后等效增大了导线直径，如果等效直径超过曲线 4、5 对应导线的直径，其电场分布将比后者更均匀，使得击穿电压更高；曲线 2 上的电压高于曲线 3 上的电压，说明曲线 2 对应导线上电晕的等效直径超过了曲线 3 对应导线上电晕的等效直径。把这种现象称为细线效应，其工程意义不大，一般用于实验室研究。

（三）极不均匀电场中采用屏障

屏障是指放入气隙中的固体绝缘薄片，如图 2-35 所示。屏障加入后，能够明显

改变间隙的击穿电压，其原因不是因为屏障自身的分压，而是通过影响带电粒子运动、改变两极间电场分布发挥作用的，因此其改变击穿电压的效果与电压类型、棒极电压极性、放置位置及密封性等因素有关。

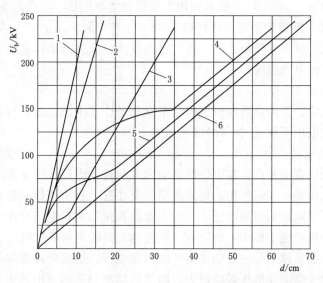

图 2-34　线-板气隙中不同直径 D 导线的工频击穿电压与极间距离 d 的关系

1—均匀电场（21kV/cm）；2—$D=0.5$mm；3—$D=3$mm；4—$D=20$mm；

5—$D=16$mm；6—针正-板负电场（3.5kV/cm）

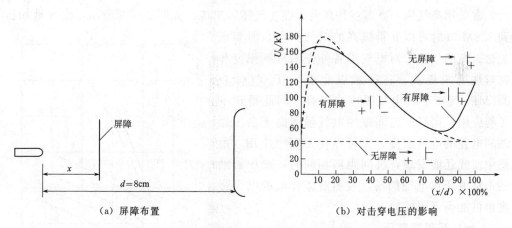

（a）屏障布置　　　　　　　　（b）对击穿电压的影响

图 2-35　直流电压下屏障对击穿电压的影响

1. 直流电压下、棒正-板负电场

图 2-35 中水平虚线是未加入屏障时间隙的击穿电压，加入屏障后击穿电压按虚线曲线变化，屏障放置在任意位置都能提高击穿电压，且在屏障与棒电极之间距离 x 与极间距离 d 之比为 15%～20% 时效果最好，能够使击穿电压提高 3～4 倍。试验还表明，只要屏障不过于靠近电极，即使屏障上有小孔，依然能够发挥作用。屏障能发挥作用的原因是屏障阻挡向板极运动的正离子，正离子在屏障表面分布，与板极之间

近似形成均匀电场，使击穿电压提高。

2. 在直流电压下、棒负-板正电场

图 2-35 中水平实线是未加入屏障时气隙的击穿电压，加入屏障后击穿电压按实线曲线变化，约在 $x/d < 40\%$ 的范围内能够提高击穿电压，同样是在 $x/d \approx 15\% \sim 20\%$ 时效果最佳，能够使击穿电压提高 $20\% \sim 30\%$；但约在 $x/d > 40\%$ 之后位置时击穿电压会降低，说明屏障加入后，在一定区域内，气体分子俘获电子形成的负离子加强了未游离区的电场强度。

3. 工频交流电压

由于极性效应，工频交流电压下间隙击穿总是在正半波发生，所以屏障对击穿电压的影响与直流电压下棒正-板负时情况相同。

4. 雷电冲击电压

屏障对正极性雷电冲击击穿电压的影响大致与持续电压作用下的一样，对负极性雷电冲击击穿电压基本不起作用。如果屏障上有小孔，就不再影响击穿电压。分析认为，冲击电压下屏障影响击穿电压不是因为电荷积聚影响到电场分布，而是由于屏障不透光，对光游离产生了影响，所以有小孔能透光时就失去了作用。

综上所述，加屏障不是一定能提高气隙击穿电压，影响屏障发挥作用的各因素中屏障所在位置对气隙击穿电压影响最大。均匀电场和稍不均匀电场中没有电晕，加入屏障不影响气隙击穿电压。

二、抑制游离过程

常采用高气压、高真空和高电气强度气体等措施。如图 2-36 所示，空气被加压到 2.8MPa 时可以获得极高的电气强度，但要承受这么高的气压，对电气设备外壳的机械强度和密封性要求极高，往往难以实现；SF$_6$ 气体在 0.7MPa 气压下的电气强度也很高，因此得到了工程应用；高真空时间隙的电气强度高于变压器油和电瓷的电气强度，也可以在工程中应用。由图中曲线还能发现，极间距离相同时，变压器油的击穿电压比电瓷的高，表明液体介质的电气强度也可能高于固体的。

(一) 采用高气压

常压下空气的电气强度为变压器油的 $1/8 \sim 1/5$。如果压缩空气，使气压达到 $1 \sim 1.5$MPa，其电气强度就与变压器油、电瓷和云母等绝缘的相当，可以考虑将其在工程中应用。

高压气体间隙击穿电压与很多因素相关，影响最大的因素是电场形式。

(1) 均匀电场中，气隙击穿电压与气压和极

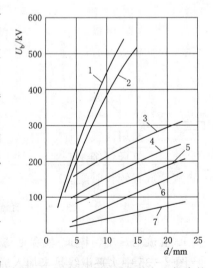

图 2-36　某些电介质在均匀电场中的击穿电压与极间距离的关系

1—空气，气压 2.8MPa；2—SF$_6$，0.7MPa；
3—高真空；4—变压器油；5—电瓷；
6—SF$_6$，0.1MPa；7—空气，0.1MPa

间距离乘积的关系遵循巴申定律，击穿场强与气压大致成正比。但约从 1MPa 开始，试验结果和巴申定律的分歧逐渐明显，随气压再升高击穿场强下降。

（2）极不均匀电场中，气隙击穿存在异常情况，在正极性直流电压或工频交流电压作用下，击穿电压与气压之间存在驼峰现象。以棒-棒间隙氮气击穿电压与气压的关系为例，如图 2-37 所示，极间距离 2cm 气隙的工频交流击穿电压和雷电冲击击穿电压都随气压升高而增大，雷电冲击击穿电压高于工频交流击穿电压；极间距离 10cm 气隙，在气压低于 0.4MPa 时，雷电冲击击穿电压高于工频交流击穿电压，但气压再升高，在一段气压范围内，雷电冲击击穿电压低于工频交流击穿电压；工频交流击穿电压在气压为 0.7MPa 左右时出现极大值，然后随气压升高而降低，形成驼峰，且在驼峰范围内雷电冲击系数小于 1。更需要注意的问题是，工频交流击穿电压驼峰现象出现在工程中高压气体绝缘电气设备的工作压力范围内，因此采用高气压时，必须尽可能使电场均匀。

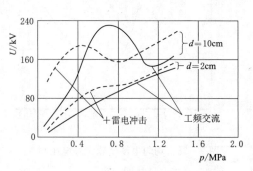

图 2-37 棒-棒间隙氮气击穿电压与气压的关系

高气压下气隙击穿电压除了受电场形式影响之外，还与电极材料（主要是负极）、电极表面粗糙度、极板面积、导电微粒等因素有关。可能与负极的强电场发射有关，电极材料不同，气隙击穿电压不同，甚至电极材料的硬度都会影响击穿电压，例如，高气压下不锈钢电极的气隙击穿电压比铝制电极的高；电极表面光洁度不够，会在电极近旁出现局部强场，容易引起强电场发射使击穿电压降低，气压越高影响越显著；极板面积越大，电极表面越难做得十分平整，也会影响击穿电压，把这种现象称为面积效应；电极表面有脏物、导电性微粒，会破坏电场均匀度，使击穿电压降低、分散性增大。

高气压下湿度对气隙击穿电压影响很大，湿度增加时气隙击穿电压明显下降，如果电场不均匀，击穿电压下降的程度将更显著。

总之，使用高气压时需要注意一些事项，包括：①尽可能改进电极形状，改善电场分布；②电极仔细加工，如进行抛光镀铬；③对气体进行过滤，滤去尘埃、水分；④充气后放置较长时间后再使用。

（二）高真空

依据巴申特性曲线，采用高真空将会得出间隙击穿电压极高甚至趋于无限大的结论。试验表明，均匀电场气隙击穿电压与气压的关系曲线如图 2-38 所示，在抽真空过程中，残余压力逐渐降低，气隙击穿电压随之下降；到残余压力很低的区域后，再进一步降低残余压力，间隙击穿电压随之升高；当残余压力降到 1.333×10^{-2} Pa 以下时，击穿电压保持恒定，不再随残余压力下降而增大，击穿场强可以高达 100kV/mm。

高真空下气隙的击穿机理与极间距离有关。极间距离较小（1cm 以下）时，带电粒子来源于金属电极强电场发射和碰撞游离，α 极小，间隙的击穿电压很高，其值甚

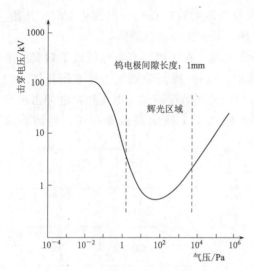

图 2-38 均匀电场气隙击穿电压与
气压的关系

至会超过压缩气体的击穿电压。极间距离较大（大于 1cm）时，随着极间距离和外施电压的提高，电子从负极飞越真空到达正极过程中积累了极高的能量，轰击正极表面并使其释放出正离子和光子，正离子和光子又加强了负极表面游离，这样反复作用产生越来越多的电子流，使电极局部汽化引起碰撞游离而最终导致间隙击穿，把这个过程称为全电压效应。由于带电粒子来源途径增多，击穿电压提高缓慢，明显低于压缩气体间隙的击穿电压，击穿场强下降。

影响高真空气隙击穿电压的因素除了极间距离之外，主要还有真空度、电极表面粗糙度、电极材料和电场中的杂物等。

同样，高真空气隙的击穿电压对水分很敏感，如果密封性不好，水分进入到电气设备中会破坏真空度，使击穿电压下降。

目前，电力设备中采用高真空作为绝缘的情况还不多，因为高真空比较难保持，仅在真空断路器中得到了实际应用。

（三）高电气强度气体

高电气强度气体要在工程中获得实际应用，需要满足以下基本条件：①电气强度要高；②液化温度要低，在工作环境温度下不液化；③化学性能稳定、不能腐蚀其他绝缘和金属，在该气体中发生放电时不宜分解、不燃烧、不产生有毒物质；④生产不太困难，价格不能过高；⑤不破坏环境。

目前得到工程应用的高电气强度气体只有 SF_6 及其混合气体。SF_6 的电气强度约为空气的 2.5 倍，空气间隙中加入少量 SF_6 就能明显地提高击穿电压；灭弧能力为空气的 100 倍以上，因此特别适合被用作绝缘与灭弧介质。SF_6 具有高电气强度的原因有强电负性、分子量大、分子体积大、气体密度大（是常温空气的 5 倍）、游离能高。几种气体的技术参数见表 2-6。

资源 2.14

表 2-6   几种气体的技术参数

气体	分子量	电子自由行程/μm	游离能/eV	相对电气强度	液化温度/℃
N_2	28	0.35	15.7	1.0	-195.8
SF_6	146	0.22	15.9~19.3	2.3~2.5	-63.8
氟利昂	121	0.30	≤18.0	2.4~2.6	-28.0

SF_6 能够得到工程应用还因为它的液化温度较低。氟利昂的电气强度也很高，但因为是温室气体，不能在工程中被用作绝缘。SF_6 气体本身是无毒惰性气体，稳定性很好，在 500K 温度的持续作用下不会分解，也不会与其他材料发生化学反应，但在

电弧下会分解出强温室气体和有毒的低氟化合物等物质，因此联合国气候变化框架公约缔约方在 1997 年签订的《京都议定书》中，将 SF_6 列为 6 种限制性使用的温室气体之一，并要求限制 SF_6 的使用。在 SF_6 气体内含有的各种杂质或杂质组合中，危害性最大的是水分，如果 SF_6 气体中含有水，电弧下分解产物中的低氟化物会和水发生继发性反应，生成腐蚀性很强的氢氟酸和硫酸等物质，腐蚀绝缘材料和金属材料，破坏电场均匀度，使沿面放电电压大为降低。为了消除毒性气体产物和水分，需要在设备中放置吸附剂，常用具有活性的氧化铝和分子筛，用量不小于 SF_6 质量的 10%。

工程中，利用 SF_6 作绝缘的电气设备常采用高气压。基于极不均匀电场中，局部放电会使其分解，工频交流电压下气隙击穿电压与气压的关系曲线存在驼峰现象，以及提高气压对提高气隙击穿电压的效果不好等原因，设计 SF_6 气体绝缘电气设备时，应尽量使电场均匀化，并采用屏蔽等措施消除一切尖角处的局部强场。在稍不均匀电场中存在弱极性效应，负极性击穿电压比正极性击穿电压低 10% 左右，因此 SF_6 气体绝缘结构的绝缘水平由负极性电压决定。

工程中，SF_6 断路器的气压在 0.7MPa 左右，SF_6 气体绝缘封闭组合电器（gas insulated switchgear，GIS）中除断路器外，其他部分的充气压力一般不超过 0.45MPa。如果在 20℃ 时的充气压力为 0.75MPa，则液化温度为 -25℃；如果在 20℃ 时的充气压力为 0.45MPa，则液化温度为 -40℃。在严寒地区可以采用电加热或使用 SF_6 与其他气体的混合气体做绝缘防止液化。采用混合气体时，不能将 SF_6 与空气简单地混合，因为在一定条件下 SF_6 会和 O_2、H_2O 发生化学反应；需要将 SF_6 与惰性气体（如 N_2）进行混合。在 SF_6 使用量大的场合，采用 SF_6 与 N_2 的混合气体可以减少 SF_6 使用量，能够降低高压气体对电场不均匀性的敏感度，相对地提高绝缘的可靠性并降低成本。SF_6 与 N_2 混合时，电气强度会下降，需要加大 0.1MP 气压。加大气压后，混合气体的液化温度不会提高，因为混合气体的混合比是体积比，按 1∶1

或 3∶2 混合后，SF_6 承担的气压小于纯 SF_6 气体时的气压，并且 N_2 的液化温度低。虽然 SF_6 的密度是 N_2 的 5 倍多，运行经验表明，混合气体即使长期闲置不用，也没有出现分离分层，始终保持着均匀混合，能确保运行安全。

工程中，SF_6 绝缘电气设备主要有 SF_6 断路器、GIS、气体绝缘管道电缆（gas insulated cable，GIC）和气体绝缘变压器（gas insulated transformer，GIT）等。

1. GIS

如图 2-39 所示，GIS 由除了变压器之外的电气设备组成，包括断路器、隔离开关、接地刀闸、互感器、避雷器、母线、连

图 2-39　气体绝缘封闭组合电器

线和出线端等，封闭在充满高气压 SF_6 气体的金属外壳中。与敞开式变电站相比，GIS 具有以下一些特点：大大节省了占地面积和空间，电压越高节省得越多；运行安全可靠；有利于环境保护，使运行人员不受电磁场的影响；安装工作量小，检修周期长；但价格高。

2. GIC

图 2-40 为我国跨长江 SF_6 绝缘特高压输电工程示意图。如果采用跨江架空输电

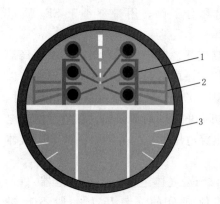

图 2-40 我国跨长江 SF_6 绝缘
特高压输电工程示意图
1—1000kV 设备区；2—市政管线；
3—500kV 设备区

线路送电，需要建高 350m 的铁塔，江中铁塔基础的等效面积相当于两个足球场的大小，会对环境和航运造成影响，因此采用江底盾构隧道建 GIC。其特点有：气体介质介电常数小，输电线路等值电容量小，只有充油电缆的 1/4 左右，其充电电流小，临界传输距离长；产生的介质损耗小，常规充油电缆因介质损耗较大而难以在特高压电网中使用，但 GIC 可以忽略介质损耗，能应用于特高压电网；传输容量大，常规电缆由于制造工艺等方面的限制，其缆芯截面积一般不超过 2000mm^2，而 GIC 无此限制，可以制作传输容量更大的电缆；并且能用于大落差场合。

3. GIT

气体绝缘变压器与传统油浸式变压器相比，优点有：防火防爆，噪声小，不会老化，能够简化维修工作。

除了以上所介绍的气体绝缘电气设备外，SF_6 气体还日益广泛地应用到一些其他电气设备中，如气体绝缘开关柜、环网供电单元、中性点接地电阻器、中性点接地电抗器、移相电容器、标准电容器、高压充气套管等。

第九节 沿 面 放 电

暴露在空气中的带电体需要固体绝缘材料在电气上发挥隔离、机械上发挥支撑或悬挂的作用，例如输电线路的悬式绝缘子、隔离开关的支柱绝缘子、互感器的绝缘套筒、变压器的出线套管等。当这些绝缘子的极间电压超过一定值时，一般不会造成固体介质击穿，而是在固体介质与空气的交界面上产生气体放电现象，把这种沿着固体介质表面发生的气体放电现象称为沿面放电；当沿面放电发展成贯通两极的放电时，称为闪络，把发生闪络所需要的电压称为闪络电压 U_f。

研究表明：在相同极间距离的情况下，沿面闪络电压比纯气隙的击穿电压低得多。可见一个绝缘装置的实际耐压能力并不是取决于固体介质的击穿电压，而是取决于它的沿面闪络电压。因此，在确定输电线路和变电站外绝缘的绝缘水平时，闪络电压起着决定性作用。

闪络分干闪、湿闪和污闪，它们发生的机理不同。干闪是指绝缘表面干燥、清洁

时的闪络，干闪电压是评价户内绝缘子电气性能的重要参数；湿闪是绝缘表面清洁、淋雨时发生的闪络，湿闪电压是评价户外绝缘子电气性能的重要参数；污闪是绝缘表面受到污染时的闪络，污闪电压是评价污秽外绝缘电气性能的重要参数。

一、干闪

将固体介质表面电场分成均匀电场、具有强垂直分量极不均匀电场和具有弱垂直分量极不均匀电场三种。

资源 2.15

（一）均匀电场中的沿面放电

在一个均匀电场中放入一个厚度等于极间距离、表面清洁、光滑且表面与电力线平行的固体介质，进行工频交流耐压试验，如图 2-41 所示，相同极间距离情况下，纯气隙的击穿电压高于各种情况下的闪络电压；固体介质表面为石蜡时的闪络电压高于固体介质表面为电瓷时的闪络电压；电极与固体介质接触不紧密时的闪络电压值最低。

闪络电压低于气隙击穿电压的原因主要包括以下几个方面：

1. 电介质表面不是理想光滑

虽然加入的固体介质表面是光滑的，但毕竟不是理想光滑物体，夸张地说就是凸凹不平的，这样在固体表面会形成固体与空气串联的绝缘结构，如图 2-42 所示，凹进去的地方充满空气，凸出来的部分是固体介质。交流或冲击电压作用下，多层串联电介质中的电场强度按介电常数反比例分布，空气的介电常数小于固体介质的介电常数，因此凹进去部分的空气

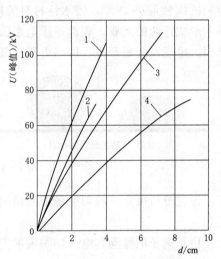

图 2-41　均匀电场中沿不同电介质
表面的工频闪络电压

1—纯气隙；2—石蜡；3—电瓷；
4—与电极接触不紧密的瓷

分担的电场强度高于凸出部分固体介质分担的电场强度，而气体的电气强度又比固体的低，很容易发生局部放电，导致闪络电压低于击穿电压。

2. 固体介质与电极接触不紧密

固体介质与电极表面没有完全紧密接触而存在微小气隙，或电介质表面有裂纹

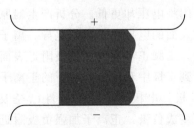

图 2-42　介质表面不是理想
光滑的绝缘结构

时，气隙、裂纹中的空气承担更高的电场强度，容易产生局部放电，放电产生的带电粒子从气隙中逸出并到达固体介质表面后，畸变原有的电场，闪络电压较低。

3. 固体介质表面吸收水分形成水膜

一方面水膜中的离子在电场作用下向两极移动，逐渐在电极附近积聚，使电介质表面电场分布不均匀，电极近旁电场增强，闪络电压降低；另一

方面水的电导比较大，固体介质表面非连续水膜形成水和空气的串联，水膜上分担的电压低，与之串联的空气上分担的电压就要增高，容易引起局部放电而使闪络电压降低。

试验中，石蜡的闪络电压高于电瓷的闪络电压，原因在于石蜡是憎水（疏水）性材料、电瓷是亲水性材料。固体介质表面有水分时，如果水分子之间的内聚力小于水分子与固体介质分子间的相互吸引力，固体介质表面被水润湿，此种材料为亲水性材料；如果水分子之间的内聚力大于水分子与固体介质分子间的吸引力，则固体介质表面不能被水润湿，此种材料是憎水性材料。在水、固体介质及空气三者的相交处，沿水滴表面的切线与固体介质表面所形成的夹角称为接触角，如图 2-43 所示，亲水性材料的接触角 $\theta < 90°$，憎水性材料的接触角 $\theta > 90°$。憎水性材料表面的水呈水珠状，不会形成连续的水膜，表面绝缘电阻依然很高；而亲水性材料表面的水会形成连续的水膜，电场畸变更严重，闪络电压较低。

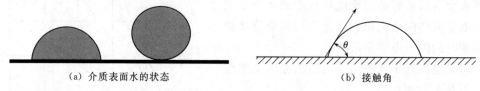

（a）介质表面水的状态　　　　　　　　　（b）接触角

图 2-43　接触角示意图

通过分析可知，均匀电场中沿面闪络电压低于气隙击穿电压的原因是电场分布不均匀。

由于离子的移动和电荷的积聚都需要时间，所以电压频率对闪络电压有影响。相对于气隙击穿电压，在频率较高的电压作用下闪络电压下降的幅度小些，而在频率较低的电压作用下闪络电压下降的幅度就较大。试验表明，不同类型电压下闪络电压与闪络距离的关系如图 2-44 所示，在 10^5 Hz 高频交流电压下的闪络电压高于雷电冲击电压下的闪络电压，雷电冲击下的闪络电压高于直流电压下闪络电压，直流电压下的闪络电压高于工频交流电压下闪络电压。工频交流电压的频率高于直流电压的频率，但闪络电压却更低。分析产生的原因可能是介质表面的电导属于离子电导，离子迁移速度较慢，工频正半波时，正极附近表面的负离子迁移到正极中和电量，留下的正离子尚未迁移到负极，电极上电压的极性已经改变，原来正极变成负极，正离子加强负极附近的电场强度，使闪络电压降低。

工程实际中，均匀电场的沿面放电极少存

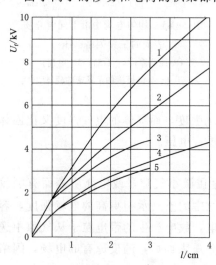

图 2-44　不同类型电压下闪络电压
与闪络距离的关系

1—纯空气隙的击穿电压；2—10^5 Hz 交流电压；
3—雷电冲击电压；4—直流电压；
5—50Hz 交流电压

在，主要用于理论分析。

（二）具有强垂直分量的极不均匀电场

工程中，处于这种电场中的固体介质表面常出现闪络放电，影响力较大，典型的电气设备是套管。套管结构及电力线分布如图 2-45 所示，其作用是将电路在建筑物或金属壳体内外联通，并保证导电杆与墙体或金属壳体之间具有足够的绝缘。导电杆是传导电能的高压电极，法兰是固定套管的接地电极，两电极间形成极不均匀电场，且电力线弯曲，电力线垂直于固体介质表面的分量（法线分量）较大。

交变电压下，套管沿面放电发展过程如图 2-46 所示，外加电压升高到一定值时，法兰附近首先产生电晕；随着外加电压升高，电晕放电不断加强；当电压达到某一临界值时，电晕转化成一些细线状火花，称其为刷形放电，细线状火花的长度随电压升高而延长，但此时的电流密度还很小，属于辉光放电的范畴；当电压达到某临界值时，刷形放电火花长度达 5～10cm 时，个别火花突然迅速伸长，转变成带有分叉、明亮的树枝状火花，称其为滑闪，滑闪在一处形成，随即熄灭，又在另一处形成；滑闪形成后，电压稍有提高就会发展成沟通两极（法兰与导电杆）的闪络。

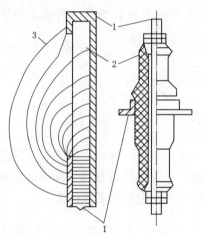

图 2-45　套管结构及电力线分布图
1—电极；2—固体绝缘；3—电通量密度线

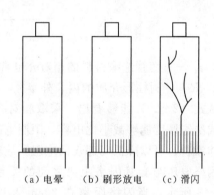

（a）电晕　　（b）刷形放电　　（c）滑闪

图 2-46　套管沿面放电发展过程

可以利用图 2-47 所示的等值电路来解释套管沿面放电为什么首先从接地电极法兰处发生。将套管看成由若干个电路参数相同的薄片叠加而成，每个薄片用体积电阻 R 和比电容 C_0（单位面积表面与电极之间的电容）并联电路进行等效；沿套管表面还有表面电阻 r，这样套管就等效成电阻、电容串并联电路。固体介质电导很小，不考虑回路中流过的电导电流。交变电压下，由于电容的存在，一定会有电容电流从导电杆流出，经接地电极法兰流入大地。假设各电容支路流出的电容电流同为 i，各支路电流不断累积并全部经法兰流入大地，因此法兰附近表面电阻 r 上流过的电流最大，电场强度最高，最容易产生电晕。

电晕出现后，随着电压升高，碰撞游离产生的带电粒子数量不断增多，如果引起光游离，电晕由电子崩型转化成流注型；电压再升高，流注型电晕转化成刷形放电。

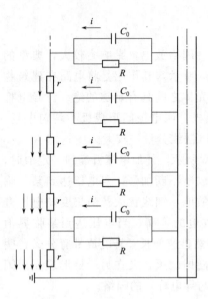

图 2 - 47　套管的等值电路

电力线垂直分量将带电粒子压迫在固体介质表面，电力线平行分量推动带电粒子定向运动，增大了带电粒子与固体介质表面的摩擦而使温度升高，当电压升高到发生滑闪所需电压，温度升高到 10^4 K 时产生热游离，刷形放电转化成滑闪。滑闪是交变电压下具有强垂直分量极不均匀电场中特有的放电现象，滑闪的标志是热游离。发生滑闪的必要条件有：①电力线必须具有足够的垂直分量；②电力线必须具有足够的平行分量；③电场必须是交变的。

发生滑闪的充分条件是外施电压足够高。要提高套管类设备的闪络电压，可以通过设法降低法兰附近的电场强度，抑制或延缓滑闪的出现来实现。法兰附近电场强度与流过法兰的电容电流和表面电阻有关，而电容电流的大小又取决于比电容的大小。

$$C_0 = \frac{\varepsilon_r}{4\pi \times 9 \times 10^{11} R \ln \frac{R}{r}} \qquad (2-20)$$

式中　ε_r——套管绝缘材料的相对介电常数；

　　　r，R——圆柱形介质的内、外半径，cm。

从式（2-20）能够看出，采取相对介电常数小的绝缘材料、增大法兰附近套管半径或绝缘厚度能够减小比电容，限制电容电流。在法兰附近绝缘表面喷涂铝粉或涂半导体涂料，可以降低局部表面电阻，故能够降低法兰附近的电场强度。

闪络电压与套管闪络距离之间的关系如图 2-48 所示，当闪络距离在 20cm 及以下时，闪络电压与闪络距离基本是线性关系；当闪络距离超过 20cm 后，闪络电压随闪络距离增长而提高的幅度减小，出现饱和现象。

光滑表面纯瓷套管闪络电压为

$$U_f = \sqrt[5]{\frac{l}{KC_0^2}} \sqrt[20]{\frac{du}{dt}} \qquad (2-21)$$

式中　l——套管闪络距离，cm；

　　　K——与电压极性相关的系数。

式（2-21）表明，延长闪络距离和减小比电容能提高闪络电压，但只靠延长闪络距离来提高闪络电压的效果较差，不如减小比电容的效果好。需要注意的是，不要错误地认为延长闪络距离不能提高闪络电压。设计瓷套管遵循的基本原则有：①在运行电

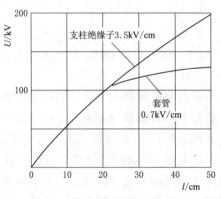

图 2-48　闪络电压与套管闪络
距离之间的关系

压下不发生电晕；②在内部过电压下不发生滑闪；③有足够长的闪络距离以保证必要的闪络电压。

《交流电压高于1000V的绝缘套管》（GB/T 4109—2022）中规定：海拔高度在1000～4000m时，海拔每增高100m，套管的闪络距离应增加1%。此时采取的措施不是增大套管半径，而是延长闪络距离，可见工程中保证套管外绝缘水平的手段仍然是加大闪络距离。

研究表明，在一定边界条件下，套管的起晕电压为

$$U_c = \frac{E}{\sqrt{\omega C_0 \rho}} \qquad (2-22)$$

式中　E——起晕场强，kV/cm；

　　　ω——电源角频率；

　　　C_0——比电容，F/cm^2；

　　　ρ——电介质表面电阻率，$\Omega \cdot$cm。

从式（2-21）能够看出，电压频率影响起晕电压，进而影响闪络电压。直流电压频率为0，不会产生滑闪。随着电压频率升高，闪络电压在下降。

（三）具有弱垂直分量极不均匀电场

以支柱绝缘子为代表，如图2-49（a）所示，其作用是支撑带电导体，顶端是高压电极，底端是接地电极。它的闪络发生机理与均匀电场中的基本相同，但因其是极不均匀电场，闪络电压显然要比均匀电场的低得多。又由于界面上的电力线垂直分量很弱，因而不会出现热游离和滑闪放电，其平均闪络电压大于具有强垂直分量极不均匀电场中的平均闪络电压。

支柱绝缘子及绝缘子串的干闪路径不是沿着固体介质表面沟通两个电极，而是两个电极间的最短气隙。把不同电位的两个金属电极之间外部空间的最短距离称为干闪距离。由图2-49（a）可见，支柱绝缘子的干闪电压基本上随干闪距离的增大而提高，与支柱绝缘子直径关系不大。图2-49（b）中，悬式绝缘子串的干闪路径与单片绝缘子的干闪路径是不同的。单片绝缘子的干闪路径为沿绝缘子表面从C点到A点或到A'点，而绝缘子串的干闪路径可能是图中L，也可能是两片绝缘子之间干闪距离l的总和，所以绝缘子串的闪络电压不等于单片绝缘子闪络电压之和。

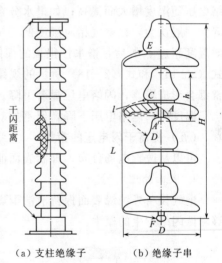

（a）支柱绝缘子　　（b）绝缘子串

图2-49　支柱绝缘子与绝缘子串

（四）影响干闪电压的因素

闪络电压的大小与电场分布和电压波形、电介质材料、气体状态等因素相关。

1. 电场分布和电压波形

通过前面分析可知，闪络距离相同时，均匀电场中的闪络电压最高，具有弱垂直

分量极不均匀电场中的闪络电压次之，具有强垂直分量极不均匀电场中的闪络电压最低。均匀电场和具有弱垂直分量极不均匀电场中，闪络电压随闪络距离延长而提高，在闪络距离小于 0.5m 时，闪络电压与闪络距离大体上成比例，饱和现象不明显。具有强垂直分量的极不均匀电场中，直流电压下闪络电压与闪络距离仍是线性关系；在工频、高频或冲击电压下，闪络距离增长，电容电流和漏导电流随之增长的速度很快，使沿面电压分布的不均匀程度增加，闪络电压的提高有显著饱和趋势。

2. 电介质材料

电介质材料的影响首先主要表现在电介质表面的吸潮方面，亲水性材料的闪络电压比憎水性材料的闪络电压低。其次，套管类设备材料的介电常数及结构决定的比电容也影响闪络电压，介电常数越大比电容越大，绝缘厚度越薄比电容越大，闪络电压越低。电介质表面脏污时闪络电压较低。

3. 气体状态

气体状态的影响表现在气压、湿度和温度的影响。因为与气隙击穿机理不同，气体状态对闪络电压的影响不如对气隙击穿电压的影响大。

增大气体压力能够提高闪络电压，但气体必须干燥，否则，水分容易在固体介质表面凝结，使闪络电压下降。

湿度的影响较复杂，如果湿度增大没有达到水分在固体介质表面凝结的程度，闪络电压随湿度增大而提高；如果水分在固体介质表面凝结，闪络电压随湿度增大而下降。一般认为，在空气相对湿度低于 40％时，沿面闪络电压受湿度影响较小；空气相对湿度超过 40％后，憎水性很强的固体介质表面基本不存在凝露时，其闪络电压遵循式（2-14）和式（2-18）所示的规律；亲水性很强的固体介质在相对湿度较高时通常都会形成凝露，闪络电压显著下降。

温度升高闪络电压下降，但不如对纯气隙击穿电压的影响显著。

（五）提高干闪电压的措施

可以从改善电场分布、抑制表面泄漏电流两方面入手，具体措施如下：

1. 表面处理

电气设备外绝缘表面保持清洁干燥，用憎水性材料熏蒸亲水性材料或作涂料，能够降低闪络发生的概率。

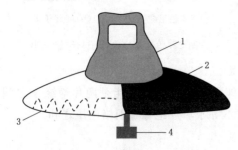

图 2-50　悬式瓷绝缘子示意图

1—铁帽；2—瓷群；3—瓷群下面的棱；4—铁脚

2. 屏障

把安放在电场中的固体介质在电场等位面方向具有突出棱缘的做法称为屏障，即加瓷群、加棱，是电气设备外绝缘普遍采用的提高闪络电压措施。以图 2-50 所示悬式瓷绝缘子为例，一方面，瓷群的上表面近似形成一个水平面，在此平面上电位差很小，带电粒子不能吸收足够能量产生游离；另一方面，瓷群还能够延长单片悬式绝缘子的闪络距离，提高闪络电压。虽然屏障对提高绝缘子串及支柱绝缘子的干闪电压帮助不大，但能够有效防止湿闪和污闪的发生。

3. 屏蔽

改善电极形状、扩大电极截面积，降低电极近旁电场强度，使固体表面电场分布均匀，可以提高闪络电压。例如 3.3m 高绝缘子柱的闪络电压为 588kV，加装直径 1.5m 的圆形均压环以后，闪络电压提高到 834kV，增加约 40%。

4. 加电容极板

交变电压下、多层式绝缘结构中，常在各层间加放金属极板（通常用铝箔或金属化纸作成），平行的极板在高压电极与绝缘表面之间形成串联的电容链，电容串联后总电容减小，可以获得减小比电容的效果，改善电场分布。

如果电容极板形成同轴圆筒形，称其为围屏。如图 2-51 所示，充油电缆终端盒中应用围屏后，既能够有效提高出线导杆绝缘芯柱在瓷套内油隙中的沿面放电电压，还能够有效提高瓷套外表面气隙中的闪络电压。

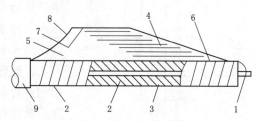

图 2-51 充油电缆终端盒（卸去外瓷套后）电容围屏芯柱的示意图

1—线芯；2—工厂绕制的绝缘；3—胶木筒；4—电容围屏；5—增绕绝缘层；6—第一层围屏；7—接地围屏；8—接地应力锥；9—电缆铅套

5. 消除窄气隙

消除窄气隙最好的办法是将绝缘体和电极直接浇筑嵌装在一起，例如悬式瓷绝缘子，一般都是用水泥把瓷件和电极（铁帽、铁脚）直接浇筑在一起的。

如图 2-52 所示，纯瓷套管的导电杆与瓷套如果不能直接浇筑在一起，消除窄气隙常采用在瓷套内表面上喷金属膜、涂半导体釉或在导电杆与瓷套之间加弹簧片等措施短接气隙。

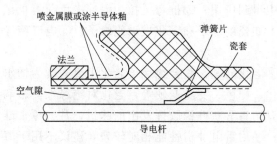

图 2-52 纯瓷套管电极附近窄气隙效应的消除

6. 强制固定电位

在绝缘筒上设置多个均压电极，分别接到分压器或电源的某些抽头上，强制固定绝缘表面电位，改善电压分布。一般用于高电压试验中。

7. 套管类设备采取的措施

直流电压下，提高套管类设备闪络电压最有效的措施是延长闪络距离。交变电压下，闪络电压随闪络距离增大出现饱和现象，只靠延长闪络距离，提高闪络电压的效果不好。除上面介绍的基础措施外，可以使用介电常数小的材料、增大法兰附近套管半径或绝缘厚度来减小比电容，在法兰附近绝缘表面涂半导体涂料减小表面电阻等措施；对于 35kV 以上的高压套管，还要采用充油式套管和电容式套管。

8. 设计新型绝缘子

（1）半导体釉绝缘子。在绝缘子表面基础釉中掺入 10%～30% 的金属氧化物，如

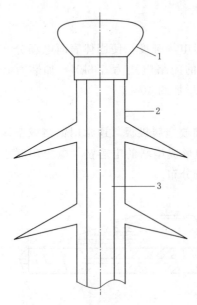

图 2-53 复合绝缘子结构示意图
1—铁帽；2—伞套；3—芯棒

氧化锡与少量氧化锑高温合成，再添加到基础釉中，制成半导体釉绝缘子。由于表面电导较大，绝缘子表面一直有一个比普通绝缘子表面泄漏电流大的电流流过，使绝缘子表面温度比环境温度略高，能够防止受潮和积污，提高闪络电压。

（2）复合绝缘子。如图 2-53 所示，复合绝缘子由内绝缘芯棒、外绝缘伞套及金属连接附件组成。

芯棒大多数是环氧树脂玻璃纤维引拔棒，用来承受外力负荷，其机械强度高于钢材，也具有良好的电气性能，但耐电弧能力较差，芯棒一旦受雷电冲击灼伤必须更换。

外绝缘伞套被用来保护芯棒使其免受环境因素影响并提供必要的爬电距离，由高分子聚合物——高温硫化硅橡胶（high-temperature vulcanized silicone rubber，HTV）作成，有一定的机械强度、良好的电气性能和环境稳定性。由于硅橡胶具有憎水性和憎水迁移性，本身不易受潮，还可以把憎水性迁移给表面污物，使表面污层也具有憎水性，防污性能比普通绝缘子要好得多。到目前为止，硅橡胶仍然是最理想的伞套材料。

复合绝缘子具有以下一些特点：①电气绝缘性能好，特别是在严重污染和大气湿度大的情况下绝缘性能十分优异，空气污染越严重地区使用复合绝缘子效果越好；②重量轻，是瓷绝缘子或钢化玻璃绝缘子重量的 1/10～1/7，有应用于更高电压等级的潜力，目前已在我国特高压输电线路中得到应用；③抗弯抗拉、耐冲击负荷等机械性能都很好；④耐电弧性能也很好，但不如瓷绝缘子和钢化玻璃绝缘子；⑤电气绝缘性能在高温和低温情况下都比较稳定。

需要关注复合绝缘子的几个问题：①老化问题，复合绝缘子老化主要表现为憎水性下降、漏电起痕和电蚀损、开裂、粉化、褪色、变脆变硬等，老化对绝缘性能影响问题还需要进一步研究；②鸟害问题，有的鸟喜欢硅橡胶挥发出的味道，常去啄食硅橡胶，导致芯棒裸露，存在掉串的风险；③耐雷电冲击性能相对较差，建议不用于海拔 1000m 以上地区和雷电频繁的地区。

复合绝缘子损坏的主要原因有：①芯棒断裂，主要是机械力作用和酸蚀造成的；②界面击穿，硅橡胶由于局部放电和电导引起老化后，形成电树枝和水树枝导致其绝缘性能下降，严重时整个界面击穿，护套炸裂甚至芯棒破坏；③金具与芯棒的连接发生滑移或拉脱；④外绝缘硅橡胶严重劣化。

二、湿闪

输电线路或变电站中的绝缘子大多在户外运行，当固体绝缘表面被雨淋湿时，在表面会形成一层导电性水膜，闪络电压迅速下降。为保证系统安全运行，防止整个绝缘子表面都被雨水淋湿，设计时要为绝缘子配备若干个伞裙。下雨时，绝缘子伞裙的上表面被淋湿，下表面只是被下伞裙迸溅上来的雨水部分湿润，保证绝缘子具有足够高的闪络电压。湿闪电压的大小取决于绝缘子的高度、伞裙的形状和布置，户外绝缘子的伞群越大防湿闪效果越好，但有饱和性。

（一）湿闪路径

如图2-54所示，棒形支柱绝缘子在下雨时发生湿闪的可能途径如下：

（1）闪络路径1：沿湿表面 AB 和干表面 BCA' 发展，绝缘子湿闪电压为干闪时的40%~50%。

（2）闪络路径2：沿湿表面 AB 和空气间隙 BA' 发展，绝缘子湿闪电压不会下降很多。

（3）闪络路径3：沿湿表面 AB 和水流 BB' 发展，瓷裙间的气隙被连续水流短路时，湿闪电压降低到很低的数值。

（二）影响因素

影响湿闪电压的主要因素如下：

1. 雨水的电导率、雨量及角度

雨水的电导率越大湿闪电压越低，但有饱和趋势；雨量越大相对越容易发生闪络，但也有饱和趋势；雨水角度越容易短接伞裙或淋湿固体介质表面，越容易产生闪络。

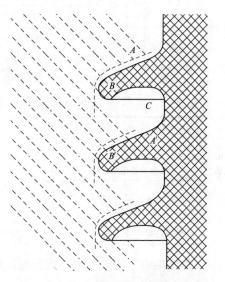

图2-54 棒形支柱绝缘子在下雨时可能的闪络途径

2. 绝缘子的尺寸和结构

绝缘子尺寸和伞形影响湿闪电压，包括伞宽、伞距和伞倾斜角。一般伞宽较大、伞距较小时，湿闪电压较高，但伞宽过大时，不但不会再提高湿闪电压，反而会增加瓷件重量。淋雨状态下，绝缘子表面的泄漏电流较大，沿绝缘子串的电压分布由表面电阻决定，电压分布趋向均匀。因此，绝缘子串的湿闪电压近似地与串长成正比。

3. 绝缘子安装方式

一般有垂直安装与水平安装两种方式，垂直安装时绝缘子上部伞边缘流下的雨水会局部短路空气间隙，使闪络电压降低，在大雨时特别明显。

4. 电压类型

作用电压的等值频率越高，电压作用时间越短，湿闪电压越高。雷电冲击电压下，绝缘子的干闪电压和湿闪电压基本相等，因此只有雷电冲击干闪电压的定义。工频交流和操作冲击电压下，线路绝缘子的干闪电压和湿闪电压见表2-7。

由数据对比能够发现：①一般情况下，操作冲击电压下湿闪电压高于工频交流电压下的湿闪电压，操作冲击电压下湿闪电压更接近于干闪电压；②干闪电压一般高于湿闪电压，在特殊情况下，湿闪电压也可能高于干闪电压。研究表明，不同类型电压下绝缘子干闪电压与湿闪电压的差异见表 2-8。

表 2-7　　　　　　　线路绝缘子的干闪电压和湿闪电压

绝缘子类型	结构特性	作用电压形式	干闪电压/kV	湿闪电压/kV	湿闪、干闪电压比
瓷绝缘子串	串长 1.75m	工频电压（50Hz）	630	450	0.71
	串长 4.03m	正极性操作冲击	1715	1587	0.93
玻璃绝缘子串	串长 2.19m	工频电压（50Hz）	753	580	0.77
	串长 3.65m	正极性操作冲击	1615	1663	1.03
	串长 3.65m	负极性操作冲击	1828	1590	0.87
复合绝缘子	干闪距离 1.75m	工频电压（50Hz）	680	600	0.88
	干闪距离 4.2m	正极性操作冲击	1780	1622	0.91

注　工频闪络电压为有效值，淋雨率 5mm/min。

表 2-8　　　　不同类型电压下绝缘子干闪电压与湿闪电压的差异

电压类型	差异
工频交流	相差较多，湿闪电压比干闪电压低 10%～30%
雷电冲击电压	基本相同，湿闪电压基本等于干闪电压
正极性操作冲击电压	干闪电压高于湿闪电压，湿闪电压比干闪电压低 7%～9% 干闪电压低于湿闪电压，湿闪电压比干闪电压高约 3%
负极性操作冲击电压	差异大于正极性操作冲击电压，湿闪电压比干闪电压低约 13%

我国电力系统进行架空线路绝缘配合时，要求在操作过电压下不发生湿闪。

三、污闪

资源 2.16

运行中的电气设备外绝缘可能受到工业粉尘、废气、自然盐碱、灰尘、鸟粪等污秽物的污染，在雨、露、雪、雾、风等气候要素配合下，绝缘子外表面的湿污层会发生闪络，这就是污闪。污闪常在一定范围内的输电线路及变电站中同时发生，很难实现自动重合闸，会造成大面积长时间停电事故，因此污闪事故后果大于雷击事故后果。例如：据某地统计，污闪事故次数占电力线路总事故次数的 21%，低于雷击引起线路事故次数的占比，但污闪事故造成的电量损失却是雷击事故的 9.3 倍。

（一）污闪的发展过程

污闪的发展过程包括积污、受潮、干区形成、局部电弧的产生并发展四个阶段。工频交流电压下，平板玻璃表面污闪试验示意图如图 2-55 所示。在玻璃表面撒上一些干燥的粉尘污物，电压下，干燥污层的电导率极小，不会产生污闪；通过喷雾令污层受潮，由于电导增大，电压下流过污层的泄漏电流增大，电流可以达到 10mA；虽然 10mA 电流并不是很大，但在长时间电流焦耳热作用下，局部区域的污层会被烘干，出现干区；干区形成后，玻璃表面形成湿污层与干污层串联的绝缘结构，外施电压主要作用在干区两端，电场强度足够高时产生辉光放电；污层继续受潮，流过污层的泄漏电流继续增大，污层的温度升高，当出现热游离时放电转化成局部电弧；局部电弧产生后，加热其两端的湿污层，使局部电弧在绝缘表面不断伸展，形成爬电现象；如果电源功率足够大，能够提供足够的电流维持热游离，电弧会发展成沟通两极的闪络，否则会自行熄灭。闪络时流过污层的电流可以达到 5A，甚至更大。

由污闪的发展过程能够发现，局部电弧的产生是污闪的必要条件，而流过表面的泄漏电流足以维持一定程度的热游离是闪络的充分条件，当热游离建立起来后，局部电弧可自行发展成闪络。

（二）影响污闪电压的因素

影响污闪电压的因素主要有污秽物性质与表面污秽度、大气湿度、统一爬电比距、绝缘子直径及电压类型等。

1. *污秽物性质与表面污秽度*

积污是污闪的根本原因。受潮污物中可溶性物质溶于水，在绝缘表面形成的导电液膜中流过泄漏电流，污物越多泄漏电流越大，污闪电压越低。

在《污秽条件下使用的高压绝缘子的选择和尺寸确定 第 1 部分：定义、信息和一般原则》（GB/T

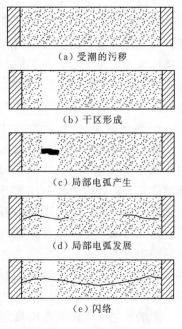

（a）受潮的污秽

（b）干区形成

（c）局部电弧产生

（d）局部电弧发展

（e）闪络

图 2-55　污闪试验示意图

26218.1—2010）中，定义了能导致绝缘子闪络的污秽的基本类型有两类：

A 类：沉积在绝缘子表面上的有不溶成分的固体污秽，湿润时该沉积物变成导电的。这种类型污秽的最好表征方法是进行等值附盐密度（又称为等值盐密）和不溶沉积物密度（又称为灰密）测量。固体污秽层的等值附盐密度值也可以用在控制湿润条件下的表面电导率来评定。

B 类：沉积在绝缘子上的不溶成分很少或没有不溶成分的电解质。这种类型污秽的最好表征方法是进行电导或泄漏电流测量。

工程中，可能会出现这两种类型污秽的组合。本节只介绍等值附盐密度的定义及测量方法。等值附盐密度是指与每平方厘米表面上附着污秽物导电性相等值的氯化钠毫克数，它不是指污物量的多少，而是指其电导率的大小，因此国际电工委员会和国家标准中推荐使用污层电导率这一参数来表征污秽强度。测量等值附盐密度的试验方法如下：除了铁帽铁脚黏合水泥上污秽之外，将绝缘子表面上附着的所有污秽仔细刮扫下来，溶于 300mL 蒸馏水中，在 20℃ 水温下测出其电导率（如果实际水温不是 20℃，需要将结果进行换算），然后在另一个同样盛有 300mL 蒸馏水、保持水温 20℃ 的试杯中添加氯化钠并测量电导率，直到其电导率等于前一杯水的电导率时为止，添加氯化钠的量就是等值盐量，除以绝缘子的表面积得出等值附盐密度。

由试验可知，测量等值附盐密度能够得到污物的电导率，但不能知道污物是什么、污秽在绝缘子表面的分布及污秽中非导电性物质的含量。

《污秽条件下使用的高压绝缘子的选择和尺寸确定 第 1 部分：定义、信息和一般原则》（GB/T 26218.1—2010）中又给出现场等值盐度的定义，其为按《交流系统用高压绝缘子的人工污秽试验》（GB/T 4585—2004）规定的盐雾试验方法测得的盐度，该盐度能够在相同电压下在相同绝缘子上产生与现场自然污秽可比较的泄漏电流峰值。把在经过适当的积污时间后记录到的等值盐密、灰密和现场等值盐度三者中的最大值称为现场污秽度。为了标准化的目的，依据现场污秽度定性地定义了 5 个污秽等级来表征表面污秽度从很轻到很重：a—很轻，b—轻，c—中等，d—重，e—很重。划分污秽等级有利于绝缘子的选择和清扫周期的确定。

2. 大气湿度

由于干燥污秽的电阻很大，当空气相对湿度小于 50% 时，污闪电压还不会降低；空气相对湿度达到 50%～60% 时，开始影响污闪电压；空气相对湿度高于 70% 后，随湿度增加，污闪电压迅速下降。因此，小雨、雾、凝露等气象条件下更容易使污秽受潮而引发污闪；在大雨天，雨水会把外绝缘表面的污秽冲刷掉，反而不容易发生污闪，因此大雨不是发生污闪的气象条件，夏季极少发生污闪。不同地区的地形地貌、气候类型不同，污闪高发季节也不同，冬季较温暖湿润地区的污闪多发生在秋季末期和冬季，冬天寒冷干燥地区的污闪多发生在春季和秋季。

3. 统一爬电比距

把沿外绝缘表面两个电极之间的最短气隙距离或气隙距离之和称为爬电距离，如图 2-56 中曲线 6 所示，爬电距离越大，污闪闪络电压越高，二者近似成正比例关系，由此导出一个重要的参数——爬电比距。

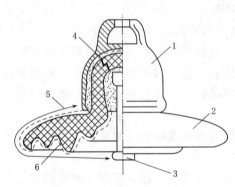

图 2-56　盘型悬式绝缘子

1—铁帽；2—瓷件；3—铁脚；4—击穿路径；5—闪络路径；6—爬电距离

从物理概念上讲，爬电比距是绝缘的爬电距离与该绝缘两端承载的最高工作电压有效值之比，此电压应为最高工作相电压。但《高压架空线路和发电厂、变电所环境污区分级及外绝缘选择标准》（GB/T 16434—1996）中，定义爬电比距为绝缘的爬电距离与绝缘两端最高工作线电压（有效值）之比，导致此定义的爬电比距数值是物理概念上爬电比距数值的 $1/\sqrt{3}$，也容易造成认识上的混淆。目前 GB/T 16434—1996 已废止，《污秽条件下使用的高压绝缘子的选择和尺寸确定 第 1 部分：定义、信息和一般原则》（GB/T 26218.1—2010）中给出统一爬电比距的定义以便区别，其定义为绝缘子的爬电距离与该绝缘子上承载的最高工作电压（有效值）之比，与物理概念上的爬电比距相一致。绝缘子串的统一爬电比距可以按下式计算

$$\lambda = \frac{nKL_0}{U_m} \qquad (2-23)$$

式中　λ——统一爬电比距，cm/kV，是线路必须具有的最小爬电比距值，此值可在《污秽条件下使用的高压绝缘子的选择和尺寸确定 第 1 部分：定义、信息和一般原则》（GB/T 26218.1—2010）及《污秽条件下使用的高压绝

缘子的选择和尺寸确定 第 2 部分：交流系统用瓷和玻璃绝缘子》(GB/T 26218.2—2010) 中的相关图表中获得；

n——绝缘子片数；

K——绝缘子爬电距离的有效系数；

L_0——几何爬电距离，cm；

U_m——最大工作电压有效值，kV。

电气设备污秽外绝缘的绝缘水平由统一爬电比距确定。计算输电线路绝缘子串中所用绝缘子片数时，首先按照工作电压下不发生污闪计算。

算例 7：处于清洁区的 110kV 输电线路，绝缘子串统一爬电比距 $\lambda = 1.39\text{cm/kV}$，采用 XP-70 型绝缘子，几何爬电距离 $L_0 = 29\text{cm}$，试按照工作电压的要求计算绝缘子串中绝缘子片数 n。

解：绝缘子爬电距离的有效系数 K 取 1。

$$n = \frac{\lambda U_m}{K L_0} = \frac{1.39 \times 1.15 \times 110}{1 \times 29} \approx 6.06$$

n 取 7，即 110kV 线路绝缘子串中加 7 片绝缘子。

4. 绝缘子的直径

增大爬电距离不等于增大绝缘子直径，在其他情况相同时，盘型绝缘子直径越大，积污后其表面电阻越小，污闪电压越低。耐污型绝缘子一般通过增加绝缘子高度、增大瓷群下棱的深度、优化伞形结构等办法增大爬电距离。

5. 电压类型

污闪是热过程发展起来的，由局部电弧发展到闪络需要较长时间，通常发生在正常运行电压下。短时电压作用下，放电来不及完成，因此雷电过电压不会产生污闪，脏污对雷电冲击电压下的闪络电压影响很小。如果不叠加正常工作电压，仅将操作冲击电压单独加到污秽绝缘子上作试验，也不会产生污闪，污秽对操作冲击电压下的闪络电压影响不大；当叠加工作电压时，工作电压下泄漏电流可以烘干湿润的污层，操作冲击电压在干燥带上点火，产生局部电弧并促使绝缘子污闪，因此脏污能使叠加工作电压后的绝缘子操作冲击闪络电压显著下降。为了确保电网安全稳定运行，我国电气设备绝缘配合时，要求工作电压下不发生污闪。

(三) 防止污闪事故发生的措施

防污闪的措施如下：

(1) 调整统一爬电比距。增大统一爬电比距是防污闪最根本、最有效的措施。运行经验表明，在不同污秽地区的架空输电线路绝缘子串的 λ 值不小于某一数值时，就不会引起严重的污闪。增大统一爬电比距可以采取增加绝缘子串中绝缘子的片数或将普通绝缘子换成爬电距离更长的耐污型绝缘子等方法。

(2) 定期或不定期地清扫，带电水冲洗。

(3) 涂料：常将憎水性有机硅油、有机硅脂、地蜡等涂敷在绝缘子表面，能够预防污闪的发生，但油脂容易老化，有效期很短。现在多用室温硫化硅橡胶 (room temperature vulcanized silicone rubber, RTV) 作涂料，由于硅橡胶的憎水性，能够很好地预防污闪的发生且有效期很长。

（4）选用半导体釉绝缘子。

（5）选用复合绝缘子。

四、输电线路绝缘子串上的电压分布

资源 2.17

如图 2-57 所示，架空输电线路由铁塔、导线和绝缘子等基本部件构成。线路绝缘子在电气上起隔离作用、在机械上起悬挂作用；要求绝缘子具有足够的电气绝缘性能、能承受一定的机械负荷、能经受不利的环境和大气作用。线路绝缘子按材料划分，有瓷绝缘子、钢化玻璃绝缘子和复合绝缘子三种。钢化玻璃绝缘子的电气和机械性能优于瓷绝缘子，复合绝缘子防潮防污性能更好。

1. 不同电压等级线路绝缘子串中绝缘子的片数

使用瓷绝缘子或钢化玻璃绝缘子的交流输电线路，一般 35kV 线路用 3 片绝缘子，110kV 线路用 7~9 片绝缘子，220kV 线路用 13~15 片绝缘子，330kV 线路用 19~21 片绝缘子，500kV 线路用 25~28 片绝缘子，750kV 线路用 41 片左右绝缘子，1000kV 线路用 60 片左右绝缘子。

2. 绝缘子串上电压分布

以 330kV 交流输电线路绝缘子串有 19 片绝缘子为例。330kV 的相电压为 209.5kV，如果每片绝缘子分担的电压相等，则每片绝缘子分担的电压约为 11kV。盘式绝缘子的起晕电压为 22~25kV，按此计算结果，330kV 线路绝缘子上不应该发生电晕。但工程中，330kV 输电线路正常运行时第一片绝缘子上就会产生电晕，说明绝缘子串上电压分布不是线性的。实测表明，第一片绝缘子上分担的电压达到 11.5% 相电压，约为 24.1kV，超过了起晕电压。

绝缘子串上的电压分布是不均匀的，如图 2-58 所示，靠近导线的第一片绝缘子上分担的电压最高，随着绝缘子远离导线，绝缘子上分担的电压逐渐降低，但靠近铁塔的一两片绝缘子上分担的电压又升高了。

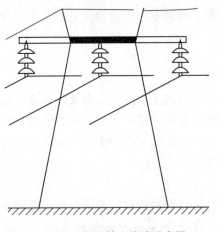

图 2-57 架空输电线路示意图

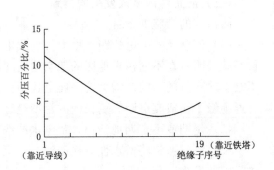

图 2-58 绝缘子上的电压分布

　　电压分布不均匀的原因是杂散电容的存在。绝缘子串等值电路如图 2-59 所示，每片绝缘子都用电容 C_1 来等效，C_1 为 50～70pF，如果只有 C_1 串联电路存在的话，每片绝缘子分担的电压是相等的，绝缘子串上的电压线性分布。但是，任意两点之间只要有电位差，中间又有电介质存在的话就可以等效出电容。每片绝缘子与铁塔之间存在电位差、中间又有空气存在，因此每片绝缘子与铁塔之间存在一个杂散电容 C_2，C_2 为 4～5pF。由于 C_2 的存在，会有电容电流泄漏到大地，这些电容电流是由导线（相对于电源）提供的，都会流过第一片绝缘子，因此第一片绝缘子上电压降最高；随着绝缘子远离导线，流过绝缘子的电流减小，绝缘子上电压降低。靠近铁塔的一两片绝缘子上电压降升高的原因是导线与每片绝缘子之间也存在电位差又有空气存在，因此存在杂散电容 C_3，C_3 为 0.5～1pF，导线会通过它向绝缘子注入一个电流，但由于 C_3 小于 C_2，最初注入电流的影响力小于通过 C_2 流入大地电流的影响力，但随着注入电流的积累，当流入绝缘子的电流超过通过对地电容流走的电流时，绝缘子分担的电压开始升高。

　　安装均压环和屏蔽环、使用分裂导线能够增大 C_3，改善绝缘子串上的电压分布。屏蔽环与均压环的构造及工作原理相同，只是安装位置不同，安装在绝缘子串首端的称为均压环，安装在金具上的称为屏蔽环。我国 330kV 及以上输电线路绝缘子串上一般要安装均压环或屏蔽环，或者同时安装均压环和屏蔽环。输电线路上加装屏蔽环的照片如图 2-60 所示，为了防止鸟类活动污染绝缘子，在横担上还安装了驱鸟刺。

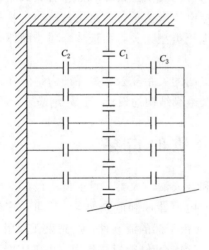

图 2-59　绝缘子串等值电路

图 2-60　输电线路上加装屏蔽环的照片
1—驱鸟刺；2—屏蔽环

第三章　液体介质和固体介质的电气强度

　　通常液体介质和固体介质的电气强度比常压下空气的电气强度高得多，将它们作为绝缘材料，可以大大缩小导体间的绝缘距离，从而减小电气设备的体积，因此液体介质和固体介质是电气设备内绝缘的主要绝缘材料。应用得最多的液体介质是变压器油；用作内绝缘的固体介质最常见的有绝缘纸、纸板、云母、塑料等。

　　与外绝缘相比，内绝缘除了不受大气条件影响外，还有许多新的特点。首先，液体介质和固体介质的极化、电导和损耗等电气特性更明显，在电、热、机械力等因素的作用下，会发生各种物理和化学变化，从而使其绝缘性能随时间的增长而逐渐变差，老化问题需要特别关注；而气体介质在弱电场中极化、电导和损耗几乎可以不考虑，也不考虑老化问题。其次，外绝缘气体介质是自恢复绝缘，而含有固体介质的内绝缘则属于非自恢复绝缘，例如 GIS 的内绝缘，一旦发生击穿就意味着丧失了绝缘能力，因此内绝缘的电气强度不是用其实际击穿电压来衡量，而是用其所能耐受的试验电压来衡量。再者，气体介质的击穿场强与电压类型无关，而液体介质、固体介质的击穿场强与电压类型是相关的。

　　由于内绝缘的电气强度与电压作用时间之间的关系复杂，要保证内绝缘在设计寿命年限内能够耐受各种过电压，材料的选择及绝缘结构的设计要比外绝缘复杂得多。

第一节　液体介质的击穿

资源 3.1

　　充当高压绝缘的液体介质主要有矿物油和合成油两大类，目前使用最广泛的还是矿物油。矿物油主要有变压器油、断路器油、电容器油和电缆油等，用量最多的是变压器油。变压器油除了起绝缘和散热作用外，还由于油的流动性，起到灭弧作用；断路器油主要起绝缘、灭弧和传热作用；电容器油起绝缘和储能媒质作用。由于矿物油易老化、易燃烧、有爆炸的危险，因此国内外致力于研究人工合成油，主要有硅油、十二烷基苯和聚丁烯等。

　　由于影响液体介质击穿电压的因素众多，到目前为止还没有找到液体介质击穿电压的计算公式，其放电机理是通过试验现象总结出来的。分析液体介质的放电机理，可以把液体分为纯净液体和工程中应用的液体两类。

一、纯净液体的放电理论

　　纯净液体介质的放电理论主要有电击穿理论和气泡击穿理论两种。

1. 电击穿理论

当负极表面的电场强度很高时，负极发生强电场发射向液体介质间隙中释放电子，这些电子在电场作用下被加速，向正极运动过程中不断与液体介质分子碰撞，如果电场强度足够高，电子传递给液体介质分子的能量超过其游离能时，会使其游离，从而使电子数不断增多，形成电子崩。同时因碰撞游离产生的正离子在负极附近形成空间电荷层，又增强了负极表面的电场强度，使更多的电子从负极中溢出。间隙中带电粒子达到一定数量时，电流将急剧增加而击穿。把这种由于碰撞游离使液体介质击穿的现象称为电击穿。

液体介质的密度比气体介质的大得多，分子间的平均距离比气体介质的小得多，电子在液体介质中运动时，平均自由行程要比在气体介质中短得多。要使电子在较短的自由行程内获得产生碰撞游离所需要的能量，要求有更高的电场强度，因此液体介质的电击穿场强比气体介质的高得多。

2. 气泡击穿理论

试验证明液体介质的击穿场强与其静压力密切相关，表明液体介质在击穿过程中出现了气泡。因此，有学者提出了气泡击穿理论，华中科技大学利用高速相机拍摄的气泡放电过程如图 3-1 所示，证明了可以用气泡击穿理论解释液体介质的击穿。交流电压下，如果液体介质分解产生的气体形成气泡，就会形成液体介质与气体介质串联的绝缘结构，电场强度按照介电常数反比例分布，气体介质的介电常数小于液体介质的介电常数，因此气泡承担更高的电场强度，而其电气强度又比液体介质低很多，导致气泡首先发生游离。游离区温度升高使气泡体积膨胀、密度减小，促使游离进一步发展。游离产生的带电粒子撞击液体介质分子，使它又分解出气体，导致气体通道扩大。如果许

图 3-1　华中科技大学利用高速相机
拍摄的气泡放电过程图片

多游离的气泡在电场中排列成气体小桥，击穿就在此通道中发生。在气泡击穿过程中，可能会出现光游离形成流注。

二、工程中应用液体介质的小桥理论

工程中很难找到纯净的液体，人们更关心工程中应用的液体介质的放电机理。以变压器油为例来讲述工业上应用的液体介质的放电理论——小桥理论，其实质是气泡理论在不纯净液体中的具体应用。

运行中，变压器油因受潮、老化而含有水分，油中固体绝缘材料也会脱落一些纤维等杂质。由于水和纤维的介电常数大，在电场下容易发生极化。极化后的纤维、水等杂质定向排列形成杂质小桥。如果杂质小桥沟通两个金属电极，由于水和纤维的电

导较大，流过小桥的泄漏电流较大，泄漏电流加热杂质小桥使小桥温度升高，促使小桥中的水汽化形成气体小桥，击穿沿气体小桥发生。即使杂质小桥没有沟通两极，油中间断的杂质小桥畸变电场使油分解出更多气体，也会形成气体小桥导致间隙击穿。泄漏电流加热小桥使水汽化是击穿过程中的重要环节，因此也把小桥击穿称为热击穿，但并没有发生热游离。

图3-2为华北电力大学进行油耐压试验的视频截图，清晰地展示了两极间的杂质小桥。试验表明，在较均匀电场和持续电压作用下，油的品质对击穿电压有较大的影响，判断油的品质主要依靠测量其电气强度、tanδ、含水量和含气量等，其中最重要的项目是用标准试油杯按照标准试验方法测得油的工频击穿电压。标准试油杯示意图如图3-3所示，杯体常用瓷或有机玻璃制成，杯中设置两个用黄铜或不锈钢制成的电极，电极形状有圆盘形、圆球形和球盖形等几种，两个电极间距为2.5mm。标准试油杯的电场要尽可能均匀，如果试油杯中使用针-板不对称极不均匀电场，加压过程中会在针极附近产生电晕，电晕使油发生波动，杂质不易搭成小桥，油的品质对击穿电压的影响将减弱，不能正确判断油的品质。试油杯中电极的形状、尺寸、电极间距和电极工作面光洁度这四个因素对试验结果的影响最大，需要依据国家标准设计生产。

图3-2 油耐压试验视频截图
（油中加入了额外杂质）

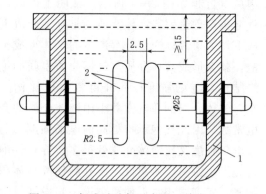

图3-3 标准试油杯示意图（单位：mm）
1—绝缘杯体；2—黄铜电极

依据《绝缘油 击穿电压测定法》（GB/T 507—2002）进行油耐压试验，需重复进行6次试验，两次之间间隔2～5min，取6次试验结果的平均值作为油的击穿电压。在标准试油杯中，品质合格的新变压器油的击穿电压一般为25～60kV，击穿场强可以达到100～240kV/cm。

需要注意，在试验升压过程中，可能出现火花放电，产生不大的爆裂声和电压表指针振动，此时间隙并没有击穿，应继续升压至击穿为止。

三、影响液体介质击穿电压的因素

影响液体介质击穿电压的主要因素有液体介质的品质、温度、电压作用时间、电场均匀程度、电压频率及油压等。

（一）液体介质的品质

液体介质的含水量、含纤维量、含碳量及含气量对击穿电压都有影响。

1. 含水量

水分在油中以溶解、悬浮和沉积三种状态存在。悬浮状态的水珠影响最大，能够在电场作用下极化并在极间排成导电的小桥，使油的击穿电压显著下降。如图 3-4 所示，当常温下油的含水量达到十万分之几时，油的击穿电压开始大幅度下降，说明油中的水由溶解状态转变成悬浮状态而影响击穿电压。当含水量达到 0.02% 时，击穿电压已经降低到 10kV 左右；但当水含量达 0.04% 时，更多的悬浮状态的水仅增加了一些并联的放电通道，击穿电压基本不再随含水量的增加而下降。

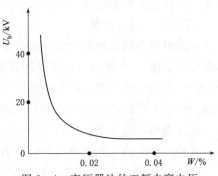

图 3-4 变压器油的工频击穿电压有效值（标准试油杯中）与含水量的关系

2. 含纤维量

纤维是极性介质，纤维含量越多，油的击穿电压越低，尤其是吸附了水分的纤维对击穿电压的影响更显著。

3. 含碳量

运行中的变压器油在电弧作用下会产生少量活性碳粒。由于碳具有导电性和吸附性，细而分散的碳粒对油的击穿电压影响并不显著，但碳粒吸附杂质后逐渐沉积到电气设备中的固体介质表面，形成油泥，易造成油中沿面放电，同时也影响散热。

4. 含气量

不论电场均匀与否，工程上用的变压器油在工频电压作用下，其击穿电压均随油压的增加而升高，这种关系在均匀电场中更为显著。但如果采取措施去除油中所含的气体，加大油压几乎不影响油的击穿电压，由此可知油压影响液体介质击穿电压的原因是油中含有气体，含气量增加，击穿电压下降。因此，在高压充油电缆中需要加大油压以提高电缆的击穿场强。

（二）温度

变压器油击穿电压与温度关系复杂，与水的含量、电场形式、电压类型等因素相关。

标准试油杯中变压器油工频击穿电压有效值与温度的关系如图 3-5 所示。干燥油的击穿电压与温度关系不大，温度升高使电导增大，导致击穿电压随温度升高略有下降。受潮油的击穿电压与温度关系密切，温度对油击穿电压的影响主要是因为温度变化时使油中水的状态发生了变化。在 0~5℃时，油中的水主要以悬浮状态的水珠存在，对击穿电压的影响最大，击穿电压最低；温度升高，悬浮状态的水逐渐转换成溶解状态的水，击穿电压随温度升高而升高；温度达到 60~80℃时，水开始汽化，容易形成气体小桥，随温度再升高击穿电压下降；温度低于 0℃时，油中的水结冰，冰的介电常数与油的接近，对电场畸小，并且低温下油的密度增大，击穿电压随温度下降

资源 3.2

而升高。

　　极不均匀电场中或冲击电压下，杂质小桥很难形成，主要发生的是电击穿。温度升高，击穿电压稍有下降。

　　（三）电压作用时间

　　加压时间不同，油的击穿机理可能不同。变压器油的击穿电压峰值与电压作用时间的关系如图 3-6 所示。加压时间在数百微秒以下时，小桥来不及形成，油隙击穿属于电击穿，击穿电压很高，影响击穿电压的主要因素是电场的均匀程度；加压时间更长时，杂质小桥能够形成，油隙击穿属于热击穿，击穿电压随电压作用时间增长而下降。试验表明，当油不太脏时，1min 的击穿电压和长时间电压下的击穿电压相差不多，故变压器油的工频交流耐压试验通常加压时间为 1min。

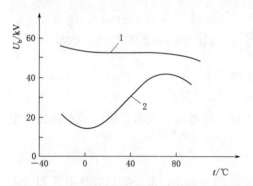

图 3-5　标准试油杯中变压器油工频击穿电压
有效值与温度的关系
1—干燥的油；2—潮湿的油

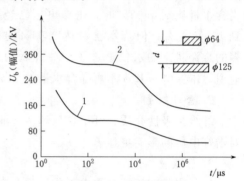

图 3-6　变压器油的击穿电压峰值与
电压作用时间的关系
1—$d=6.35$mm；2—$d=25.4$mm

　　（四）电场均匀程度

　　试验表明，电场越均匀杂质对击穿电压的影响越大，放电分散性达 30%～40%；

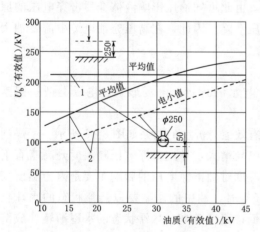

图 3-7　不同电场情况下变压器油的工频
击穿电压与油质的关系
1—极不均匀电场；2—均匀或稍不均匀电场

极不均匀电场中杂质对击穿电压的影响较小，放电分散性仅为 5% 左右。不同电场情况下变压器油的工频击穿电压与油质的关系如图 3-7 所示。图中曲线 2 为稍不均匀电场中变压器油的工频击穿电压与油质关系曲线，曲线变化表明：击穿电压随油品质提高而升高；在油品质一定时，击穿电压的分散性较大，击穿电压平均值与最小值之间差值较大。曲线 1 为极不均匀电场中变压器油的工频击穿电压与油品质的关系曲线，曲线变化表明在极不均匀电场中油的品质对击穿电压影响很小，其原因在于油隙击穿属于电击穿。

电场越均匀，水分等杂质对击穿电压的影响越大，击穿电压的分散性也越大。如果保持油温不变，改善电场的均匀度能够使优质油的工频击穿电压显著增大，也能大大提高其冲击击穿电压。而品质差的油中杂质较多，因杂质的聚集和排列已使电场畸变，故通过改善电场来提高其工频击穿电压的效果也较差。

冲击电压下，油隙击穿属于电击穿。故改善电场总是能显著提高油隙的冲击击穿电压，而与油的品质好坏几乎无关。

（五）电压频率

极化是小桥理论的基础，电压频率影响极化和介质损耗，一定会影响到变压器油的击穿电压。由于频率对变压器油击穿电压影响的工程意义不大，故对其研究还不够深入。文献 9 中介绍了电压频率对变压器油绝缘强度影响的研究，试验表明，直流电压下油的击穿电压比工频交流电压下的要低些；随着频率提高，油的击穿电压升高，在频率为几百赫兹时，击穿电压达到最大值；频率再升高，由于介质损耗增大，击穿电压开始下降，并且在频率为 $30\sim50\text{kHz}$ 时，击穿电压再度低于 50Hz 时的击穿电压。试验中，如果提高液体介质的品质，液体介质击穿电压受频率的影响将减小。试验数据见表 3-1。

表 3-1　　　　　　　　　　　频率对变压器油绝缘强度的影响

f/Hz	$E/(\text{kV/cm})$		f/Hz	$E/(\text{kV/cm})$	
	油 1	油 2		油 1	油 2
0	250	—	150	430	540
25	340	—	225	470	570
50	380	480	880		610

也有学者认为，电压频率在 1kHz 以下时，对变压器油的击穿电压影响很小，电压频率在 1kHz 以上时，随频率升高变压器油的击穿电压下降。近些年，有学者对直流输电系统中含交流分量的合成直流电压与变压器油击穿电压的关系开展研究，结果表明直流、工频交流、交流占比不同的合成直流电压下变压器油的击穿电压不同。

四、提高液体介质击穿电压的措施

变压器油的击穿理论是小桥理论，要提高油的击穿电压，应设法减少杂质、提高油的品质，并在绝缘设计中利用"油-屏障"式绝缘结构来降低杂质的影响。

（一）提高液体介质品质

提高液体介质品质常采用过滤、干燥和祛气等措施。

压力过滤法是最方便和最通用的一种方法，可以在变压器大修时进行，也可以不停电在线进行。一般把油预热到 $45\sim50℃$，在油中加入白土、硅胶等吸附剂吸附油中杂质，在滤油机中使油通过多层滤纸，过滤掉油中的杂质。

干燥是指绝缘及夹件、绕组等浸油前必须烘干，必要时采用真空干燥法去除水分。运行中变压器油的液面会由环境温度变化而上下浮动，需要空气进行补充，不可避免地带进来一些水分，油的老化也会产生水分。采用吸附剂循环过滤法去除水

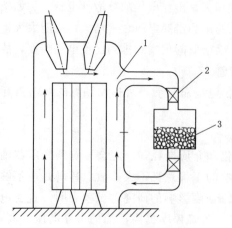

图 3-8　吸附剂循环过滤法示意图
1—油流方向；2—阀门；3—吸附剂

分，如图 3-8 所示，在油箱呼吸器的空气入口处加放吸附剂，吸附变压器油中的水分。吸附剂有不变色的白色吸附剂和可变色的蓝色吸附剂两种，白色吸附剂受潮后变成透明状，蓝色吸附剂受潮后变成粉红色。

祛气是指采用真空喷雾法去掉油中的杂质。把油加热到 60～70℃，通过喷嘴把油喷到真空容器内化作雾状，油中含有的水分和气体分离出来并被抽去。

（二）限制小桥形成

除了提高液体介质品质在根本上限制杂质小桥的形成之外，工程中还采用覆盖、绝缘层和极间障等措施限制小桥的形成。

1. 覆盖

覆盖是指包裹金属电极的固体绝缘薄层，通常用漆膜、胶纸带、漆布带等做成，厚度不超过 1mm。因为覆盖层很薄，不会显著改变油中电场分布，也不会限制杂质小桥的形成，但它可以限制杂质小桥直接沟通金属电极，限制流过小桥的泄漏电流，限制气体小桥的形成，从而提高油隙的击穿电压。试验表明：油的品质越差、电场越均匀、电压作用时间越长，覆盖对提高油的击穿电压的效果越显著，且能使击穿电压的分散性大为减小。在均匀电场中覆盖能够使击穿电压提高 70%～100%，在极不均匀电场中也能使击穿电压提高 10%～15%，因此充油设备中很少采用裸导体。

2. 绝缘层

绝缘层是指极不均匀电场中在曲率半径小的电极表面多缠几层固体介质，作加厚的覆盖，其厚度有的可达几十毫米，与油构成组合绝缘，如图 3-9 所示。绝缘层一方面可以限制杂质小桥直接沟通金属电极而提高击穿电压；另一方面由于固体介质的介电常数一般比油的介电常数大，在交流电压下，固体绝缘层分担的电场强度低，可以降低电极近旁电场强度，改善电场分布，限制电晕并提高击穿电压。

3. 极间障

极间障又称屏障或隔板，是放在电极间油隙中的固体绝缘板，通常用胶纸板或胶布

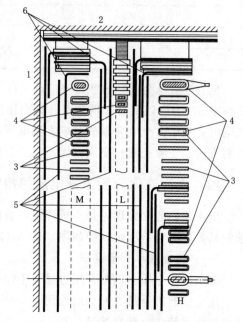

图 3-9　三绕组电力变压器的主绝缘结构示意图
1—芯柱；2—铁轭；3—绕组线饼；4—绝缘层；
5—极间障（圆筒形）；6—极间障（圆环形）

层压板作成，其形状可以是平板、圆筒、圆管等，如图3-9所示。极间障一方面可以机械阻隔杂质小桥，避免在电极间形成连续的小桥，从而提高击穿电压；另一方面，在极不均匀电场中，曲率半径小的电极附近首先产生游离，游离出来的带电粒子被极间障阻挡，并在极间障上较均匀地分布，可以改善电场分布，从而提高油间隙的击穿电压。工频电压下，在极不均匀电场中，当极间障与棒极之间距离为总极间距离的15%～25%时，极间障的作用最大，油隙击穿电压可以提高2～2.5倍，甚至更高，电场越不均匀加屏障效果越好。因此，我国油浸式变压器中广泛采用屏障，在较大的油间隙中，还可以配置多层屏障来提高击穿电压。

第二节 固体介质的击穿

固体介质击穿后会在击穿路径上留下放电痕迹，如烧穿或熔化的通道及裂缝等，从而永远丧失其绝缘性能，故为非自恢复绝缘。

资源 3.3

一、放电理论

由试验现象总结出固体介质的击穿形式有电击穿、热击穿和电化学击穿三种。

（一）电击穿

电击穿是指仅仅由于电场的作用而直接使电介质破坏并丧失绝缘性能的现象。在电介质的电导很小，又有良好散热条件以及电介质内部不存在局部放电时的击穿通常属于电击穿。电击穿同样是由碰撞游离引起的，由于电子在固体介质中的自由行程远小于在液体介质和气体介质中的自由行程，需要更高的电场强度使电子积累能量，因此通常固体介质的电击穿场强高于液体介质和气体介质的，可以达到 $10^3 \sim 10^4 \mathrm{kV/cm}$。

发生电击穿所需时间极短，使其具有以下几个主要特点：

（1）击穿电压与周围环境温度无关。

（2）除了时间很短的情况外，击穿电压与电压作用时间关系不大。

（3）电介质发热不明显。

（4）电场的均匀程度对击穿电压有显著影响。

（二）热击穿

热击穿是由固体介质内部的热不稳定过程造成的。在电场作用下，固体介质由于介质损耗而发热，如果发热小于散热，电介质不会发生热击穿；如果发热大于散热，使电介质温度升高，导致其绝缘电阻下降，电介质中流过的泄漏电流增大；增大的泄漏电流又使介质损耗增大，发热加强，热量积聚使介质绝缘电阻进一步下降，产生恶性循环，电介质温度越来越高；高温会造成材料分解、碳化，甚至失去绝缘性能而击穿。

研究表明，交流电压下，平板状固体介质中热量主要沿着垂直于电极表面的方向流向电介质表面和电极，击穿沿着热量传递路径发生，形成一个直通道或带有刺状分枝的直通道，热击穿电压可以通过下式进行计算：

$$U_{\mathrm{b}} = 1.15 \times 10^6 \times \sqrt{\frac{h\lambda\sigma}{f\varepsilon_{\mathrm{r}}\alpha\tan\delta_0(\sigma h + 2\lambda)}} \qquad (3-1)$$

式中　　$\tan\delta_0$——温度为 t_0 时的介质损耗因数；

　　　　α——介质损耗因数的温度系数；

　　　　σ——散热系数；

　　　　λ——电介质的导热系数；

　　　　h——电介质的厚度，cm；

　　　　ε_r——电介质的相对介电常数；

　　　　f——电压频率，Hz。

式（3-1）表明：热击穿电压除了与电介质的介电常数、损耗因数、散热系数、导热系数等性能参数有关外，还与电压频率、环境温度、电介质厚度等因素有关。电压频率、介电常数及损耗因数增大会促进发热，热击穿电压下降；散热系数和导热系数增大有利于散热，热击穿电压升高。热击穿电压并不随电介质厚度正比例增加，对于可能发生热击穿的情况，加厚绝缘材料不一定能提高击穿电压，因为厚度越大，散热越困难，固体介质的热击穿场强随厚度增加而下降。固体介质热击穿电压会随周围媒质温度的升高而下降。以固体介质作绝缘材料的电气设备，如果某处局部温度过高，在工作电压下就有发生热击穿的危险。

固体介质的热击穿场强低于电击穿场强，一般为 $10\sim100$ kV/cm。

（三）电化学击穿

电化学击穿是指在长期工作电压作用下，电介质由于内部发生局部放电等原因，使绝缘劣化，电气强度逐步下降，当绝缘衰弱到一定程度时，可能由于承受不了工作电压而发生电击穿，也可能由于局部过热而发生热击穿，失去绝缘性能。

二、影响因素

影响固体介质击穿电压的因素很多，包括电压作用时间、电场均匀程度、温度、电压频率、受潮、累积效应、机械力和多层性等。

（一）电压作用时间

以电工纸板为例，其击穿电压与电压作用时间的关系如图3-10所示。区域A部分：电压作用下，仅需要几分之一微秒到 $10\mu s$ 左右时间固体介质就击穿，这么短的时间内是来不及发展任何其他过程的，只能是电击穿。区域B部分：电压作用时间在 $10\mu s\sim0.2s$ 很宽范围内，击穿电压与电压作用时间无关，说明此阶段介质击穿与介质发热无关，还是电击穿。区域C部分：加压数分钟到数小时固体介质才击穿，并且击穿电压随加压时间延长而下降，说明击穿受到热过程影响，所以是热击穿。由曲线可见，冲击电压作用下固体击穿是电击穿，击穿场强很高；电工纸板的电击穿与热击穿区分的电压作用临界时间为 $0.2s$。

电压作用时间长达数十小时甚至几年才发生的击穿是电化学击穿。需要注意的是，以时间来划分固体介质击穿的类型是不严密的，有时电介质是在电和热共同作用下击穿的。

（二）电场均匀程度

均匀电场中，固体介质的击穿电压随厚度的增加近似成线性增大；在极不均匀电场中，固体介质厚度增加将使电场更不均匀，击穿电压不再随厚度的增加而线性增大，击穿场强随厚度的增大而下降。

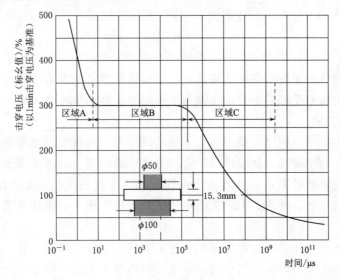

图 3-10 电工纸板的击穿电压与电压作用时间的关系

工程中常用的固体介质一般都含有杂质和气隙，即使处于均匀电场中，电介质内部的电场分布也是不均匀的，在气隙处电场强度最高，导致固体介质整体击穿电压下降。如果经过真空干燥、真空浸油或浸漆处理，则击穿电压可明显提高。

（三）温度

试验表明，固体介质在较长时间电压作用下的最低击穿电压与被试品的温度关系密切。均匀电场中交变电压下，瓷的最低击穿电压与温度的关系如图 3-11 所示。在某一临界温度 θ_{cr} 以下时，最低击穿电压与介质温度无关；超过临界温度 θ_{cr} 后，最低击穿电压随固体介质温度升高而下降。很显然，温度低于临界温度 θ_{cr} 时，发生的是电击穿；超过临界温度 θ_{cr} 后，发生的是热击穿。临界温度是电击穿和热击穿的分界点，但不是固体介质固有的物理常数，与固体介质的厚度、冷却条件、电压频率及电压作用时间等因素有关。固体介质越厚，临界温度越低；冷却条件越差，临界温度越低；电压频率越高或作用时间越长，临界温度越低。

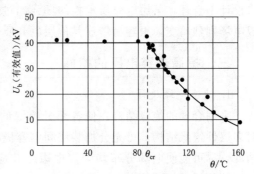

图 3-11 瓷的最低击穿电压与温度的关系
（均匀电场、交变电压）

（四）电压频率

在电击穿领域内，如果电压频率的变化不造成固体介质内部电场分布的畸变，电压频率对击穿电压影响极小。在热击穿领域内，式（3-1）表明，电压频率越高，固体介质的击穿电压越低。

综合考虑电击穿和热击穿，固体介质在不同类型电压下的击穿电压是不同的，冲击击穿电压最高，而高频交流电压下的击穿电压可能最低。例如，0.1mm 厚的玻璃，工频交流电压下的击穿电压有效值为 20kV，而高频交流电压下的击穿电压有效值仅为 2～2.5kV。

（五）受潮

受潮后，固体介质的击穿电压降低，不易吸潮的材料受潮后击穿电压下降一半左右，容易吸潮的材料受潮后击穿电压仅为干燥时的百分之几或更低。

（六）累积效应

极不均匀电场中，固体介质在幅值不很高或作用时间很短的电压作用下，存在不完全击穿现象，留下碳化、烧焦或裂缝等局部损伤的痕迹。局部损伤随着施加电压次数的增多变得越来越严重，导致其击穿电压下降，这就是累积效应。在雷电过电压、电力系统内部过电压、冲击或工频交流耐压试验电压作用下，固体介质中都可能产生累积效应。

有一些电气设备几乎不会产生累积效应，如纯瓷套管、充油套管、支柱绝缘子和隔离开关等，其他类型电气设备中的固体绝缘材料还不能自行修复局部损伤，是非自恢复绝缘。为了提高电气设备的绝缘性能，国内外都在致力于研究电场下能够自动调整电场分布和自动修复缺陷的智能型绝缘材料。

（七）机械力

对均匀和致密的固体介质，在弹性形变范围内，机械力对击穿电压无影响；对层间具有孔隙的多层不均匀电介质，机械力可能使电介质中的孔隙减少或缩小，从而提高击穿电压；但机械力也可能使原本比较致密的电介质产生小裂缝，如果固体处于气体中，会畸变电场，使击穿电压降低。

（八）多层性

合理设计绝缘结构，保证各层电介质所承担的电场强度与其电气强度成正比。如果设计不合理，某层电介质承担的场强超过了其耐受场强，该层电介质便会击穿，造成电场剧烈畸变，很容易造成其他层电介质也击穿。

三、提高击穿电压的措施

1. 改进绝缘设计

采用合理的绝缘结构，使各部分绝缘的电气强度与其所承担的电场强度相适应；对多层性绝缘结构，可充分加装层间电容极板改善电压分布；改善电极形状及表面光洁度，尽可能使电场分布均匀，把边缘效应减到最小；改善电极与绝缘体的接触条件，消除接触气隙等。

2. 改进制造工艺

尽可能清除固体介质中残留的杂质，可以通过精选材料、改善工艺、真空干燥及浸渍等措施去除掉固体介质中的气泡、水分等杂质，并使固体介质尽可能均匀致密。

3. 改善运行条件

注意防潮，防止尘污和各种有害气体的侵蚀，加强散热冷却。

第三节 组合绝缘的电气强度

工程中,电气设备绝缘多为组合绝缘。组合绝缘的电气强度不仅仅取决于所用的各种电介质的电气特性,而且还与各种电介质相互之间的配合是否得当有很大关系。组合绝缘的常见形式是由多种电介质构成的层叠绝缘,为使材料得到充分利用,组合绝缘应满足以下几个基本原则:

(1)各层电介质承受的电场强度要与其电气强度成正比,使材料得到充分利用。基于此,交流电气设备中,把电气强度高、介电常数大的材料放在强场区;直流电气设备中,把电气强度高、电导率大的材料放在强场区。

把由介电常数不同的材料构成的组合绝缘称为分阶绝缘。例如在第一章第一节电介质极化部分讲述的制造交流电缆时使用介电常数不同的绝缘纸分别缠电缆芯线,先缠介电常数大的高密度薄纸,再缠介电常数小的低密度厚纸,使布置在强场区的内层绝缘纸分担的电场强度下降,布置在弱场区的外层绝缘纸承担的电场强度增大,改善电场分布,材料得到充分利用。把分阶绝缘中平均场强与最大场强之比称为绝缘的利用系数 η,η 越大材料利用得越充分。

分阶绝缘电缆一般只作成 2 层,层数更多的很少采用,仅见于超高压电缆中,例如某些 500kV 电缆中采用 3～5 层分阶,减小绝缘的总厚度。

(2)优缺点互补、扬长避短、相辅相成。注意各材料之间的相互渗透和相容性,不能相互腐蚀、相互污染或相互影响。例如油浸纸,由于干燥绝缘纸的纤维之间有很多孔隙,导致其电气强度并不高,击穿场强为 100～150kV/cm;浸油后,油填充了孔隙,使得油浸纸的电气强度显著提高,击穿场强可以达到 500～600kV/cm,大大超过绝缘纸的击穿场强,同时也超过了油的击穿场强(约为 200kV/cm)。但填充油后会影响到纸的散热,需要做到各性能之间的平衡。

(3)注意温度差异对各绝缘材料电气特性和电压分布的影响。电介质的某些电气参数是与温度相关的,如电导、相对介电常数、介质损耗因数及电气强度,需要注意温度对组合绝缘中各种材料电气性能的影响。

第四节 电 介 质 的 老 化

电气设备运行过程中,受到各种因素长期作用,绝缘发生一系列不可逆的变化,导致其物理、化学、电气和机械等性能劣化的现象称为老化。电介质老化后电导和损耗功率增大,但损耗因数可能增大也可能减小。

电介质的老化包括电老化、热老化、环境老化和机械老化等四种基本形式。

资源 3.4

一、电老化

电老化是在外加高电压或强电场作用下发生的老化,主要由电离、电导、电解、漏电起痕和电蚀损引起。电介质性质及电压类型不同,发生电老化的机理是不同的,有机绝缘材料在交流电压下的电老化主要由电离和电导引起,固体无机化合物在直流电压下的电老化主要由电解引起,电气设备外绝缘表面的电老化主要由漏电起痕和电蚀损引起。

(一)电离引起的电老化

绝缘内部存在气隙或气泡时,交变电压下气体介质因承担的电场强度高而发生电离,造成以下几方面的影响导致绝缘老化。

(1)气隙电离造成附近局部电场的畸变,使局部电介质承受过高的场强。

(2)带电质点撞击气泡壁,使绝缘物分解,并形成电树枝放电痕迹。

(3)局部放电产生的活性气体 O_3、NO、NO_2 对电介质的氧化和腐蚀,以及由局部放电产生的紫外线或 X 射线使电介质分解和解聚。

(4)局部温度升高使气泡体积膨胀,导致绝缘物开裂、分层、脱壳,并使该部分绝缘的电导和介质损耗增大。

考虑到局部放电的影响,工频交流电压下工作的绝缘,其许用工作场强通常以局部放电熄灭场强为基础,再考虑绝缘在寿命期内的老化因素和必要的裕度确定。

云母、玻璃纤维等固体无机化合物有很好的耐局部放电能力,因此常将沥青云母带用作旋转电机的绝缘。有机高分子聚合物类绝缘耐局部放电能力比较差,其长时击穿场强低于短时击穿场强,为了防止电离,其工作场强要低于局部放电起始场强。

(二)电导引起的电老化

交流电压下,有机绝缘材料中的电解液沿电场迁移,不断渗透到固体介质分子之间,形成水树枝使绝缘老化。研究表明,发生和发展水树枝所需电场强度低于发生和发展电树枝所需电场强度,水分子的体积也大于电子的体积,导致水树枝的规模往往强于电树枝。运行中的电缆,由于介质损耗引起绝缘发热,绝缘一般是不容易受潮的;如果停电一段时间导致电缆绝缘受潮,重新送电时由于水的迁移就很容易造成电导性老化,甚至造成绝缘击穿。

(三)电解引起的电老化

固体无机化合物在直流电压长期作用下,即使所加电压远低于局部放电起始电压,由于电介质内部进行着电化学反应,电介质也会逐渐老化。在电化学反应过程中,负极附近还原出一些金属物质并不断积累,形成延伸到电介质深处的金属性导电"骨刺"。

(四)表面漏电起痕和电蚀损引起的电老化

外绝缘表面电场分布不均匀时,在强场区产生局部放电,电火花烧灼表面,造成起痕或腐蚀损伤,使绝缘老化,对有机绝缘材料的影响尤为显著。

二、热老化

热老化是指在高温作用下,电介质短时间内发生明显的劣化;即使温度不太高,但作用时间很长,绝缘性能也会发生不可逆的劣化。绝缘的寿命主要是由热老化决定的,温度越高,热老化速度越快,绝缘的寿命越短。因此耐热性能是绝缘材料的一个十分重要的性能指标。工程中,通常把固体介质和液体介质按照其耐热性能划分成若干等级，每一级的极限温度见表 3-2。

表 3-2 绝缘材料耐热等级及极限温度

耐热等级	极限温度/℃	绝 缘 材 料
Y	90	木材、纸、纸板、棉纤维、天然丝；聚乙烯、聚氯乙烯、天然橡胶
A	105	油性树脂漆及其漆包线；矿物油和浸入其中或经其浸渍的纤维材料
E	120	酚醛树脂塑料；胶纸板、胶布板；聚酯薄膜；聚乙烯醇缩甲醛漆
B	130	沥青油漆制成的云母带、玻璃漆布、玻璃胶布板；聚酯漆；环氧树脂
F	155	聚酯亚胺漆及其漆包线；改性硅有机漆及其云母制品及玻璃漆布
H	180	聚酰胺亚胺漆及其漆包线；硅有机漆及其制品；硅橡胶及其玻璃布
C	220	聚酰亚胺漆及薄膜；云母；陶瓷、玻璃及其纤维；聚四氟乙烯

我国电气设备的设计寿命一般为 20~25 年，极限温度是确保绝缘寿命的最高持续工作温度，如果实际工作温度超过极限温度，绝缘的寿命会缩短。对于 A 级绝缘材，如果绝缘的持续工作温度超过极限温度 8℃，其寿命会缩减一半，把这种关系称为 8 度规则。例如，用 A 极绝缘材料做绝缘的电气设备，设计寿命 20 年，如果最高持续工作温度为 105℃，能够保证安全运行 20 年；如果最高持续工作温度低于 105℃，其寿命会超过 20 年；如果最高持续工作温度为 113℃，其寿命仅为 10 年。B 级绝缘适用 10 度规则，H 级绝缘适用 12 度规则。

变压器油的老化主要是因为油的氧化，温度越高，氧化速度越快，大约温度每升高 10℃，氧化速度增加 1 倍。变压器油老化的过程如下：新油在与空气接触的过程中逐渐吸收氧气，氧气与油中的不饱和碳氢化合物发生化学反应，形成饱和化合物；此后再吸收氧气，会生成稳定的油的氧化物和一些酸类物质，如蚁酸、醋酸、脂肪酸和沥青酸等，使油的酸价增高，对绕组绝缘和金属都有较强的腐蚀作用；此后油再进一步氧化，会生成一些脂类物质和水分；脂类物质会形成油泥，初生的软滑的油泥沉淀到绕组上，受到绕组加热，逐渐变成坚实的泥块，妨碍绕组散热。需要注意的是，在油的氧化过程中，油的酸价和损耗因数不会持续增高。运行经验表明，常年运行的电气设备中，油的酸价和 tanδ 一年中大约有两个极大值和两个极小值，酸价出现最大值的时间与 tanδ 出现最大值的时间相符。

影响变压器油老化的因素有温度、触媒、光照和电场等。

试验表明，当温度低于 60~70℃ 时，油的氧化反应很小；高于此温度时，油的氧化反应就显著了；此后，温度每增高 10℃，油的氧化速度就约加快 1 倍；当温度超过 115~120℃ 时，还可能伴随有油本身的热裂解，这一温度一般称为油的临界温度。因此，运行中的油应该避免油温过高，一般规定油的局部最高温度不允许超过 115℃。延缓变压器油老化可以采用装置油扩张器（即油枕）、装置隔离胶囊、隔离触媒和掺入抗氧化剂等措施。变压器油一旦严重老化，必须进行再生处理或直接更换，再生可以采用酸碱-白土法或氢化法。

变压器中油纸绝缘在局部过热时会分解出多种溶解于油的微量气体。按照变压器经济合理的工作寿命为 20 年计算，变压器绕组通用的油纸绝缘最热点基准工作温度常年为 98℃，上限工作温度一般为 140℃，只有在不得已的情况下，在极短时间内才允许超过一些，但绝不可以超过 160℃。工作温度在 80～140℃ 范围内变化时，油纸绝缘的老化速度按照 6 度规则估算。

三、环境老化

把绝缘在周围环境中水分、氧气及各种射线的作用下绝缘性能降低的现象称为环境老化，又称为大气老化，主要包括光氧老化、臭氧老化和盐雾酸碱附着在固体介质表面发生的化学老化，其中最主要的是光氧老化。

环境老化对有机绝缘材料的影响尤为显著。早期国内外在探索用有机高分子电介质制造绝缘子时，遇到的最大问题就是材料的环境老化问题突出，直到高温硫化硅橡胶和室温硫化硅橡胶应用于外绝缘时才得以解决。

四、机械老化

机械老化是在机械力作用下造成的老化。例如悬式绝缘子串中最易发生机械老化的是靠近横担的那一片绝缘子，因为它除了承受导线重量外，还要承受其他绝缘子的重量，受到的机械负荷最大。

第四章　电气设备绝缘预防性试验

绝缘故障大多因内部存在缺陷而引起，这些缺陷可能是在制造时产生并潜伏下来的，也可能是电气设备运行过程形成并不断发展的。通常可以把绝缘缺陷分成两类：一类是局部性缺陷，又称集中性缺陷，如悬式绝缘子的瓷质开裂、发电机绝缘局部磨损或挤压破裂、电缆头局部破损等；另一类是整体性缺陷，又称分布性缺陷，如电气设备整体绝缘性能下降，或者像电机、变压器、套管中有机绝缘材料的受潮、老化、变质等。绝缘缺陷很难用肉眼直观发现，必须借助绝缘预防性试验来发现。因此绝缘预防性试验的作用有：发现电气设备绝缘内部隐藏的缺陷，以便在设备检修时加以消除；了解和掌握设备的绝缘状态，确保高压电气设备安全、可靠运行。

资源 4.1

绝缘检测和诊断技术有离线检测和在线监测两大类，离线式预防性试验按其对被试绝缘的危险性可分为非破坏性试验和破坏性试验两类。

检查性试验是在较低的电压下或者用其他不会损伤绝缘的方法测量绝缘的各种特性来间接地判断绝缘性能好坏的试验，因为试验电压低于额定电压，一般不会造成被试品损坏，又称为非破坏性试验或特性试验。检查性试验种类很多，主要有绝缘电阻测量、吸收比测量、极化指数测量、泄漏电流测量、介质损耗角正切值测量、局部放电测量、电压分布测量和变压器油气相色谱分析等试验。

耐压试验是模仿设备绝缘在运行中可能遇到的各种电压，施加与之等效或更为严格的试验电压对绝缘进行试验，从而检验绝缘耐受这类电压的能力。由于试验电压高于额定电压，可能造成被试品损坏，又称为破坏性试验。根据施加试验电压的类型划分，有工频交流耐压、直流耐压、雷电冲击耐压、操作冲击耐压等试验。

两类试验各有优缺点：各种检查性试验的结果与绝缘的耐电强度之间尚未能找到明确的函数关系，不能通过检查性试验判断绝缘的绝缘水平，但可以揭示绝缘缺陷的性质和发展程度；耐压试验可以在绝缘缺陷发展到较严重程度时以击穿破坏的形式把缺陷揭示出来，但不能明显地揭示缺陷的性质和根源。因此不能够相互替代，一般需要对电气设备进行多种试验，对试验结果进行综合分析比较后，才能做出正确的判断。

预防性试验要先进行检查性试验，如果试验中已经发现绝缘存在缺陷，需要维修处理后再进行耐压试验。耐压试验的电压高，发现缺陷的灵敏度高于检查性试验。进行高电压试验时需要注意几个问题：

（1）高电压试验关系人员及电气设备的安全，需要严格遵照试验规程进行，试验中做好验电、放电及接地等环节的工作。

（2）注意试验环境的温度。经验表明，温度较低时，试验结果的准确性较差，不易做出正确判断。因此《电力设备预防性试验规程》（DL/T 596—2021）中规定预防性试验应在天气良好且试品及周围环境温度不低于5℃的条件下进行。

（3）注意试验环境的湿度。《电力设备预防性试验规程》（DL/T 596—2021）中规定电力设备预防性试验应在空气相对湿度不超过80%时进行。实测表明，空气相对湿度较大时进行试验，测出的试验数据与实际值相差甚多。例如，当空气相对湿度大于75%时，测得避雷器的绝缘电阻由2000MΩ以上降到180MΩ以下；10kV电缆的泄漏电流由20μA以下上升到150μA以上，且三相值不规律、不对称。

离线检测一般要求被测设备退出运行状态，只能是周期性间断地进行，很难预防由于随机因素引起的偶发事故，设备仍可能在试验间隔期间内由于微小缺陷的持续发展导致故障。在线监测是在被测设备带电运行的情况下，采用非破坏性试验方法对设备的绝缘状态进行连续或定时的检测，除了能测出反映绝缘特性的数据外，还可以分析绝缘特性随时间变化的趋势，从而显著提高判断的准确性，成为电力系统努力发展的方向。

目前，已经开展的在线监测试验项目主要有绝缘电阻测量、泄漏电流测量、介质损耗角正切值测量、局部放电测量、油气相色谱分析和含水量测量等。

第一节　绝缘电阻的测量

绝缘电阻是一切电介质和绝缘结构的绝缘状态最基本的综合特性参数。绝缘电阻测量试验是一个最基础的高电压试验项目。

一、理论依据

资源 4.2

理论依据是电介质的电导。电气设备中大多采用组合绝缘和层式绝缘。直流电压下，绝缘电阻、泄漏电流与时间的关系如图4-1所示，流过电介质的电流随加压时间的延长逐渐减小，最后稳定于泄漏电流，存在吸收现象，把加压1min时测得的电流称为泄漏电流；绝缘的电阻随加压时间的延长不断升高，把加压1min时测得的电阻称为绝缘电阻；如果绝缘良好，其泄漏电流很小、绝缘电阻很高，吸收现象明显，如图中曲线1和曲线2所示；如果绝缘受潮，泄漏电流会增大，加压时电流很快稳定到泄漏电流上，吸收现象变得不明显，绝缘电阻下降，如图中曲线3和曲线4所示；因此可以通过测量绝缘电阻的大小判断绝缘的性能，发现缺陷。

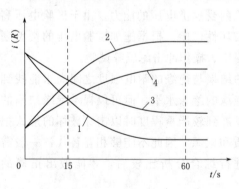

图4-1　绝缘电阻、泄漏电流与时间的关系
1—良好绝缘的泄漏电流与时间关系曲线；
2—良好绝缘的绝缘电阻与时间关系曲线；
3—受潮绝缘的泄漏电流与时间关系曲线；
4—受潮绝缘的绝缘电阻与时间关系曲线

由图4-1能够发现，还可以利用电阻变化速率判断绝缘的性能，即用测"吸收

比"的方法来替代绝缘电阻测量。吸收比 k_1 是加压 1min 时测得的绝缘电阻值 $R_{60''}$ 与加压 15s 时测得的电阻值 $R_{15''}$ 的比值，也可以说是加压 15s 时测得的电流值 $I_{15''}$ 与加压 1min 时测得的电流值 $I_{60''}$ 的比值，即

$$k_1 = \frac{R_{60''}}{R_{15''}} = \frac{I_{15''}}{I_{60''}} \tag{4-1}$$

吸收比是同一试品在两个不同时刻的绝缘电阻的比值，排除了绝缘结构和体积尺寸的影响。k_1 值恒大于 1，良好绝缘的 $R_{60''}$ 与 $R_{15''}$ 之间的差值较大，受潮绝缘的两个阻值的差值就比较小，因此吸收比越大表示吸收现象越显著，绝缘性能越好；如果绝缘受潮或有集中性导电通道，吸收比将明显地下降。

在像高电压、大容量电力变压器这样的设备中，由于等值电容大，吸收现象会延续很长时间，有时连吸收比也不能很好地反映绝缘的真实状态，那么还可用极化指数 k_2 来代替 k_1，判断绝缘状况。极化指数 k_2 是加压 10min 时测得的绝缘电阻值 $R_{10'}$ 与加压 1min 时测得的绝缘电阻值 $R_{1'}$ 的比值，也可以说是加压 1min 时测得的电流值 $I_{1'}$ 与加压 10min 时测得的电流值 $I_{10'}$ 的比值，即

$$k_2 = \frac{R_{10'}}{R_{1'}} = \frac{I_{1'}}{I_{10'}} \tag{4-2}$$

同样，k_2 值恒大于 1，它越大表示吸收现象越显著，绝缘性能越好。当绝缘受潮时，绝缘电阻、吸收比和极化指数都会降低。

由于交流电压下，流过电介质的电流是阻性电流分量与容性电流分量的矢量和，不会稳定到泄漏电流上，因此不能用交流电压测绝缘电阻。

二、使用的仪表

使用兆欧表（绝缘电阻表）测量绝缘电阻。兆欧表是利用流比计原理构成的，按照电源划分成手摇式兆欧表（简称"摇表"）和数字式兆欧表两类。摇表的原理电路如图 4-2 所示，使用手摇式直流发电机作电源，常用的额定电压有 500V、1000V、2500V、5000V 和 10000V 等等级；摇表中设置一个永久磁场，磁场中设置一个转轴，在转轴上垂直固定了两个绕线方向相反的线圈，分别是电压线圈 1 和电流线圈 2；转轴上还固定一个指针，由于转轴上没有反动游丝，没有电压输出时指针可指向任意数值；电压线圈通过固定阻值的限流电阻 R_1 连接在发电机的两极上，只要有电压输出，

线圈中就有电流流过；电流线圈一端通过固定阻值的限流电阻 R_2 引出一个测量端子——线路端子 L，另一端接发电机负极；发电机正极引出一个测量端子——接地端子 E；从发电机负极还引出一个屏蔽端子 G，用于解决被试品表面泄漏电流对测量的影响；试验时，线路端子 L 接被试品高压电极，接地端子 E 接试品

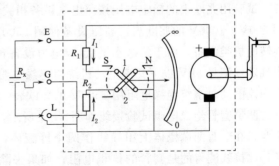

图 4-2　摇表的原理电路图

接地电极或外壳，屏蔽端子 G 接屏蔽环。

在线路端子 L 和接地端子 E 之间接上试品，其绝缘电阻定义为 R_X。顺时针转动发电机手柄使发电机输出电压，电压线圈和电流线圈中分别有电流 I_1 和 I_2 流过时，在磁场中产生两个方向相反的力矩带动指针偏转；当力矩平衡时指针停止转动，指针偏转角度 α 满足函数关系：

$$\alpha = f\left(\frac{I_2}{I_1}\right) \qquad\qquad (4-3)$$

由于 $I_1 = \dfrac{U}{R_1}$、$I_2 = \dfrac{U}{R_2 + R_X}$，代入式（4-3）可得

$$\alpha = f\left(\frac{R_1}{R_2 + R_X}\right) = F(R_X) \qquad\qquad (4-4)$$

可见，指针偏转角度 α 与绝缘电阻 R_X 呈非线性函数关系，指针的偏转角度在仪表盘上直接标注为绝缘电阻值，如图 4-3 所示，刻度量程是 $0 \sim \infty$。由于非线性，仪表盘上阻值不是均匀分布的，阻值越高，区域的刻度越密；同样由于非线性，如果试验时指针停在最大有效刻度（如图中 500MΩ）与 ∞ 之间，是不能估值的。

图 4-3　摇表仪表盘图片

电流线圈串联的限流电阻 R_2 对测量精度有影响，被试品绝缘电阻越小，R_2 的影响越大，测量误差越大。

流比计型测量机构的优点是试验结果与试验电压无关，转动发电机摇柄时，由于转速波动造成的输出电压波动对测量结果的影响不大。当然，试验电压的大小会影响发现缺陷的灵敏度，试验时摇表的转速应尽可能接近额定转速 120r/min。

手摇发电机的容量较小，如果被试品的绝缘电阻很小，发电机的负载会很大，导致其输出电压降低，也会影响到发现被试品绝缘缺陷的灵敏度。

三、试验接线

试验用兆欧表的额定电压按照电气设备相关试验规范进行选择。一般低压设备使用 500V、1000V 的兆欧表，高压设备使用 2500V、5000V、10000V 的兆欧表；但像旋转电机类设备，由于绝缘水平低，《电力设备预防性试验规程》（DL/T 596—2021）中规定：测量 3kV 以下交流电动机绕组绝缘电阻用 1000V 的兆欧表，测量 3kV 及以上交流电动机绕组绝缘电阻用 2500V 的兆欧表。

测量套管绝缘电阻试验接线如图 4-4 所示，线路端子 L 接芯柱，接地端子 E 接法兰，在套管两端瓷体上用导线作两个屏蔽环，并用导线短接，屏蔽端子 G 接屏蔽环，此接线测得的是套管的体积电阻；如果去除屏蔽端子的接线，测得的是全电阻。由试验电路可见，测绝缘电阻时施加在被试品上的直流电压是负极性的。

四、试验方法

（1）断开被试品的电源及一切外联线，用带有限流电阻的接地线将被试品对地充分放电，电容量较大的被试品放电要求达到 5～10min。

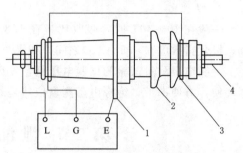

（2）用清洁干净的软布擦去被试品表面污垢。

（3）将仪表水平放置，检查其是否能正常工作。

（4）按试验电路进行接线。测量连接线尽可能保持悬空，如果需要用绝缘支架作支撑，支架的绝缘电阻要足够高，不对试验产生影响。如果被试品是绕组设备，

图4-4 测量套管绝缘电阻试验接线图
1—法兰；2—瓷体；3—屏蔽环；4—芯柱

需要将被试相绕组首末端短接后再接线路端子、非被试相绕组首末端短接后共同接地，避免绕组绝缘中的漏导电流对试验造成干扰。

（5）接好线后，以 120r/min 的转速顺时针匀速转动摇表手柄，转速不得低于额定转速的 80%，待指针稳定后读取绝缘电阻值。如果测量吸收比，应先把摇表匀速摇到额定转速，再将电压施加到被试品上并开始计时，记录 15s 和 60s 两个时刻的电阻值，计算出吸收比。

（6）测量完毕后，应立即断开 L 端子与被试品之间的连线，然后再停止转动手柄，避免失去试验电压后，被试品中由于极化产生的吸收电荷向摇表反送电，损坏仪表。

（7）对被试品放电，电容量较大的被试品放电要求达到 5～10min。

（8）记录测试时的环境温度，以便进行校正。绝缘电阻与温度关系密切，温度升高时，绝缘中电导电流增大，使绝缘电阻大致按指数规律降低，吸收比和极化指数也会降低。

五、能有效发现的缺陷和不能有效发现的缺陷

（1）测量绝缘电阻能够有效发现下列缺陷：①整体绝缘质量欠佳；②绝缘整体受潮或局部严重受潮；③两极间有贯通性的导电通道；④绝缘表面状况不良。

（2）测量绝缘电阻不能有效发现下列缺陷：①绝缘中局部缺陷，例如非贯穿性的局部损伤、含有气泡、分层脱开等；②绝缘的老化。

六、数据分析

《电力设备预防性试验规程》（DL/T 596—2021）中规定了各类高压电气设备绝缘所要求的绝缘电阻值、吸收比和极化指数，可以参阅。

1. 绝缘电阻

试验数据是一个参考值。如果测试结果小于最低合格值，绝缘中肯定有缺陷，但

满足最低合格值也不一定没有问题。常采用三比较法进行数据分析，即试验结果与历史数据、同期同型产品或同一产品不同相的数据进行相互比较。通常认为，绝缘电阻测量值降低至初始值的 60％ 及以下时应查明原因。

2. 吸收比

一般在 10～30℃ 时，吸收比应在 1.3～1.5 之间，如果小于 1.3，判断为绝缘受潮；极化指数应在 1.5～2.0 之间，如果小于 1.5，判断为绝缘受潮。

绝缘电阻测量试验的试验电压低，发现缺陷的灵敏度较差。但由于绝缘电阻表小巧轻便，方便携带，绝缘电阻测量依然是对绝缘状况进行初诊开展最广泛的试验。

第二节　泄漏电流的测量

资源 4.3

试验的理论依据也是电导，与绝缘电阻测量试验最大的区别是试验电压更高，以电力变压器绕组绝缘泄漏电流试验为例，所加试验电压见表 4-1。

表 4-1		变压器绕组绝缘泄漏电流试验所加电压值			单位：kV
绕组额定电压	3	6～20	20～35	66～330	500
直流试验电压	5	10	20	40	60

由于试验电压更高，需要用试验变压器作试验电源，试验发现缺陷的灵敏度高于绝缘电阻测量试验。泄漏电流测量试验具有以下几个特点：

（1）除了能够发现绝缘电阻测量试验能够发现的缺陷外，还能够相当灵敏地发现一些局部缺陷。例如，使用 20kV 试验电压测量 35kV 变压器的泄漏电流时，能够相当灵敏地发现瓷套开裂、绝缘纸筒沿面碳化、变压器油劣化及内部受潮等缺陷。再例如，某台 220kV 少油断路器，用摇表测得各相的绝缘电阻均在 10000MΩ 以上，而加 40kV 直流电压进行泄漏电流测量试验时，测得的三相泄漏电流却显著不对称，其中有两相是 2μA，而另一相却高达 60μA，最后检查出该相支持瓷套有裂纹。

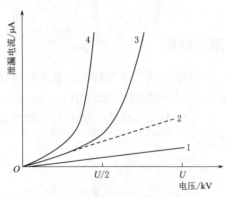

图 4-5　某发电机绝缘泄漏电流
与所加电压的关系

1—绝缘良好；2—绝缘受潮；3—绝缘中有集中性
缺陷；4—绝缘中有危险的集中性缺陷

（2）使用变压器作电源，电压可以随意调节，试验时可以按一定比例分阶段升压，每阶段维持 1min，测得相应的泄漏电流。绘制出泄漏电流与试验电压的关系曲线，以及泄漏电流与加压时间的关系曲线，能够更全面分析绝缘状况。

某发电机绝缘泄漏电流与所加直流电压的关系如图 4-5 所示。由图可见，良好绝缘的泄漏电流较小，与试验电压呈线性关系；受潮绝缘的泄漏电流与试验电压依然呈线性关系，但数值大于前者；绝缘中存在集中性缺陷时，电压升高到一定值后，泄漏电流会迅速上升，且集中性缺陷越严重，所需电压越低。

需要注意，不能用摇表的额定电压除以绝缘电阻来计算泄漏电流，因为摇表的实际输出电压是未知且不稳定的。

一、试验电路及设备

测量泄漏电流所需的直流高压是利用交流电压经整流器整流获得的，用得较多、最简单的是半波整流电路。泄漏电流测量试验电路如图 4-6 所示。

（一）试验变压器

1. 试验变压器的特点

工频高压试验变压器与电力变压器工作原理相同，但结构和工作条件上有较大的区别，使得试验变压器具有下列特点：

（1）一般都是单相的，需要三相时，常将 3 台单相变压器接成三相使用。

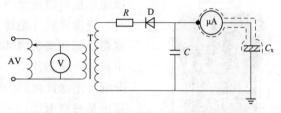

图 4-6 泄漏电流测量试验电路
AV—调压器；T—试验变压器；R—限流电阻；
D—高压硅堆；C—滤波电容；μA—微安表；C_X—被试品

（2）离线式预防性试验是在被试品停电情况下进行的，不会受到雷电过电压和电力系统操作过电压的侵袭，因此试验变压器绝缘裕度低，一般只有 10% 的裕度，试验中要预防产生过电压，也不允许超过额定电压使用。

（3）通常试验都是间歇工作方式，每次工作持续时间较短，发热不严重，试验变压器没有散热装置，因此不能长时间连续工作。例如：500kV 及以下电压等级的试验变压器在额定电压下最多只能连续工作 30min，只有在 2/3 额定电压及以下时才允许长时间连续工作。

（4）变比大，低压侧输入电压一般是 220V 或 380V，高压侧输出电压为几百千伏。高压侧绕组绝缘厚，具有较大漏抗，短路电流较小。进行外绝缘湿污闪试验时，选用的试验变压器应该具有较小的漏抗，能够提供 5～15A（有效值）的短路电流。

（5）容量不大，高压侧电流一般为 0.1～1A。

（6）要求有较好的输出电压波形，波形接近正弦波，为此应采用优质的铁芯和较低的磁通密度。

（7）为了减小对局部放电试验的干扰，试验变压器自身的局部放电电压应足够高。

（8）有时需运到现场进行试验，希望重量轻、体积小、方便携带。

试验变压器大多数为油浸式，有金属壳及绝缘壳两类，金属壳变压器又可分为单套管和双套管两种。

单套管式：单套管式试验变压器如图 4-7 所示，外观特点是油箱本体不大、高压套管又长又大、使用较大的屏蔽电极。高压绕组的低电位端与铁芯和外壳相连，高压端经高压套管引出，高压绕组和套管对铁芯、外壳的绝缘要按全电压考虑。这种变压器的额定电压一般不超过 250～300kV。

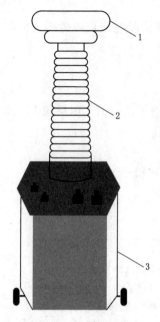

图 4-7　单套管式试验
变压器示意图

1—高压电极；2—瓷套管；

3—油箱

双套管式：双套管式试验变压器接线和结构如图 4-8 所示，高压绕组的中点与铁芯和外壳相连，其两端分别通过两个大套管引出，低电位端套管接地，高电位端套管输出全电压，这样每个套管所承受的只是额定电压的一半，可以减小套管的尺寸和质量。由于外壳带有 $U/2$ 的电压，使用时必须用绝缘支架对地绝缘起来。因为用外绝缘承担了一半的全电压，大大减轻了变压器内绝缘的压力，最高额定电压可以做到 750kV。

绝缘筒式：绝缘筒式试验变压器如图 4-9 所示，绝缘筒既起到盛装内部油介质容器的作用，又起到支撑高压电极的外绝缘作用。高压绕组的中点与铁芯相连，其两端分别与绝缘筒两端的金属极板相连。高压绕组对铁芯的绝缘也是按全电压的一半进行设计的。这种变压器体积小，质量轻，多在户内使用。

工频试验变压器的额定电压有下列等级：5kV、10kV、25kV、35kV、50kV、100kV、150kV、250kV、300kV、500kV、750kV。如果需要更高的试验电压，需要采用变压器串级连接装置。

2. 试验变压器的选择

高电压试验时，除了外绝缘湿污闪试验等极少数阻性负荷外，多数被试品为容性负荷。选择所需试验变压器需要满足以下几个基本条件：

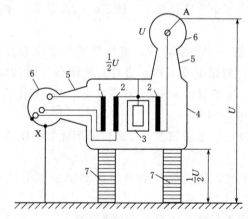

图 4-8　双套管式试验变压器接线与结构示意图

1—低压绕组；2—高压绕组；3—铁芯；4—油箱；

5—套管；6—屏蔽电极；7—绝缘支柱

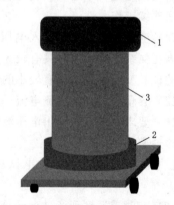

图 4-9　绝缘筒式试验变压器
示意图

1—高压电极；2—接地电极；3—绝缘

（1）试验变压器的额定电压高于试验所需电压。

（2）变压器的容量足够大。正常工作时，在提供试验电路中各种电流的情况下，能够维持被试品上电压稳定。

（3）当被试品突然击穿时，能够提供一定的短路电流。

容性负荷时，试验变压器的容量根据被试品电容量和试验电压进行选取，最小容量计算公式如下：

$$P = 2\pi f C_X U^2 \times 10^{-3}$$

(4 - 5)

式中　　P ——试验变压器的最小容量，kVA；

U ——试验电压，kV；

C_X ——被试品的电容，μF；

f ——试验所用电压的频率，Hz。

（二）调压器

资源4.4

高压试验调压方式有自耦调压器调压、动圈调压器调压、电动发电机组调压和感应调压器调压。各种调压器特点及使用场合如下：

（1）自耦调压器是最简单的调压设备，具有漏抗小、波形畸变小、功率损耗小等优点，但因其实质是滑变电阻，试验功率大时触头会发热，一般适用于容量10kVA以下、电压较低的工频试验中。

（2）动圈调压器功率可以做得很大，但漏抗大，对变压器输出波形影响大，广泛用于对波形要求不十分严格、额定电压为100kV及以上试验变压器上。

（3）电动发电机组调压可以得到很好的正弦波形和均匀的电压调节。当试验功率大、对波形要求高时，用其对变压器进行调压。但投资和运行费用大，对运行和管理的技术水平要求高，只适合于对试验电源要求很严格的场合。

（4）感应调压器实质是一个转子被制动的异步电动机。在调压时，容量可以做得很大，但漏抗较大，且价格较高，一般很少采用。

（三）整　流

使用高压硅整流器（又称为高压硅堆）进行整流。选用高压硅堆时，其额定反峰电压要大于被试品上可能出现的最大电压的2倍，否则高压硅堆会发生反向击穿或闪络。

半波整流电路有负载时的输出电压波形如图4-10所示，被试品上电压的大小会周期性地变化，把这种现象称为脉动现象。脉动直流电压的质

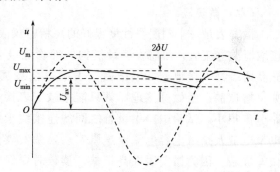

图4-10　半波整流电路有负载时的
输出电压波形

量用脉动系数（又称为纹波系数）来评价，它是脉动幅度与平均电压之比。

额定平均输出电压：

$$U_{av} = \frac{U_{max} + U_{min}}{2}$$

电压脉动幅度：

$$\delta U = \frac{U_{max} - U_{min}}{2}$$

电压脉动系数：

$$S = \frac{\delta U}{U_{av}} = \frac{U_{max} - U_{min}}{U_{max} + U_{min}}$$

国家标准规定，高电压试验时，直流电压的脉动系数要不大于 3％，越小越好。

（四）保护电阻

泄漏电流试验电路中需要串联一定阻值的电阻，以限制初始充电电流和故障短路电流不超过整流元件、微安表和变压器的允许值，保护硅堆、微安表和试验变压器。保护电阻要具有一定的热容量，还要有足够长度，防止电阻表面发生闪络，一般采用水电阻。水电阻示意如图 4-11 所示，常用有机玻璃管或透明硬塑料管盛装蒸馏水获得一定阻值的电阻。

串联电阻的阻值越大，保护效果越好；但阻值过大会由于分压较高，降低作用在被试品上的试验电压，因此不宜过大，可按 $10\Omega/V$ 选取。

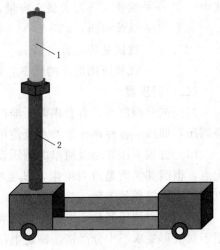

图 4-11　水电阻示意图
1—水电阻；2—绝缘支架

（五）滤波电容

为了减小直流高压的脉动幅度，当被试品的电容量较小时需要并联一个高压电容进行滤波，一般采用 $0.1\mu F$ 左右的电容就能满足要求。当被试品是电缆、发电机等电容量较大的设备时，可以不加滤波电容。

（六）微安表

微安表是一个刻度线性度很好的高精密仪表，准确等级一般为 0.5 级，能够准确读取泄漏电流值，而摇表测量机构的准确等级通常为 1.0～1.5 级。试验时，如果被试品两端都不接地，可以把微安表串联在被试品与地之间，试验既安全干扰也小。如果被试品已经做好接地，就只能把微安表接在被试品的高压端。试验时，因为回路电流很小，试验电路中设备之间的连接线很细，在电压下可能产生电晕。为防止电晕电流及杂散电容电流流过微安表，微安表及微安表与被试品之间的连线都需要做好屏蔽。因为微安表在高压端，读数时要保持足够的距离，调整微安表量程时要使用绝缘棒。

二、试验方法

（1）按图 4-6 接线。通电前查看接线和所有表计数值是否正确，调压器位置是否处于零位。如果调压器不在零位时合闸，在试验电路中会产生一个暂态过电压，当初始电压较高时，振荡电压的幅值可达很高，将会危及变压器绕组的主绝缘和纵绝缘。为了避免调压器不在零位时合闸，目前试验控制箱都设置了零位闭锁功能，调压器只有在零位时才能启动试验。

（2）试验时按每级 0.05～0.1 倍试验电压分阶段升高，每阶段停留 1min，读微安表读数，即为相应电压下的泄漏电流值。绘制泄漏电流与所加电压、泄漏电流与加压时间的关系曲线，更有利于发现绝缘缺陷。

（3）试验中，如有击穿、闪络、微安表指针大幅度摆动或电流突变等异常现象时，应马上降压、切除电源，查明原因并经处理后再重新试验。

（4）试验完后，迅速降压，最好在调压器为零位时切断调压器电源，避免发生切空载变压器过电压，最后切断总电源。

（5）每次试验完毕，必须对被试品经电阻对地放电，放电时应使用绝缘棒。放电完毕后应在被试品上挂上接地棒，方可拆线或更改接线。

（6）再进行试验，须检查接地线是否拆除。

（7）记录环境温度和湿度。

三、试验结果的分析判断

正常绝缘在常温下，其相应的试验电压下的泄漏电流一般不会超过 $100\mu A$，即使在接近运行温度下，泄漏电流一般也不会超过 1mA。

与绝缘电阻一样，测量出泄漏电流后也要经过比较才能判断绝缘的状况，比较时必须换算到同一温度下。对某些设备，其泄漏电流值在《电力设备预防性试验规程》（DL/T 596—2021）中有明确的规定，这时应根据测量值是否小于规定值来判断绝缘的状况。对《电力设备预防性试验规程》（DL/T 596—2021）中没有明确规定泄漏电流值的设备，可与历年试验结果比较、与同型设备比较或同一设备各相间相互比较，视泄漏电流的变化情况作出绝缘状况判断。

第三节　介质损耗角正切值的测量

介质损耗角正切值 $\tan\delta = \dfrac{1}{\omega\rho c}$，是描述交流电压下电介质损耗特性的参数，是流过电介质电流的阻性分量除以容性分量得到的一个百分数，反映了电介质单位体积内损耗功率的大小，与电压频率、绝缘电阻率和等值电容有关，而与电介质的形状和体积无关。但工程中，电气设备的绝缘多为组合绝缘，由于总的介质损耗角正切值不等于各部分介质损耗角正切值之和，因此被试品的体积会影响试验发现缺陷的灵敏度。

资源 4.5

测量介质损耗角正切值 $\tan\delta$ 是一种能比较灵敏判断绝缘状况的方法，从而在电气设备制造、绝缘材料鉴定以及电气设备预防性试验等方面得到广泛应用，特别对受潮、老化等分布性缺陷和小电容试品中的严重局部性缺陷比较灵敏，体积越小越灵敏。套管绝缘因其体积小，测 $\tan\delta$ 是一项必不可少且较为有效的试验。

如果绝缘内部的缺陷是集中性的，通过测 $\tan\delta$ 发现缺陷就不很灵敏，被试绝缘的体积越大越不灵敏。像电机、电缆等大电容量设备绝缘中的缺陷多为集中性缺陷，因此运行中的电机、电缆等设备进行预防性试验时一般不测 $\tan\delta$。

一、试验仪表及原理

试验仪表可以用西林电桥、M 型介损试验仪、低功率因数瓦特表，目前现场试验基本都使用智能型介损测量仪。这里仅以国产 QSI 型西林电桥为例，讲述仪表的原理。

西林电桥原理接线如图 4-12 所示，是一种交流平衡电桥，在电桥本体中有两个桥臂，一个是可调无感电阻 R_3 桥臂，另一个是固定阻值无感电阻 R_4 与可调电容 C_4 并联桥臂，P 为振动式检流计。为了防止试验时有高电压作用在电桥外壳上，加装了气体间隙 V；被试品用电阻 R_X 与电容 C_X 并联电路等效，作为试验电路中的一个桥臂；另一个桥臂是标准无损电容器 C_N，一般为 50～100pF；试验电压一般为交流 5～10kV。

调节 R_3 和 C_4 至电桥平衡，经推导能够得到 $\tan\delta = \omega C_4 R_4$。

为方便读取数据，取 $R_4 = \dfrac{10^6}{\omega}$，使 $\tan\delta = C_4$，即电桥分度盘上的 C_4 值就是 $\tan\delta$ 值。

读取电桥分度盘上的 R_3 值，能够计算出被试品的等值电容 $C_X \approx \dfrac{C_N R_4}{R_3}$。

二、试验接线

用西林电桥测量 $\tan\delta$ 时，试验接线方式有正接线和反接线两种。

正接线原理如图 4-12 所示，被试品两端均对地绝缘，试验电压在被试品与标准电容连接处 C 点接入，被试品处于高压侧。试验电压主要由被试品承担，电桥本体处于低压侧，操作安全方便，测量结果也比较准确。但正接线仅适用于两端对地绝缘的被试品，常在实验室中采用。

在变电站进行试验时，有许多一端接地的被试品，如敷设在地下的电缆及安装在地面的大型电气设备，要改成对地绝缘是不可能的，只能改变电桥回路的接地点，即采用反接线，接线原理如图 4-13 所示。试验电压在电桥本体 D 点接入，电桥本体处于高压侧，各个调节元件、检流计和屏蔽网均处于高电位，必须保证足够的绝缘水平并采取可靠的保护措施，调节 R_3 和 C_4 必须使用绝缘水平足够的绝缘杆，观察检流计需保持足够距离；电源线、电桥与被试品和标准电容的接线都处于高压侧，必须悬空，与周围接地体保持足够的绝缘距离。

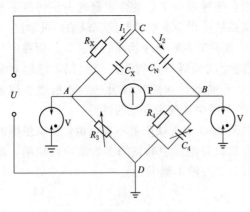

图 4-12　西林电桥正接线原理图

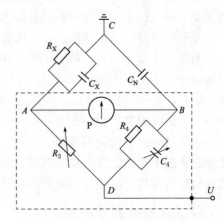

图 4-13　西林电桥反接线原理图

三、影响电桥准确度的因素

对 tanδ 测量产生影响的主要因素有电磁场干扰、温度、湿度、试验电压、表面泄漏、被试品体积、绕组设备的试验接线等。

(一) 电磁场干扰

在变电站进行高压试验，常遇到一回线路停电进行设备高压试验、其他回路带电运行的情况，试验现场电磁环境复杂。现场使用 QSI 型西林电桥测量 tanδ 时，电磁场干扰会影响电桥平衡和测量准确度。外界电场干扰主要是试验用高压电源和现场高压带电体等干扰电源与被试设备之间的电容耦合造成的；外界磁场干扰主要是电桥靠近漏磁通较大的设备时，电桥接线内会感应出一个干扰电势，对电桥的平衡产生影响。为消除电场干扰常采用屏蔽、加装移相电源或倒相法等措施；为消除磁场干扰常采用尽量远离干扰源、屏蔽或改变仪表的摆放方向等措施。

目前，使用智能型介损测量仪进行试验，基本解决了电磁场干扰问题。

(二) 温度

tanδ 与温度之间没有明确的函数关系。一般来说，在试验现场环境温度范围内，温度升高时由于电介质电导增大，使 tanδ 随温度的升高而增大。

为了便于比较，应将在各种温度下测得的 tanδ 值换算到 20℃时的值。tanδ 的测量尽可能在 10～30℃ 的条件下进行，不应低于 5℃。

(三) 湿度

进行户外绝缘试验时，应在良好天气时进行，且空气相对湿度一般不高于 80%。湿度对极性电介质和多孔性材料的影响特别大，例如：纸的水分含量从 4% 增大到 10%，tanδ 会增大 100 倍；测量变压器套管 tanδ 时，如果相对湿度较大（如在 80% 以上），会出现正接线时测量结果偏小，甚至出现负值，反接线时测量结果往往偏大的现象。

绝缘吸湿受潮后，对 tanδ 测量的影响较复杂。对高压电气设备而言，由于结构复杂，各部分吸潮的性能不同，测量整体的 tanδ 不一定能反映出局部受潮。

(四) 试验电压

损耗因数与试验电压的关系如图 4-14 所示。

一般来说，良好绝缘的 tanδ 值不随试验电压的增高而增大，如图 4-14 曲线 1 所示，只在电压较高时由于电导增大而使 tanδ 稍有增大。在降压过程中，曲线与升压时一致。

如果绝缘内部存在气隙，如图 4-14 曲线 2 所示，电压较低时，tanδ 与电压无关；当电压达到一定值时，气隙发生局部放电，损耗会迅速增大。介质损耗增大，被试品温度升高，导致电压回调初期的曲线与升压时的不一致，

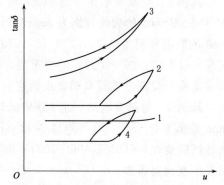

图 4-14 损耗因数与试验电压的关系
1—良好绝缘；2—存在气隙的绝缘；
3—受潮的绝缘；4—老化的绝缘

直至电压下降到局部放电熄灭电压时，局部放电停止，曲线才与升压时的重合，形成闭环状曲线，称为回环。

如果绝缘受潮，如图 4-14 曲线 3 所示，随电压升高 tanδ 值迅速增大；由于被试品温度升高，在降压过程中，tanδ 值要大于升压时的数值，形成不闭合的分叉曲线。

如果绝缘已经老化，如图 4-14 曲线 4 所示，在试验电压低于局部放电起始电压时，tanδ 值可能比良好绝缘的还低；发生局部放电后 tanδ 值快速增大，也会由于降压时曲线与升压时的不一致，形成回环。

（五）表面泄漏

被试品表面脏污潮湿时，表面会流过较大的泄漏电流，对试验结果造成影响。被试品等值电容量越小，电介质内部的漏导电流就越小，使得表面泄漏电流占总电流的比例越大。因此表面泄漏对套管、互感器类小体积被试品的影响较大。试验时要将被试品表面擦拭干净或用吹风机吹干，必要时还可以在被试品表面上装设屏蔽电极。

（六）被试品体积

测量 tanδ，能够有效发现小体积的被试品中严重的局部缺陷和整体性缺陷，但很难发现大体积被试品中的局部缺陷。为了更有效地发现绝缘缺陷，如果被试品能被分解成几个彼此绝缘的部分，尽可能分解并分别测量各部分的 tanδ。

（七）绕组设备的试验接线

测量绕组绝缘 tanδ 时，要将测试相绕组首末端短接，非测试相绕组首末端短接后共同接地。否则，绕组中会有测试电流流过，产生励磁损耗，造成很大的测量误差。

四、数据分析

用测量 tanδ 的方法分析绝缘时，要求 tanδ 不应有明显的增大或减小，因为当绝缘有缺陷时，有的缺陷使 tanδ 值增大，有的缺陷使 tanδ 值减小，一般要求变化幅度不应超过 30%。数据分析采用三比较法：与试验规程规定值比较、与以往的测试结果比较、与同样运行条件下的同类型设备比较。观察其发展趋势，有时即使数据低于标准，但增长迅速，也应引起注意。

算例 1：对某变电站一组 66kV 电流互感器进行 tanδ 测量试验，上一年测得 A、B、C 三相 tanδ 的数值分别为 0.213%、0.128% 和 0.152%，今年测得 A、B、C 三相 tanδ 的数值分别为 0.96%、0.125% 和 0.153%，数值都小于《电力设备预防性试验规程》（DL/T 596—2021）的要求值 3%；但 A 相数据增长迅速，打开 A 相电流互感器端盖检查发现上端盖有明显水锈痕迹，说明已进水。

算例 2：对某变电站一组 66kV 电流互感器进行 tanδ 测量试验，上一年测得 A 相 tanδ 数值为 0.58%，今年测得 A 相 tanδ 的数值为 2.98%，数值都小于《电力设备预防性试验规程》（DL/T 596—2021）的要求值 3%，判定为合格，但投入运行 10 个月后发生互感器爆炸。

五、测试功效

（1）测量 tanδ 能有效发现绝缘的下列缺陷：①整体受潮；②贯通性放电通道；③绝

缘内部含有气泡，绝缘分层、脱壳；④老化、劣化，绕组上附积油泥；⑤绝缘油脏污、劣化等。

（2）测量 tanδ 对绝缘下列缺陷不能够有效发现或很少有效果：①非贯通性的局部损伤；②很小部分绝缘的老化劣化；③个别的绝缘弱点。

第四节　局部放电的测量

电气设备绝缘内部常存在一些弱点，例如在一些浇注、挤制或层绕绝缘内部容易出现气隙或气泡。空气的击穿场强和介电常数比固体介质的小，因此，在外施电压作用下这些气隙或气泡会首先发生放电，这就是电气设备绝缘中的局部放电（partial discharge，PD）。

资源 4.6

绝缘中气泡是局部放电的发源地，产生局部放电的主要原因是电场分布不均匀。局部放电对绝缘的破坏作用是一个缓慢发展的过程，而且从局部开始，发生局部放电不会影响电气设备的短时绝缘性能，即不影响当时绝缘体的击穿电压。但长期作用时，会加速绝缘老化，降低绝缘强度，对运行中的高压电气设备是一种隐患。国际大电网会议第 227 技术手册——电力变压器的管理技术（TB 227 - Life management of transformers）中给出绝缘状况与视在放电量对应关系，见表 4 - 2。通过局部放电测量，可以灵敏地发现绝缘中的局部缺陷、绝缘老化和老化速度；通过对局部放电的监测还可以弥补耐压试验的不足。

表 4 - 2　　　绝缘状况与视在放电量对应关系

绝　缘　状　况	视　在　放　电　量
无故障	10～50
正常老化	＜500
有问题的	500～1000
有缺陷的	1000～2500
故障（不可逆转的）	＞2500
危急的	100000～1000000

一、测量原理

设固体介质或液体介质中有一个气泡，交流电压下，由于局部放电具有脉冲特性，分析局部放电采用三电容模型法，其等值电路如图 4 - 15 所示。因为气泡会击穿，

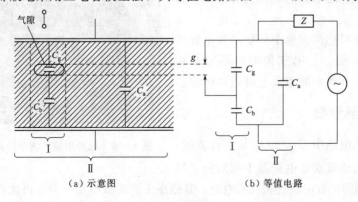

（a）示意图　　　　　　　　　（b）等值电路

图 4 - 15　绝缘内部局部放电的等值电路

把气泡用电容 C_g 并联一个气隙等效；与气泡串联的良好绝缘用电容 C_b 等效；其余绝大部分良好绝缘用电容 C_a 等效。

工频交流电源电压为

$$u = U_m \sin\omega t$$

气泡上的电压为

$$u_g = \frac{C_b}{C_g + C_b} u$$

局部放电时的电压与电流变化曲线如图 4-16 所示。气泡上电压达到局部放电起始电压 U_s 时气泡击穿，带电粒子短接气泡使气隙上电压迅速下降，电压下降到局部放电熄灭电压 U_r 时，局部放电停止，产生一个放电脉冲。局部放电熄灭后，气泡重新被加压，气泡上电压升高到 U_s，再次发生局部放电并产生放电脉冲。由图可见，交流电压下局部放电具有点燃和熄灭交替出现的特点，一个周期内会产生多个放电脉冲。研究表明，交流电压下局部放电具有以下几个特点：

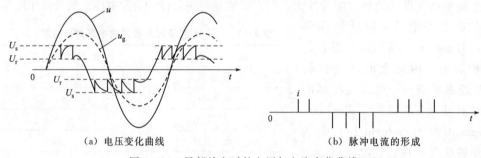

(a) 电压变化曲线　　　　　　　(b) 脉冲电流的形成

图 4-16　局部放电时的电压与电流变化曲线

（1）具有脉冲性。局放表现为很高频的脉冲信号，每次放电时间都极短，为 $10\sim100$ns。

（2）具有相位性。在哈尔滨理工大学局部放电测量虚拟仿真实验平台上进行脉冲电流法测量局部放电试验时，截图如图 4-17 所示，可见局部放电主要发生在第一、第三象限，起始放电相位为 $45°\sim90°$ 和 $225°\sim270°$。

（3）具有对称性。单个周期的放电脉冲幅值不整齐，第一、第三象限也不完全相同，但在统计和概率的意义上讲是对称的。

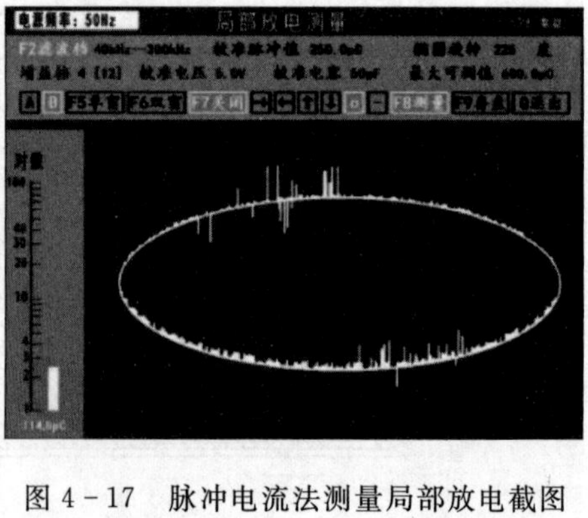

二、主要参数

由于等值电路中 C_g 和 C_b 是不可测的，因此局部放电的真实放电量是不可测的。局

图 4-17　脉冲电流法测量局放截图

部放电试验测得的放电量是视在放电量，其值小于真实放电量，但有可比性，是应用最广泛的衡量局部放电强度的参数。视在放电量是指在被试品两端注入一定电荷量，使试

品端电压的变化量与被试品局部放电时引起的端电压变化量相同，此时注入的电荷量即为视在放电量，用皮库仑 pC 计量。除了视在放电量，描述局部放电有以下主要参数：

（1）放电重复率。在选定的时间间隔内测得的每秒发生放电脉冲的平均次数。电压越高，放电重复率越大。

（2）放电能量。通常指一次局部放电所消耗的能量。放电能量的大小对电介质的老化速度有显著影响。

（3）局部放电起始电压。是指试验电压从不产生局部放电的较低电压逐渐增加至观测的局部放电量大于某一规定值时的最低电压。

（4）局部放电熄灭电压。是指试验电压从超过局部放电起始电压的较高值，逐渐下降至观测的局部放电量小于某一规定值时的最高电压。

此外，还有放电功率、放电均方率、平均放电电流等参数。

三、试验方法

局部放电是一个复杂的物理过程，有电、声、光、热等效应，还会产生各种生成物，这些现象都可以用来判断局部放电是否存在。因此局部放电的检测方法很多，可以分成非电检测法和电气检测法两大类。非电检测法主要有声测法、光测法、温度测量法、化学分析法等，一般不够灵敏，常用作定性检测。电气检测法有介质损耗法、脉冲电流法，目前还有无线电干扰法、超高频法、高频 CT 法等。

1. 介质损耗法

局部放电要消耗能量，使介质产生电离损耗，可以利用西林电桥测量 $\tan\delta$，间接地判断局部放电的存在。此法的优点是不需添置专用的测量仪器，操作也较方便。试验中，测出被试品的 $\tan\delta - U$ 关系曲线，曲线开始突然升高处所对应的电压即为局部放电起始电压。其缺点是灵敏度比脉冲电流法低得多，并且只能判断有无局部放电发生，不能测出视在放电量。

2. 脉冲电流法

此法测量的是视在放电量，试验灵敏度高，得到广泛应用。当发生局部放电时，被试品两端会出现一个几乎是瞬时的电压变化，在检测回路中引起一高频脉冲电流，将它变换成电压脉冲并放大后就可以用示波器等仪器测量其波形或幅值，然后根据脉冲电压与视在放电电荷量之间的关系计算出视在放电量。

脉冲电流法分直接法和平衡法两种，直接法中又有并联法和串联法两种，测试回路如图 4-18 所示。

以并联法电路为例介绍各元件的作用。Z_m 为检测阻抗，其作用是将电流脉冲转化成一个电压脉冲，经放大后传送给检测仪表，检测阻抗可以采用单独的电阻、电容、电感或它们的组合。A 为放大器。P 为检测仪表，常用示波器、峰值电压表或脉冲计数器。C_k 为耦合电容，其作用是为被试品与检测阻抗之间提供一个低阻通路，把脉冲信号顺利耦合到检测阻抗上去，并隔离电源的工频电压；要求其残余电感要足够小，并且在试验电压下内部不发生局部放电。Z 为阻塞阻抗，实质上是一个低通滤波器，常用电感来作，可以让工频高电压作用到被试品上去，又阻止高压电源中的高频分量对测试回路产生干扰。C_X 为被试品。

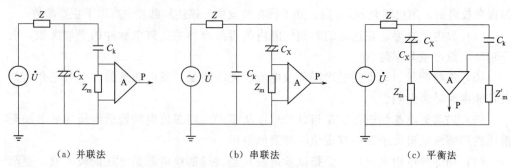

（a）并联法　　　　　　　（b）串联法　　　　　　　（c）平衡法

图 4-18　用脉冲电流法检测局部放电的测试回路

串联法多用于实验室，与之相比并联法具有以下几个优点：

（1）允许被试品一端接地，能够满足生产现场测量的要求，因此现场试验时常采用并联法。

（2）被试品电容量较大时，可以避免较大的工频电容电流流过检测阻抗而影响测量精度，因此测量大容量被试品的局部放电时也要采用并联法。

（3）如果被试品突然击穿，短路电流不流过检测阻抗，不会危及人身和测试系统的安全。

当试验现场干扰较大时，可以采用平衡法。但在实际工作中要找到与被试品绝缘状况完全相同的辅助被试品是很难的，目前已极少采用。

四、直流电压下的局部放电

直流电压下，气泡两端电压极性不变，使得局部放电与交流电压下的局部放电有很大区别：气泡击穿后，电荷定向运动形成的反向电场使气泡上的电压急剧下降，导致局部放电熄灭，产生一个放电脉冲；在电荷复合使反向电场削减到一定程度后，气泡重新获得足够的电压再次击穿，产生新的局部放电脉冲。直流电压下，两个局部放电脉冲之间的时间间隔达几秒甚至几十秒，放电重复率远低于工频交流电压下的放电重复率，因此直流电压下局部放电对绝缘的损伤就比较小。

第五节　电压分布的测量

资源 4.7

工作电压下，沿着绝缘结构表面有一定的电压分布：绝缘表面清洁时，电压分布取决于绝缘的等值电容和杂散电容；绝缘表面污染受潮时，电压分布取决于表面电导。电压分布能反映绝缘子的一些特征，如污秽分布状况、绝缘子绝缘状况等；通过测量电压分布还可以判别零值绝缘子；因此测量电压分布是不停电检查零值绝缘子以及绝缘子污秽的有效方法。

一、零值绝缘子的定义

对瓷绝缘子进行电压分布测量试验时，如果某一片绝缘子的实测电压值是标准值的一半及以下时，认定为零值绝缘子，又称为低值绝缘子或劣化绝缘子。钢化玻璃绝缘子在零值时会自爆，不需要进行检零试验，复合绝缘子也不需要检测零值。

二、试验装置及试验方法

电压分布测量可以使用绝缘叉、火花间隙测量杆、自爬式检零工具、静电电压表测杆、电阻（电容）杆等。

图4-19为火花间隙测量杆结构示意图。使用火花间隙测量杆带电测量绝缘子串电压分布时，预先整定好叉头间隙的击穿电压，测量时将火花叉的一侧电极与绝缘子的铁帽接触，另一侧电极跨过被测绝缘子与相邻绝缘子铁帽接触，如果绝缘子绝缘良好，间隙会击穿，产生放电响声和电火花；若是绝缘子绝缘不良，间隙不能击穿。

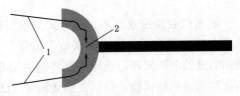

图4-19 火花间隙测量杆结构示意图
1—电极；2—可调间隙

第五章 高电压耐压试验

耐压试验是按规定的加压方式对电气设备施加高于额定电压的试验电压，考验其耐受电压的能力。试验中被试品不击穿、不闪络或不发生局部损伤，认为合格。由于施加的试验电压较高，绝缘中某些地方会出现较高的电场强度，绝缘有可能局部损伤，因此称为破坏性试验，包括工频交流耐压试验、直流耐压试验和冲击耐压试验等。

第一节 工频交流耐压试验

资源 5.1

工频交流耐压试验能有效发现绝缘中危险的局部缺陷，是鉴定电气设备绝缘强度最有效、最直接的方法。工频交流耐压试验不仅能够检验绝缘在工作电压下的性能，在许多场合也用来等效地检验绝缘对操作过电压和雷电过电压的耐受能力。例如220kV 及以下电气设备的预防性试验，耐压试验一般只进行工频交流耐压试验，电气设备能够通过工频交流耐压试验，即认为能够耐受操作过电压和雷电过电压。

国家标准规定，工频交流试验电压的频率应在 45～65Hz 范围内；其波形接近正弦波，正负两个半波应相同；其峰值与有效值之比等于 $\sqrt{2}$ ，偏差不超过±5%。工频交流耐压试验分短时工频交流耐压试验和长时工频交流耐压试验。短时工频交流耐压试验是在绝缘上施加试验电压后维持 1min。加压 1min 的目的是：既能让设备绝缘中的缺陷充分暴露出来，又能避免造成不应有的绝缘损伤，甚至使原本合格的绝缘产生热击穿。如果要检测内绝缘老化、污秽对工作电压及过电压下外绝缘性能的影响等问题，需要进行长时工频交流耐压试验，维持试验电压 1～2h。

考虑到累积效应，试验电压一般比电气设备出厂时的试验电压（绝缘水平）低10%～15%，具体设备应施加的试验电压可查阅《电力设备预防性试验规程》（DL/T 596—2021）。

随着电气设备额定电压的升高，相应的试验电压也在不断提高，要获得各种符合要求的试验用高电压越来越困难，这是高电压试验技术发展中首先需要解决的问题。目前，工频交流耐压试验电源有试验变压器、变压器串级连接装置和串联谐振装置。由于变压器的体积和重量近似地与其额定电压的三次方成比例，单台试验变压器的最高额定电压不宜超过 750kV，要使用高于 1000kV 的试验电压，需要采用若干台试验变压器组成串级装置来获得。试验变压器的容量不大，电缆、电容器等电容量较大的电气设备进行工频交流耐压试验时需要选用串联谐振装置作电源，或在电路中正确使用并联谐振或串联谐振试验方法，等效地增大试验变压器和调压器的容量（实质是降低对容量的需求）。

一、变压器串级连接装置

三级变压器串级连接装置结构示意如图 5-1 所示。三台变压器的一次绕组和二次绕组是相同的，但第一级和第二级变压器二次绕组分别连接一个累接绕组，累接绕组与后面一级变压器的一次绕组连接。第一级变压器 T_1 的一次侧输入电压为 U_1，二次绕组输出电压为 U_2，累接绕组输出电压为 U_1，输送给第二级变压器 T_2 的一次绕组。T_1 的二次绕组高压端 A 点与 T_2 的一次绕组接地端在 B 点连接，使 T_2 外壳带有电压 U_2，T_2 需要用能够隔离 U_2 电压的绝缘支架作支撑。T_2 的二次绕组输出电压为 U_2，叠加上 B 点电压 U_2，使 C 点电压等于 $2U_2$。T_2 的二次绕组高压端 C 点与 T_3 的一次绕组接地端在 D 点连接，使 T_3 外壳上带有 $2U_2$ 电压，因此

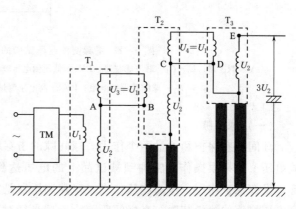

图 5-1　三级变压器串级连接装置结构示意图

T_3 需要用能够承受 $2U_2$ 电压的绝缘支架支撑。T_2 的累接绕组将电压 U_1 输送给 T_3 的一次绕组，T_3 的二次绕组输出电压为 U_2，叠加上 T_2 传递过来的 $2U_2$，被试品上获得 $3U_2$ 电压。

由上面分析可知，三台变压器的结构不同，容量也是不同的，容量比为 $3:2:1$，不能够互换位置。为了获得足够高的试验电压，需要使用三台变压器，所以容量利用率低是变压器串级连接装置的固有缺点，其容量利用率为

$$\eta = \frac{2}{n+1} \tag{5-1}$$

变压器两级连接时 $\eta = 67\%$；三级连接时 $\eta = 50\%$；如果变压器四级连接，$\eta = 40\%$，容量利用率太低了，因此串级连接级数一般不超过三级。

二、变压器绝缘

变压器绝缘分主绝缘和纵绝缘。主绝缘是指线圈对地和相与相之间的绝缘，包括对其本身以外的其他结构部分（如油箱、铁芯、夹件和压板）的绝缘，以及对同一相内其他线圈的绝缘。对主绝缘威胁大的是电压幅值。

纵绝缘是指线圈本身内部的绝缘，包括匝间绝缘、层间绝缘、线段间绝缘等。对纵绝缘威胁大的是电压梯度。

三、试验接线

工频交流耐压试验的基本接线如图 5-2 所示，电路中各设备的作用与泄漏电流试验的基本一致，电路中增加了并联球间隙 F、球间隙保护电阻 R_2 和高电压测量仪表 PV2。

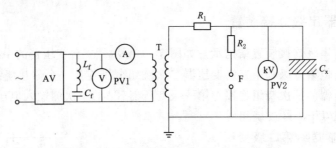

图 5 - 2　工频交流耐压试验的基本接线图

AV—调压器；L_f-C_f—谐波滤波器；PV1—低压侧电压表；R_1—变压器保护电阻；F—球间隙；

R_2—球间隙保护电阻；PV2—高电压测量仪表；C_x—被试品

（一）球间隙

球间隙有保护和测量两个作用。球间隙的击穿电压一般设定为 1.1～1.15 倍的试验电压。如果误操作，施加到被试品上的电压达到球间隙的击穿电压时，球间隙击穿，发挥保护作用。作为测压仪表，球隙测压器是唯一能直接测量高达数兆伏、各类高电压峰值的测量装置。在极间距离小于球半径时，不同球电极直径、不同极间距离的球间隙具有明确的击穿电压，标准球间隙放电电压表见附录 A。使用球隙测压具有以下几个优点：

（1）球间隙是稍不均匀电场，其放电时延小，伏秒特性在 $1\mu s$ 左右即已变平，分散性小，具有稳定的击穿电压值和较高的测量精度，测量的不确定度为 2%～3%，满足高电压测量要求。

（2）稍不均匀电场的冲击系数 $\beta \approx 1$，各种类型电压下的击穿电压几乎相等，可以合用同一张击穿电压表格或同样的击穿电压特性曲线，方便数据分析。

（3）由于湿度对稍不均匀电场的击穿电压影响较小，因而可以不对测得的电压进行湿度校正。

（二）保护电阻 R_2

试验变压器的高压输出端串接变压器保护电阻 R_1，用来限制被试品闪络或击穿时变压器高压绕组出线端的过电压和短路电流。为了避免产生过大的电压降和功耗，R_1 不宜过大，一般取 $0.1\sim0.5\Omega/V$。

为限制球间隙击穿时流过球隙的短路电流，只靠 R_1 是不够的，球间隙还需要串联保护电阻 R_2，其作用如下：

（1）限制球隙击穿时的电流，以免电流过大烧伤球面，破坏电场的均匀度。从限流角度看，R_2 越大越好。但 R_2 过大时电阻上分压过高，会影响测量精度，因此不宜过大，R_2 上的分压不要超过待测电压的 1%。工频交流耐压试验时，R_2 一般可取 $1\Omega/V$；当球径 $D \geqslant 75cm$ 或电压频率 $f \geqslant 100Hz$ 时，R_2 可取 $0.5\Omega/V$。进行冲击耐压试验时，由于冲击电压等值频率很高，球间隙的容抗值很小，球间隙会流过较大的电容电流。如果球隙串联较大阻值的 R_2，由于分压较高会影响测量精度，因此一般不加限流电阻或加小于 500Ω 的限流电阻。

（2）限制截波的形成。如果球间隙不串联电阻，由于一个球电极是直接接地的，间隙一旦击穿，电压会迅速降为地电压而形成截波，截波对于绕组类被试品绝缘的威胁很大，因此串联电阻可以限制形成高幅值的截波。

（3）防止球间隙发生不正常击穿。试验中，如果被试品上发生刷形放电，在引线电感、被试品电容、球隙电容构成的回路中可能引起电磁振荡。在振荡电压的作用下，球间隙可能发生不正常的放电。串联电阻能发挥阻尼作用，抑制振荡过电压。

（三）高电压测量仪表 PV2

进行工频交流耐压试验时，回路中流过容性电流，电流在试验回路电感上的压降与被试品等值电容上压降的方向相反，使得施加到被试品上的电压高于试验变压器的输出电压，把这种现象称为容升效应。由于容升效应，不能简单地以变压器的变比来估计被试品上所受电压，也不能完全信赖变压器测压绕组输出电压的指示，必须以直接测得的被试品上的电压为准，并严格控制调压器的升压。

四、工频高电压的测量

国家标准规定，高电压测量的总不确定度不超过±3%。高电压试验中很少使用电压互感器测量高电压，因为既不经济也不方便，且电压互感器不能测量直流电压和冲击电压。工频交流耐压试验常采用球间隙、静电电压表、高压分压器测量高电压。

（一）球间隙

《高电压测量标准空气间隙》（GB/T 311.6—2005）中对测量用球隙的结构、布置、连接和使用都有明确的规定。用球间隙测量工频电压，应取连续三次击穿电压的平均值，相邻两次击穿的间隔时间不少于30s，各次击穿电压与平均值之间的偏差不得大于3%。

为促进有效电子的出现，减小球隙击穿电压的分散性，在测量低于50kV峰值电压或球电极直径 $D \leqslant 12.5cm$ 时，必须采用石英水银灯等装置提供高能射线照射球间隙。

（二）静电电压表

如图 5-3 所示，静电电压表利用静电作用力的原理构成，可直接测量直流高电压的平均值或频率直至 1MHz 的交流高电压有效值，但不能够测量一切冲击电压。静电电压表的不确定度一般为 1%～1.5%，并且电压频率、大气条件和外界电磁场干扰等对其测量几乎没有影响。

静电电压表的输入阻抗极高，从被测电路中吸收的功率极小，它的接入一般不会引起被测电压的变化。目前，通用的静电电压表最高量程为 200kV，要测量更高的试验电压，可以

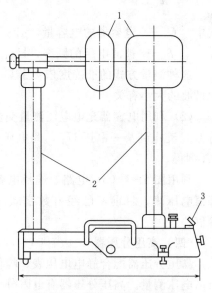

图 5-3 静电电压表示意图
1—电极；2—绝缘支架；3—刻度盘

与分压器配合使用。

静电电压表的刻度是不均匀的，尤其是标度的起始部分，约 1/4 量程区内刻度较粗略，分辨率差，选用此表的量程时要注意避开在这段量程范围内使用。

（三）峰值电压表

峰值电压表通常都与分压器配合使用。交流峰值电压表按照工作原理分为两种：一种是利用整流电容电流测量交流高压，原理接线如图 5－4（a）所示；另一种是利用电容器充电电压测量交流高压，原理接线如图 5－4（b）所示。

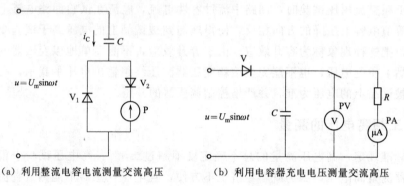

(a) 利用整流电容电流测量交流高压　　(b) 利用电容器充电电压测量交流高压

图 5－4　峰值电压表原理接线图

（1）利用整流电容电流测量交流高压。当被测电压 u 随时间而变化时，流过电容 C 的电流 $i_C = C\dfrac{du}{dt}$。在 i_C 的正半波，电流经整流元件 V_1 及检流计 P 流回电源。如果流过 P 的电流平均值为 I_{av}，那么它与被测电压的峰值 U_m 之间存在下面的关系：

$$U_m = \frac{I_{av}}{2Cf} \tag{5-2}$$

式中　　C——电容器的电容量，μF；

f——被测电压的频率，Hz。

这种测量方式的准确度依赖于 C、f 和 I_{av} 的测量误差的大小，而且还与电压中所含谐波的大小有关。

（2）利用电容器充电电压测量交流高压。幅值为 U_m 的被测电压经整流器 V 给电容器 C 充电到某一电压 U_d，此电压可以用静电电压表 PV 或用电阻 R 串联微安表 PA 测得。

利用图 5－4（b）电路，选择电容值更小的电容 C，还可以做成测量冲击电压的峰值电压表。目前，已经有数字式峰值电压表能够测量交流、直流及冲击电压的峰值。

（四）高压分压器

高压分压器配合静电电压表、峰值电压表和高压示波器等高阻抗低压仪表可以进行高电压测量。高压分压器有电阻分压器、电容分压器和阻容分压器，依据被测电压性质的不同进行选择。使用分压器测量高电压应该满足以下几个基本要求：

（1）能将被测电压波形的各部分按一定比例准确地缩小，送给低压仪表。

（2）保持恒定的分压比，不随大气条件或被测电压的波形、频率、幅值等因素变化。

（3）高压分压器的接入，对被测电压的影响不超过允许的程度。

电阻分压器原理电路如图 5-5（a）所示，由高压臂 R_1 和低压臂 R_2 组成，被测电压为 u_1，低压臂分得的电压为 u_2，分压比为

$$N = \frac{u_1}{u_2} = \frac{R_1 + R_2}{R_2} \tag{5-3}$$

可以用电阻分压器测量交流高电压、直流高电压和 1MV 以下的冲击高电压。在测量交流高电压时，由于对地杂散电容会引起较大的幅值误差和相位误差，被测电压越高，误差越大，因此适合于 100kV 及以下电压的测量，被测电压更高时，需要使用电容分压器。电阻分压器的阻值不能太小，否则会使高压装置供给它的电流太大，电阻会发热使损耗增大，导致阻值因温升而变化，增加测量误差。但阻值也不能太大，否则工作电流太小，使得电晕电流、绝缘支架的泄漏电流所引起的误差增大。因此电阻分压器的阻值一般取 $1\sim2$MΩ/kV，在额定全电压时流过分压器的电流为 $0.2\sim1$mA。

电容分压器原理电路如图 5-5（b）所示，高压臂为 C_1、低压臂为 C_2，分压比为

$$N = \frac{u_1}{u_2} = \frac{C_1 + C_2}{C_1} \tag{5-4}$$

电容分压器不能测量直流高电压，可以测量交流高电压。电容分压器高、低压臂都是电容，各部分对地也存在杂散电容，会在一定程度上影响分压比。但因为分压器本体也是电容，只要周围环境不变，杂散电容的影响将是恒定的，不随

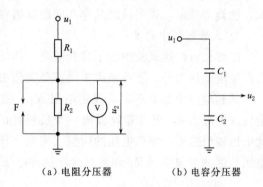

（a）电阻分压器　　　（b）电容分压器

图 5-5　电容分压器原理图

被测电压的波形、幅值而变，因此电容分压器不会使输出波形发生畸变，通过对分压器进行校验，还能够消除幅值误差。

阻容分压器有电阻电容并联分压器和电阻电容串联分压器，用于冲击高电压的测量，在冲击耐压试验部分再作介绍。

为了确保人身安全，避免测量仪器和人体对分压器的电场产生影响，分压器与低压测量仪表是相隔一段距离的。分压器与测量仪表之间需要用高频同轴电缆连接，以避免在这段引线上产生静电和电磁干扰。

五、外施工频交流耐压试验

按照图 5-2 进行的工频交流耐压试验需要用试验变压器输出试验电压，称其为外施工频交流耐压试验。如果被试品是绕组类设备，外施工频交流耐压试验考核的是主绝缘。但有些绕组类设备的绝缘是分级的，其出线端绝缘较强、中性点端绝缘较弱，绕组的各不同部位应该耐受和能够耐受的试验电压是不相同的，因此不能进行外施工

频交流耐压试验。另外，即使绕组是全绝缘的，外施工频交流耐压试验也不能考核绕组的纵绝缘和不能分相进行试验的绕组相间绝缘，这些绝缘需要通过感应耐压试验来考核。

1. 试验方法

工频交流耐压试验一般应从较低电压开始均匀而较快地升压，但必须保证能从仪表上准确读数；当电压升高到75％试验电压后，则应以每秒钟约2％试验电压的速度升到100％试验电压；在试验电压下保持规定时间后，把电压快速降到1/3试验电压或更低，然后切断电源。

2. 试验结果分析

如果被试品不击穿、不闪络、不损伤，判断为绝缘合格。试验判据有：

（1）根据试验回路接入表计的指示进行分析。如果电流表突然上升（电源容量不够时电流会下降）、电压表下降，说明击穿了。

（2）根据控制回路的状况进行分析。击穿或闪络时继电器会动作。

（3）根据被试品状况判断。如果发出击穿响声、冒烟、跳火、出气、焦臭、闪弧、燃烧等现象，说明被试品存在问题或击穿。

3. 试验过程中的过电压

工频交流耐压试验中除了容升效应、调压器不在零位合闸、调压器不在零位分闸会产生过电压之外，还可能由于被试品突然击穿产生过电压。

试验电路中如果不串联保护电阻 R_1，被试品突然击穿时，试验变压器的出线端电位立即降为0，可以等效看成一个反极性的阶跃脉冲电压施加到变压器的输出端，此电压幅值接近击穿前电压的峰值，将在变压器绕组中产生复杂的振荡过程，形成过电压。因此必须串联 R_1 来阻尼阶跃脉冲电压入侵变压器绕组。

六、感应耐压试验

对分级绝缘的绕组设备进行感应耐压试验，可以考验其主绝缘和纵绝缘性能。试验是在变压器低压绕组上施加一定的试验电压，在高压侧绕组上按照变比 k 感应出 k 倍的电压来考核绝缘。

对绕组纵绝缘的试验来说，要求匝间感应电压不低于正常工作时所受电压的2倍即可，而对绕组各部分的主绝缘来说，国家标准规定的试验电压则比正常工作电压的2倍还高出许多。因此，对感应耐压试验电压的倍数没有明确规定其上限。实践中，匝间感应电压高达3倍的情况较常见。

进行感应耐压试验时，为避免铁芯饱和，试验电压的频率也要提高，电压频率一般在100~400Hz范围内。频率提高后，介质损耗会加大，为了避免对被试品造成不必要的其他损伤，要缩短加压时间。试验时间为

$$T = 60 \times (2f_0/f) \tag{5-5}$$

式中　f_0——电源电压频率，Hz；

　　　f——试验电压频率，Hz。

例如：试验电压为2倍额定电压时，如果试验电压频率为100Hz，加压时间为

60s；试验电压为3倍额定电压时，如果试验电压频率为150Hz，加压时间为40s。试验时，加压时间不得少于15s。

第二节　直 流 耐 压 试 验

如果被试品的电容量很大，例如长电缆段、电力电容器等，进行工频交流耐压试验时会出现很大的电容电流，要求试验装置具有很大的容量，有时很难做到。这时需用直流耐压试验来代替工频交流耐压试验。

资源 5.2

一、直流耐压试验的特点

直流耐压试验具有以下一些特点：

（1）对交流电气设备进行直流耐压试验时，试验变压器不需要再提供电容电流，电路中只有微安级的泄漏电流，试验设备的容量较小，很容易选择到合适的试验用变压器、调压器等设备，使试验设备轻量化。

（2）直流耐压试验与泄漏电流测量试验电路相同，只是试验电压更高，直流耐压试验包含着泄漏电流测量试验。试验时，可以同时测量泄漏电流，作出电压-电流关系曲线，更容易发现绝缘内部的集中性缺陷或受潮。

（3）交流电气设备在直流电压下，绝缘中的电场分布与交流电压下的电场分布是不同的。对旋转电机进行直流耐压试验，能使电机定子绕组的端部绝缘也受到较高电压的作用，更有利于发现端部绝缘中的缺陷。

（4）在直流高压下，局部放电较弱，不会加快有机绝缘材料的分解或老化变质，在某种程度上带有非破坏性试验的性质。

（5）对于绝大多数的组合绝缘来说，它们在直流电压下的电气强度远高于交流电压下的电气强度。交流电气设备进行直流耐压试验时，对绝缘的考验不如交流耐压试验那样接近实际，因此必须提高试验电压、延长加压时间才具有等效性。试验电压可以提高到4～5倍额定电压，甚至更高；加压时间可以延长到5～10min，甚至更长。

二、试验电源

直流耐压试验可以通过以下方式获得试验电压：

（1）通过半波整流电路将试验变压器输出的交流电压整流成直流电压，泄漏电流测量试验电路如图4-6所示，一般能产生200～300kV的直流高电压。

（2）利用倍压整流电路获得更高的试验电压。例如，倍压整流电路如图5-6所示的2倍压整流电路，试验变压器高压绕组对地电压峰值为U_m，电路可以获得$2U_m$的直流高电压。

（3）以倍压整流电路为基本单元，多级串联构成直流高压串级装置，又称为串

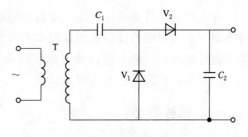

图 5-6　2倍压整流电路

级直流高压发生器，可以产生更高的直流试验电压。例如以 2 倍压整流电路作基本单元，n 级串联，获得的试验电压为 $2nU_m$。

（4）智能型直流高压发生器。智能型直流高压发生器整套装置尺寸和重量相对较小，便于运输和使用，在目前电力系统现场试验时使用较多。

三、直流高电压的测量

直流高电压的测量通常使用棒间隙、球间隙、静电电压表、电阻分压器测压系统等。研究表明，使用棒-棒间隙测量直流高电压相较于球间隙，具有更高的测量精度和更小的分散性，并且棒间隙占用空间小，布置方便，因此国际电工委员会确定采用棒-棒间隙测量直流高电压，我国在 1997 年也认同了此结论。

四、直流耐压试验注意事项

直流高压发生器一般输出的是负极性电压。进行直流耐压试验时，对试验电压的极性或不同极性电压施加的次序，在相关的标准中有规定。一般认为，如果确认某一极性电压对绝缘的作用较严格，可只施加这一极性电压进行试验。

电力电缆的直流击穿电压与电压极性有关。进行直流高电压试验时，如果将电缆芯线接电源正极，在电场作用下，电缆绝缘中的水分由于带上正电荷将会向电场较弱的外层绝缘迁移，导致水分对绝缘中电场分布的影响减弱，使正极性击穿电压比负极击穿电压高 10% 左右。因此，对电力电缆进行直流耐压试验要采用负极性电压。

对大电容量被试品，试验后应使用 $100\Omega/V$ 限流电阻棒放电。放电时不能将放电棒立即接触被试品，应先将放电棒逐渐接近被试品，至一定距离使空气开始游离，放电会发出"嘶嘶"声；当无放电声音时再用放电棒接触高压电极放电；最后直接接上地线放电。

进行直流高电压试验时更需要注意安全。直流高压在 200kV 及以上时，即使试验人员穿绝缘鞋且处在安全距离以外区域，也会由于高压直流空间电场分布的影响，使几个邻近站立的人体上带有不同的直流电位。此时，试验人员不要互相握手或用手接触接地体等，否则会有轻微电击现象，此现象在干燥地区和冬季较为明显，但由于能量较小，一般不会对人造成伤害。

第三节　冲击耐压试验

资源 5.3

冲击耐压试验主要考核电气设备在雷电过电压和操作过电压下的绝缘性能。由于冲击耐压试验对试验设备和测试仪器要求高、投资大、测试技术比较复杂，因此在绝缘预防性试验时一般不进行冲击耐压试验；但许多电气设备在出厂试验、型式试验、大修结束后都必须进行冲击耐压试验。

一、试验电源

高压实验室中用冲击电压发生器产生试验用的雷电冲击电压波和操作冲击电压

波，有单级冲击电压发生器和多级冲击电压发生器。

（一）单级冲击电压发生器

单级冲击电压发生器的原理电路如图 5-7 所示。由主电容 C_1、波前电容 C_2、波前电阻 R_1 和波尾电阻 R_2 组成。其工作原理是：利用直流电源给主电容 C_1 充满电，闭合开关 S 后，主电容经 R_1 给波前电容 C_2 充电，与 C_2 并联的被试品上电压 u_2 由 0 快速升高，获得冲击波的波前部分：

$$u_2 \approx \frac{C_1}{C_1 + C_2} U_0 \tag{5-6}$$

当 C_2 充满电时，u_2 达到幅值。然后 C_1 和 C_2 通过 R_2 放电，被试品上电压逐渐下降，获得冲击波波尾部分。

依据工作原理，要获得较短的波前时间，波前电阻 R_1 和波前电容 C_2 要小些；要获得较长的波尾时间，波尾电阻 R_2 和主电容 C_1 要大些。用冲击电压发生器产生操作冲击电压，原理与雷电冲击电压发生器相同，但由于波前时间和波长更长，需要增大电路中的电阻和电容。

把 $\dfrac{U_{2m}}{U_0} = \eta$ 称为放电回路的利用系数或效率。图 5-7 所示电路的效率较高，η 值可达 0.9 以上，为高效电路。

如果电路修改成图 5-8 所示电路，则

$$\eta = \frac{U_{2m}}{U_0} \approx \frac{C_1}{C_1 + C_2} \times \frac{R_2}{R_1 + R_2} \times U_0 \tag{5-7}$$

效率下降到 0.7～0.8，把此电路称为低效电路。因此，构建冲击电压发生器时要注意各元件的接线位置。

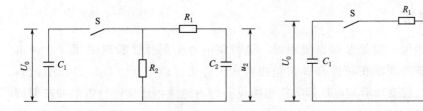

图 5-7　单级冲击电压发生器的原理电路　　　图 5-8　低效单级冲击电压发生器电路

单级冲击电压发生器能产生的最高电压一般为 200～300kV。

（二）多级冲击电压发生器

采用多级串联叠加的方法可以产生幅值更高的冲击电压波。多级冲击电压发生器原理电路如图 5-9 所示，以 4 级串联为例，要获得更高试验电压可以增加串联级数。

其工作原理是并联充电、串联放电。电路中 4 个并联的电容 C 构成主电容 $C_1 = 4C$，R_{12} 是波前电阻，C_2 是波前电容，R_2 是波尾电阻。4 个并联的电容 C 被 3 个球间隙隔离，在充电时球间隙不会击穿。工作过程如下：

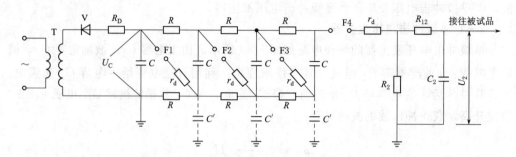

图 5-9 多级冲击电压发生器原理电路

利用直流电源将 4 个并联的电容充满电，每个电容的电压都为 U_C；F1 是点火球隙，如果球间隙 F1 击穿，F2～F4 会顺序击穿；F1～F3 球隙击穿后，4 个电容通过电弧串联起来，获得 $4U_C$ 的电压；F4 击穿后，主电容通过 R_{12} 给波前电容 C_2 充电，获得冲击波的波前部分；C_2 充满电后，主电容和 C_2 通过 R_2 放电，获得冲击波的波尾部分；被试品上作用的冲击电压幅值为

$$U_2 \approx \frac{C_1}{C_1 + C_2} \times 4U_C \qquad (5-8)$$

冲击电压发生器通过点火球间隙 F1 的击穿来启动，启动方式有两种：一种是自动启动，即调节 F1 的极间距离，使击穿电压刚好等于电容充电电压 U_C，电容充满电时 F1 自动击穿，启动整套装置；另一种启动方式是利用点火脉冲启动，电容充电电压 U_C 比 F1 的击穿电压稍低，充满电后 F1 处于点火预备状态，然后利用点火装置产生一个点火脉冲送到 F1 中的一个辅助间隙上使之击穿，并引起 F1 主间隙的击穿，启动整套装置。

二、试验方法

电气设备内绝缘一般是非自恢复绝缘，进行雷电冲击耐压试验时采用 3 次冲击法，即对被试品施加 3 次正极性和 3 次负极性雷电冲击试验电压（1.2/50μs 全波），看绝缘能否耐受。对变压器和电抗器等绕组类设备的内绝缘，还要进行雷电冲击截波（1.2/2～5μs）耐压试验。

内绝缘操作冲击耐压试验也采用 3 次冲击法。

电气设备外绝缘是可恢复绝缘，进行冲击耐压试验时通常采用 15 次冲击法，即对被试品施加正极性和负极性冲击全波试验电压各 15 次，相邻两次冲击之间的时间间隔应不小于 1min。若每组 15 次冲击试验中，击穿或闪络的次数不超过 2 次，即可认为该外绝缘试验合格。

三、冲击高电压的测量

一般采用球隙测量冲击电压幅值，采用分压器配用高压示波器、峰值电压表、数字记录仪等测量电压峰值和波形。不能用静电电压表测量冲击电压。

（一）分压器

电阻分压器和电容分压器的工作原理在工频交流耐压试验部分已经做了介绍。由于电阻分压器结构简单、使用方便，在 1MV 及以下冲击电压测量领域应用得较广泛。但冲击电压下，电阻分压器各部分的对地杂散电容会形成一个不可忽略的电纳分支，而且电纳值与被测电压中各谐波的频率有关，会造成一定的测量误差；需要尽可能地减小分压器的尺寸，合理地选择分压器总电阻（一般取值 5～20kΩ），或者采取加屏蔽环，来克服杂散电容的影响。

用电容分压器可测量数兆伏的冲击电压。但在冲击电压下，电容分压器容易与高压连线的固有电感配合造成振荡，使输出电压的波形发生畸变，因此更多使用阻容分压器测量冲击高电压。

阻容并联分压器原理如图 5 - 10 所示。测快速变化过程时，沿分压器各点的电压主要按电容分布，它像电容分压器，大大减小了对地杂散电容对电阻分压波形的畸变，避免了电阻分压器的主要缺点。测慢速变化过程时，沿分压器各点的电压主要按电阻分布，它又像电阻分压器，避免了电容器的泄漏电导对分压比的影响。如果使高压臂和低压臂的时间常数相等，则可实现分压比不随频率而变。但这种分压器结构比较复杂，而且和电容分压器一样，在电容量较大时会妨碍获得陡波前的波形，高压引线中需串接阻尼电阻。

电容分压器本体的电容与整个测量回路的电感配合，会产生主回路振荡；分压器本体各级电容器中的寄生电感与对地杂散电容相配合，还会形成寄生振荡，需要在各级电容器中串接电阻来抑制振荡。但串接电阻后，将使分压器的响应时间增大。如果在低压臂中也按比例地串入电阻，则可保持响应时间不变，这样就产生了阻容串联分压器，又称为阻尼分压器，如图 5 - 11 所示。阻容串联分压器可以用来测量雷电冲击、操作冲击和交流高电压，电压可达数兆伏。在阻容串联分压器的基础上，再加上高值并联电阻，还可以测量直流高电压，构成所谓的通用分压器，故阻容串联分压器应用得较广泛。

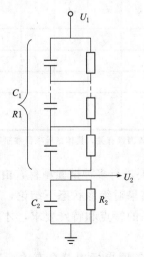

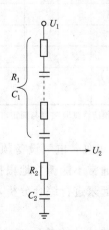

　　图 5 - 10　阻容并联分压器原理　　　　图 5 - 11　阻容串联分压器原理

（二）高压示波器

高压示波器并不是指示波器能够直接测量高电压，而是指示波器的加速电压很高，例如：使用热负极管加速电压可达 20～40kV，使用冷负极管加速电压可达 10～20kV，而普通示波器的加速电压只要 2～3kV 就够了。冲击电压是变化速度很快的单次过程，要把这样的信号在示波器的荧光屏上清楚地显示出来，用普通的示波器是做不到的。

由于高压示波器电子射线的能量很高，长时间射到荧光屏上会损坏屏上的荧光层，故电子射线平时是闭锁的，只有在被测信号到达前的瞬间，通过启动示波器的释放装置才能射到荧光屏上；被测信号消失后，电子射线将被自动闭锁。

第四节　绝缘状态的综合判断

依据《电力设备预防性试验规程》（DL/T 596—2021），主要电气设备的绝缘预防性试验项目见表 5-1。

表 5-1　　　　　　　　主要电气设备的绝缘预防性试验项目

序号	电气设备	试验项目											
		测量绝缘电阻	测量绝缘电阻和吸收比	测量泄漏电流	直流耐压试验并测泄漏电流	测量介质损耗角正切	测量局部放电	油的介质损耗角正切	油中含水量分析	油中溶解气体分析	油的电气强度	测量电压分布	交流耐压试验
1	同步发电机和调相机		√		√	√	√						√
2	交流电动机		√		√								√
3	油浸电力变压器		√	√		√	√	√	√	√	√		√
4	电磁式电压互感器	√				√	√	√	√		√		√
5	电流互感器	√				√	√	√	√				√
6	SF₆ 断路器	√		√			√						√
7	瓷绝缘子	√										√	√
8	油纸绝缘电力电缆	√			√			√			√		

注　设备的绝缘预防性试验项目与额定电压等级、绝缘类别等因素有关，具体试验项目参照有关规程的规定。

由表 5-1 可见，电气设备预防性试验时需要进行多种试验项目，由试验结果分析绝缘状态时，通常不能孤立地根据某一项试验结果对绝缘状态下结论，而必须将各项试验结果联系起来进行综合分析，并考虑被试品的特点和特殊要求，才能做出正确的判断。

如果某一被试品的各项试验均顺利通过，各项指标均符合有关标准、规程的要求，一般就可认为其绝缘状态良好，可以继续运行。

　　如果有个别试验项目不合格，达不到规程的要求，这时宜采用"三比较"的办法来处理：

　　（1）与同类型设备比较。同类型设备在同样条件下所得的试验结果应大致相同，如果差别悬殊就可能存在问题。

　　（2）在同一设备的三相试验结果之间进行比较。如果有一相结果相差达 50％以上时，该相很可能存在缺陷。

　　（3）与该设备技术档案中的历年试验所得数据作比较。如果性能指标有明显下降的情况，提示可能有缺陷。

第六章　输电线路和绕组中的波过程

电力系统正常运行时，电气设备绝缘处于电网的额定电压下，但由于雷击或电力系统内部故障、操作等原因，可能会使电力系统中某些部分的电压大大超过正常值，把这种电压升高称为过电压。依据过电压能量的来源划分，过电压有内部过电压和外部过电压（即雷电过电压）两大类。内部过电压包括暂时电压和操作电压两类，雷电过电压包括直击雷过电压和感应雷过电压两类。

各类过电压对电网运行安全的影响与电压等级、电网规模、中性点运行方式等因素有关。初期电网，利用避雷针和避雷器解决了对电网威胁较大的雷电过电压问题，同时为了保证发生单相接地时不间断供电，采用中性点不接地运行。随着电网的发展，$10\sim60kV$ 中性点不接地电网中，弧光接地过电压对电网威胁较大；为了限制弧光接地过电压，电网采用中性点经消弧线圈接地运行。电网发展到 $110\sim220kV$ 电压等级时，受消弧线圈的整定及可能引发谐振过电压等问题的影响，并为了降低电气设备的绝缘水平，中性点改为直接接地运行。但在当时，由于断路器技术水平的限制，切断空载线路时产生的过电压对电网威胁较大。随着断路器和避雷器技术的进步，有效地解决了切断空载线路过电压防护问题，但在 $330kV$ 及以上超高压电网中，合空载线路过电压成为确定电气设备绝缘水平的决定性因素。而在特高压电网中，原本不被关注的接地故障及故障清除过电压凸显出来，成为必须考虑的操作过电压。

不论哪种过电压，虽然作用时间短，但其幅值较高，可能破坏电气设备的绝缘，影响系统的稳定运行。因此必须研究过电压产生的机理、发展的物理过程、影响因素，找到限制过电压的措施。

电能沿输电线路传输时，在导线周围建立起电场和磁场，其分布如图 6-1 所示，因此电能的传输过程也就是电磁场传输的过程。电场和磁场同时位于垂直于导线的平面内，可以将电磁场传播过程看成一个平面波沿着输电线路向前推进的过程，因为是流动的，所以是行波。

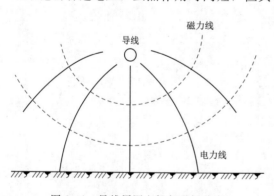

图 6-1　导线周围电场与磁场分布

电力系统过电压通常以行波的形式出现，研究过电压及其防护问题是以线路和绕组中的波过程为理论基础的，本章进行详细讲述。

第一节　无损单导线中的波过程

不论雷电过电压还是内部过电压，都是一个高幅值的脉冲，持续时间短。分析过电压问题与电力系统稳态分析有很大的区别，稳态分析时可以把电力系统用集中参数电路等效，而分析过电压问题时要将电力系统用分布参数电路等效。

资源 6.1

一、集中参数电路和分布参数电路

电磁场传播的速度为 $300\text{m}/\mu\text{s}$，等于光速 c。正弦波电压沿线路的分布如图 $6-2$ 所示，一个工频交流正弦电压全波持续时间为 0.02s，传输距离为 6000km，即一个全波覆盖 6000km 长的线路，$1/4$ 全波覆盖的线路长度也有 1500km。

雷电过电压标准波形为 $1.2/50\mu\text{s}$，在线路上的分布如图 $6-3$ 所示，一个直击雷过电压全波覆盖的线路长度仅为 15km。

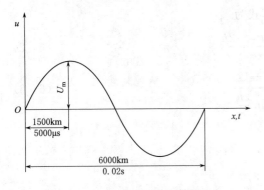

图 $6-2$　正弦波电压沿线路的分布

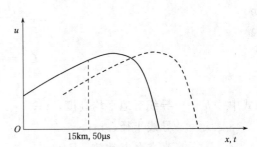

图 $6-3$　雷电过电压在线路上的分布

相较于过电压波，一个工频交流全波所覆盖线路的长度太长了，对于几十公里长的线路，可以认为线路上每一点的电压电流都是相等的，电压电流只是时间的函数，而与空间无关，可以把电力系统等效成集中参数电路。雷电冲击波传播时，在十几公里长的线路上，同一时刻线路上每一点的电压电流是不同的，同一位置在不同时刻电压电流也是不同的，因此雷电波中电压和电流既是时间的函数，也是空间的函数，分析过电压问题需要将电力系统等效成由一系列具有分布参数的设备（除避雷器、电压互感器、电容器和电抗器外）组成的分布参数电路。

二、无损单导线中波过程分析

均匀无损单导线的等值电路如图 $6-4$ 所示，设单位长度线路的电感和电容均为恒值，分别为 L_0 和 C_0；将长度为 l 的导线分成无数个 $\mathrm{d}x$ 小段，每段的电感和电容分别为 $L_0\mathrm{d}x$ 和 $C_0\mathrm{d}x$。进行波过程分析计算时，常用无限长直角波作为入侵波，其他波形的入侵波都可以用直角波的叠加进行等效。那么，图 $6-4$ 中导线首端突然合闸到一个直流电源上，即相当于一个无限长直角波从导线首端入侵时，导线上任意点的电压和电流是多少？

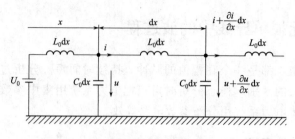

图 6-4 均匀无损单导线等值电路

导线突然合闸到直流电源上，导线对地电容被充电，建立起电场和磁场，线路上的电压和电流都以行波的形式出现，它们具有相同的出现时间、速度和方向。

（一）波速

电感中电流不能突变，由于电感的延阻作用，等值电路中各对地电容的充电是有先后顺序的，线路首端对地电容先被充电，然后在电感中有电流流过时再给下一个电容充电。这就告诉我们，线路上的电磁场不是同时建立起来的，而是有先后顺序，即电磁场的传播是有速度的，称为波速。无损单导线中行波的波速为

$$v = \sqrt{\frac{1}{L_0 C_0}} \qquad (6-1)$$

单位长度导线的电感和对地电容的计算式为

$$L_0 = \frac{\mu_0 \mu_r}{2\pi} \ln \frac{2h}{r} \qquad (6-2)$$

$$C_0 = \frac{2\pi \varepsilon_0 \varepsilon_r}{\ln \frac{2h}{r}} \qquad (6-3)$$

式中 h ——导线对地平均高度，m；

　　　　r ——导线半径，m；

　　　　ε_0 ——真空介电常数，F/m；

　　　　ε_r ——导线周围绝缘材料的相对介电常数，如果是空气，$\varepsilon_r \approx 1$；

　　　　μ_0 ——真空的磁导率，$\mu_0 = 4\pi \times 10^{-7}$，H/m；

　　　　μ_r ——导线周围绝缘材料的相对磁导率，对于架空线路可取 1。

将式（6-2）、式（6-3）代入式（6-1）可得

$$v = \frac{3 \times 10^8}{\sqrt{\mu_r \varepsilon_r}} \qquad (6-4)$$

由上述推导过程能够得出以下几个结论：

（1）行波在导线中传播时，波速与导线的电气参数 L_0、C_0 有关，但与导线的几何半径、对地平均高度、长度等几何参数无关，单导线和分裂导线中行波传播速度是相同的。波速只取决于导体周围媒质的性质，即绝缘材料的相对介电常数和相对磁导率。

（2）无损单导线中行波传播的速度约为 300m/μs，即约等于光速 c。

（3）行波在电缆中传播时，电缆芯线周围一般是固体绝缘或固体介质和液体介质的组合绝缘，绝缘材料的相对介电常数比空气的大得多，使得电缆的对地电容较大，因此行波在电缆芯线中传播时波速较慢，为 $\frac{1}{2} \sim \frac{2}{3}$ 倍光速。

（4）需要注意的是，行波传播速度是电磁场建立的速度，不是导线中自由电子形成电流的运动速度，波速要比电子的运动速度快得多。同一个系统中存在两种不同速度的现象可以用红绿灯作比喻：路口绿灯亮起，排队的所有车辆已经允许通行，但排队的车辆能够行驶起来是按顺序进行的，允许通行信号的传播速度远比车辆通行速度快。绿灯亮相当于电磁场建立，车辆通行相当于电子运动，波速大于电子运动速度。

下面通过算例来理解行波传播速度的问题。

算例 1：如图 6-5 所示，在线路上有 A、B、C 三点，A、C 两点距 B 点都为 300m。$t=0$ 时刻，一个幅值为 U 的无限长直角波从 A 点出发，求 $0\sim3\mu s$，A、B、C 三点的电压。

解：A 点距离 B 点 300m，距离 C 点 600m。无限长直角波按照 $300m/\mu s$ 的速度传播，从 A 点到达 B 点需要 $1\mu s$，到达 C 点需要 $2\mu s$。

$t=0$ 时刻，直角波到达 A 点，A 点电压为 U，直角波还没有到达 B 点和 C 点，B 点和 C 点电压为 0。

$t=1\mu s$ 时刻，因为入侵波是无限长直角波，持续作用，A 点电压为 U；直角波到达 B 点，B 点电压为 U；直角波还没有到达 C 点，C 点电压为 0。

$t=2\mu s$ 时刻，A、B 两点电压为 U；直角波到达 C 点，C 点电压为 U。

$t=3\mu s$ 时刻，因为入侵波是无限长直角波，A、B、C 三点电压都为 U。

算例 2：如图 6-6 所示，$t=0$ 时刻，一个持续时间 $1\mu s$、幅值为 U 的截波到达 A 点，求 $0\sim3\mu s$，A、B、C 三点的电压。

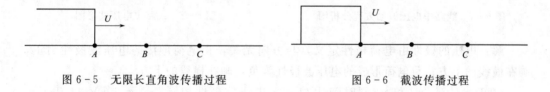

图 6-5 无限长直角波传播过程　　　　图 6-6 截波传播过程

解：对于直角截波，波头电压定义为幅值，波尾电压定义为 0。

$t=0$ 时刻，直角波到达 A 点，A 点电压为 U，直角波还没有到达 B 点和 C 点，B 点和 C 点电压为 0。

$t=1\mu s$ 时刻，直角截波的波尾到达 A 点，A 点电压为 0；直角波波头到达 B 点，B 点电压为 U；直角波还没有到达 C 点，C 点电压为 0。

$t=2\mu s$ 时刻，截波已经通过 A 点 $1\mu s$，A 点电压为 0；截波波尾到达 B 点，B 点电压为 0；截波波头到达 C 点，C 点电压为 U。

$t=3\mu s$ 时刻，截波波尾到达 C 点，三点电压都为 0。

通过两个算例，能够更好地理解分布参数的含义，线路中电压电流既是时间的函数，又是位置的函数，同一时刻在不同位置的电压电流是不同的，同一位置在不同时刻电压电流也是不同的，行波传播是有速度的。

（二）电压波动方程

依据图 6-4，均匀无损单导线的方程组为

$$\begin{cases} -\dfrac{\partial u}{\partial x} = L_0 \dfrac{\partial i}{\partial t} \\[2mm] -\dfrac{\partial i}{\partial x} = C_0 \dfrac{\partial u}{\partial t} \end{cases} \qquad (6-5)$$

对方程组求解，可以得出

$$u = u_q\left(t - \frac{x}{v}\right) + u_f\left(t + \frac{x}{v}\right) \qquad (6-6)$$

如图 6-7 所示，$u_q\left(t - \dfrac{x}{v}\right)$ 是沿着人为规定的导线正方向传播的前行波，$u_f\left(t + \dfrac{x}{v}\right)$ 是沿着人为规定的导线正方向反向传播的反行波，v 为波速。式（6-6）表明，导线上任意一点的电压等于前行波电压与反行波电压之和。但需要注意，导线上某点的电压并不是前行波电压和反行波电压简单地相加，而是需要考虑时间，是同一时刻到达该点的前行波电压与反行波电压之和。下面通过算例来解析。

算例 3：如图 6-8 所示，线路上 A、B 两点距 O 点都为 300m，$t=0$ 时刻，幅值为 50kV 的无限长直角波 u_q 和幅值为 60kV 的无限长直角波 u_f 分别从 A 点和 B 点出发，求 $1\sim3\mu s$，A、O、B 三点的电压。

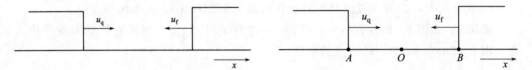

图 6-7　线路中电压波动方程分析图　　　　图 6-8　线路中电压波形图

解：电压的极性由电荷极性定义，与方向无关，正电荷形成的电压波极性为正，画在横线的上方；负电荷形成的电压波极性为负，画在横线的下方。

$t=1\mu s$ 时刻，u_q 和 u_f 同时到达 O 点，电压波极性相同，$u_O = 50\text{kV} + 60\text{kV} = 110\text{kV}$；$u_q$ 没有到达 B 点、u_f 也没有到达 A 点，$u_A = 50\text{kV}$；$u_B = 60\text{kV}$。

$t=2\mu s$ 时刻，u_q 到达 B 点、u_f 到达 A 点，三点电压都为 110kV。

$t=3\mu s$ 时刻，电压波持续作用，三点电压都为 110kV。

（三）电流波动方程

对方程组（6-5）求解，还可以得出

$$i = \left[u_q\left(t - \frac{x}{v}\right) - u_f\left(t + \frac{x}{v}\right) \right] \Big/ \sqrt{\frac{L_0}{C_0}} \qquad (6-7)$$

令 $u_q\left(t - \dfrac{x}{v}\right) \Big/ \sqrt{\dfrac{L_0}{C_0}} = u_q\left(t - \dfrac{x}{v}\right)/Z = i_q$，称为前行波电流；$-u_f\left(t + \dfrac{x}{v}\right) \Big/ \sqrt{\dfrac{L_0}{C_0}} = u_f\left(t + \dfrac{x}{v}\right)/(-Z) = i_f$，称为反行波电流。

其中 $Z = \pm\sqrt{\dfrac{L_0}{C_0}}$，称为波阻抗。则导线上的电流为

$$i = i_q + i_f \tag{6-8}$$

式（6-8）表明，导线上任意点的电流等于前行波电流与反行波电流之和。能够发现：前行波电流等于前行波电压比上正的波阻抗，电流波与电压波同极性；反行波电流等于反行波电压比上负的波阻抗，电流波与电压波异极性。产生差异的原因是电流波极性的定义，把正电荷沿着线路正方向传播时形成的电流波极性定义为正，电流波极性既与电荷极性有关，又与传播方向有关。

同样需要注意，线路上电流并不是前行波电流和反行波电流的简单相加，需要考虑时间和位置，是同一时刻到达该点的前行波电流与反行波电流之和。

（四）波阻抗

$$Z = \pm\sqrt{\frac{L_0}{C_0}} = 60\ln\frac{2h}{r}$$

资源 6.2

式中　　h——导线对地平均高度；

　　　　r——导线的几何半径。

从表达式能够看出，波阻抗既与线路的电气参数 L_0、C_0 有关，又与自身几何尺寸 h、r 有关，但与线路长度无关。波阻抗是电压波与电流波之间的一个比例常数，反映的是同一时刻、同一位置、同一方向的电压与电流之比，即电压与电流之间的制约关系。

1. 波阻抗与电阻的相似之处

波阻抗的大小与电压频率或波形无关，因此是阻性的，其单位也是 Ω。

从功率的角度看，一条波阻抗为 Z 的线路从电源吸收的功率与一阻值等于 Z 的电阻从电源吸收的功率是相同的。因此，从功率的角度看，波阻抗与电阻是等效的；从电源的角度看，后面接一个波阻抗为 Z 的长线与接一个阻值等于波阻抗的电阻是一样的。

2. 波阻抗与电阻的不同之处

（1）波阻抗与线路长度无关，电阻是与线路长度成正比的。

（2）波阻抗不消耗能量。波阻抗把从电源吸收的能量以电磁能的形式储存在导线周围的媒质中，并未消耗掉，电阻会把电能转化成热能消耗掉。

在无损单导线中始终遵循单位长度导线存储的电场能量和磁场能量相等的规律，即 $\frac{1}{2}C_0u^2 = \frac{1}{2}L_0i^2$，总能量为 C_0u^2 或 L_0i^2。行波通过单位长度导线所需时间为 $\frac{1}{v}$，故导线单位时间内所获得的能量为

$$vC_0u^2 = vL_0i^2 = \frac{u^2}{Z} = i^2Z$$

可见，波阻抗决定了单位时间内导线获得电磁能量的大小。

（3）波阻抗有正负号，而电阻是没有的。

（4）线路中波过程的四个基本公式为

$$u = u_q + u_f$$
$$i = i_q + i_f$$

$$u_q = Zi_q$$
$$u_f = -Zi_f$$

当线路中既有前行波又有反行波时，线路上电压 u 与 i 之比为

$$\frac{u}{i} = \frac{u_q + u_f}{i_q + i_f} = \frac{Zi_q - Zi_f}{i_q + i_f} = Z\frac{i_q - i_f}{i_q + i_f} \neq Z$$

此时，波阻抗是不满足欧姆定律的。

通常单导线架空线路的波阻抗为 500Ω 左右，计及电晕的影响时，为 $350\sim400\Omega$。由于分裂导线的 L_0 较小、C_0 较大，使得分裂导线架空线路的波阻抗较小，例如 $500kV$ 输电线路采用四分裂导线时，波阻抗为 260Ω 左右。电缆的 C_0 大，导致波阻抗很小，为 $30\sim80\Omega$；如果电缆使用介电常数小的绝缘材料，波阻抗和波速都会增大。

第二节　行波的折射与反射

资源 6.3

电力系统中常会遇到两条波阻抗不同的线路连接在一起的情况。当行波到达两条线路的连接点（节点）时，由于节点前后必须保持单位长度导线存储的电场能量和磁场能量总和相等的规律，因此必然要发生电磁场能量重新分配的过程，即在节点处发生行波的折射与反射。需要注意的是，行波只有从分布参数电路到分布参数电路，或从分布参数电路到集中参数电路，在节点处才可能发生反射。

一、行波折射、反射规律

资源 6.4

如图 6-9 和图 6-10 所示，线路 1 和线路 2 的波阻抗分别为 Z_1 和 Z_2，连接在节点 O 处。一个前行波电压 u_{1q} 和电流 i_{1q} 到达节点时，产生一个折射波电压 u_{2q} 和电流 i_{2q}，继续沿着线路 2 向前传播，产生一个反射波电压 u_{1f} 和电流 i_{1f} 从节点沿着线路 1 返回。节点处电压是唯一的、串联系统中电流是相等的，可以列出方程组：

$$\begin{cases} u_{1q} + u_{1f} = u_{2q} \\ i_{1q} + i_{1f} = i_{2q} \end{cases}$$

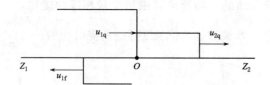
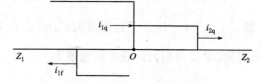

图 6-9　电压折射、反射波形图　　　图 6-10　电流折射、反射波形图

求解得到

$$u_{2q} = \frac{2Z_2}{Z_1 + Z_2}u_{1q} = \alpha_u u_{1q} \tag{6-9}$$

式中　α_u——电压折射系数。

$$u_{1f} = \frac{Z_2 - Z_1}{Z_1 + Z_2} u_{1q} = \beta_u u_{1q} \qquad (6-10)$$

式中　β_u——电压反射系数。

$$i_{2q} = \frac{2Z_1}{Z_1 + Z_2} i_{1q} = \alpha_i i_{1q} \qquad (6-11)$$

式中　α_i——电流折射系数。

$$i_{1f} = \frac{Z_1 - Z_2}{Z_1 + Z_2} i_{1q} = \beta_i i_{1q} \qquad (6-12)$$

式中　β_i——电流反射系数。

其中折射系数 α 的取值范围为 $[0，2]$，反射系数 β 的取值范围为 $[-1，1]$，并且 $\alpha = \beta + 1$。

算例 4：一条波阻抗为 50Ω 的电缆与一条波阻抗为 450Ω 架空线路相连接。电缆绝缘的击穿电压为 $200kV$。一个幅值为 $150kV$ 的无限长直角波沿电缆入侵架空线路，问电缆绝缘是否会击穿？

解：$Z_1 = 50\Omega$，$Z_2 = 450\Omega$，计算出

$$\alpha = \frac{2Z_2}{Z_1 + Z_2} = \frac{9}{5}$$

$$\beta = \frac{Z_2 - Z_1}{Z_1 + Z_2} = \frac{4}{5}$$

$$u_{2q} = \alpha u_{1q} = \frac{9}{5} \times 150 = 270(kV)$$

$$u_{1f} = \beta u_{1q} = \frac{4}{5} \times 150 = 120(kV)$$

入侵波在电缆中传播且没有到达节点时，电缆绝缘不会击穿。入侵波到达节点产生行波折反射，电缆上电压 $u_1 = u_{1q} + u_{1f} = 150 + 120 = 270(kV)$，将超过电缆绝缘耐压，使电缆绝缘击穿。

由算例能够发现，当 $Z_2 > Z_1$ 时，电压反射系数大于 0，发生电压正反射。折射波电压和反射波电压传播时，使两条线路上的电压幅值都升高，可能使绝缘受损。

算例 5：在算例 4 的系统中，如果有行波从架空线路入侵，入侵波的幅值需要达到多少时电缆的绝缘才会击穿？

解：$Z_1 = 450\Omega$，$Z_2 = 50\Omega$，电缆绝缘的击穿电压为 $200kV$，令 $u_{2q} = 200kV$，则由

$$u_{2q} = \frac{2Z_2}{Z_1 + Z_2} u_{1q} = \frac{1}{5} \times u_{1q}$$

求得 $u_{1q} = 1000kV$，即只有沿着线路入侵的电压幅值达到 $1000kV$ 时，电缆的绝缘才能击穿。

由算例能够发现，如果 $Z_2 < Z_1$，电压反射系数小于 0，发生电压负反射。折射波电压和反射波电压传播时，使两条线路上的电压幅值都下降，对绝缘的保护是有利的。

算例 6：一条波阻抗为 Z_1 的半无限长线路在 A 点开路，入侵波到达开路点会产生什么样的波过程？

解：线路末端开路，$Z_2 = \infty$。计算得到

$$\alpha_u = 2, \quad \beta_u = 1, \quad \alpha_i = 0, \quad \beta_i = -1。$$
$$u_{2q} = 2u_{1q}, \quad u_{1f} = u_{1q}; \quad i_{2q} = 0, \quad i_{1f} = -i_{1q}。$$

如图 6-11 所示，行波到达 A 点时，产生一个波形、极性和幅值与入射电压波完全相同的反射电压波，称之为电压正的全反射。折射波电压为入射波电压的 2 倍，这是线路波过程中产生的最大过电压倍数。由此可知，行波入侵枢纽变电站时，母线上的电压升高要低于行波入侵终端变电站时母线上的电压升高，即行波对枢纽变电站的威胁低于对终端变电站的威胁。

生活中，电源插座是并联的线路终端，如果有雷电沿电源线入侵到室内，会在插座上产生 2 倍的过电压，因此雷雨天要注意雷电过电压的防护。

如图 6-12 所示，行波到达 A 点时，产生一个波形和幅值与入射波电流完全相同、极性相反的反射电流波，称之为电流负的全反射。折射波电流为 0。

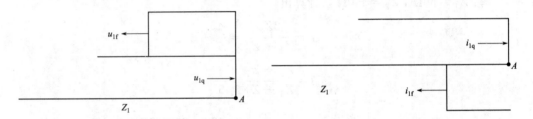

图 6-11　线路末端开路时电压波形图　　　　图 6-12　线路末端开路时电流波形图

从能量角度看，当线路末端开路时，反射波传到哪里，哪里的磁场能量全部转化成电场能量，使电流降为 0、电压升高到 2 倍。

算例 7：一条波阻抗为 Z_1 的半无限长线路在 A 点接地，入侵波到达接地点会产生什么样的波过程？

解：线路末端接地，$Z_2 = 0$。

计算得到

$$\alpha_u = 0, \quad \beta_u = -1, \quad \alpha_i = 2, \quad \beta_i = 1。$$
$$u_{2q} = 0, \quad u_{1f} = -u_{1q}; \quad i_{2q} = 2i_{1q}, \quad i_{1f} = i_{1q}。$$

如图 6-13 所示，行波到达 A 点时，产生一个波形和幅值与入射电压波完全相同、极性相反的反射电压波，称之为电压负的全反射。折射波电压为 0。

如图 6-14 所示，行波到达 A 点时，产生一个波形、极性和幅值与入射电流波完全相同的反射电流波，称之为电流正的全反射。折射波电流为入射波电流的 2 倍。

从能量角度看，当线路末端接地时，反射波传到哪里，哪里的电场能量全部转化成磁场能量，使电压降为 0、电流增大到 2 倍。

算例 8：如图 6-15 所示，$Z_1 = 400\Omega$、$Z_2 = 500\Omega$，无限长直角波 U 的幅值 900kV，A、C 两点距 B 点都为 300m，求 $1 \sim 3\mu s$，A、B、C 三点的电压。

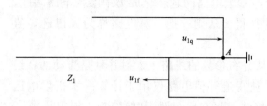 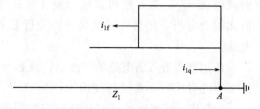

图 6-13　线路末端接地时电压波形图　　　图 6-14　线路末端开路时电流波形图

解： 先求出

$$\alpha = \frac{2 \times 500}{400+500} = \frac{10}{9}$$

$$\beta = \frac{500-400}{400+500} = \frac{1}{9}$$

依据不同时刻，U_{2q} 和 U_{1f} 所到位置求 A、B、C 三点的电压。

$t=1\mu s$ 时：行波到达 B 点，发生折反射，B 点电压就是 U_{2q}，即

$$U_B = U_{2q} = \alpha U = 1000\text{kV}$$

此时反射波刚产生，反射波从 B 点

回到 A 点还需要 $1\mu s$ 时间，因此 $2\mu s$ 之前对 A 点电压无影响，$U_A=900\text{kV}$。U_{2q} 到达 C 点还需要 $1\mu s$ 时间，因此 $2\mu s$ 之前 C 点无电压，$U_C=0$。

$t=2\mu s$ 时：反射波回到 A 点，折射波到达 C 点，则

$$U_A = 900 + \frac{1}{9} \times 900 = 1000(\text{kV}) ; U_C = U_{2q} = 1000\text{kV} ; U_B = 1000\text{kV}。$$

$t=2\mu s$ 之后：三点电压都为 1000kV。

前边分析了不同波阻抗线路连接时的波过程。如果波阻抗为 Z 的线路末端经电阻 R 接地，行波 u_{1q} 到达电阻 R 时会产生怎样的波过程？

行波到达电阻 R 时发生折反射，在电阻上产生电压 $u_{2q} = \frac{2R}{Z+R}u_{1q}$，产生一个反射波 $u_{1f} = \frac{R-Z}{Z+R}u_{1q}$。需要注意，由于 R 是负载，u_{2q} 不会透过 R 继续传播。

如果 $R=Z$，则 $\alpha=1$，$\beta=0$，行波到达电阻时全部能量转化成热能被消耗掉。

如果 $R \neq Z$，会形成反射波，电阻 R 上获得的能量全部转化成热能消耗掉。

二、彼得逊法则

$u_{2q} = \frac{2Z_2}{Z_1+Z_2}u_{1q}$ 如果写成 $u_{2q} = \frac{Z_2}{Z_1+Z_2}2u_{1q}$，可以发现 u_{2q} 是 $2u_{1q}$ 在两个串联波阻抗上的分压。借鉴戴维南定理，可以作出一个集中参数电路，如图 6-16 所示，电源电压为 $2u_{1q}$，两个阻值等于 Z_1 和 Z_2 的电阻串联，Z_2 上的电压就是要求解的折

射波电压 u_{2q}。这样就可以把行波计算的分布参数电路问题转化成集中参数电路问题，简化问题分析。把这种转换规则称为行波的彼得逊法则，把计算电路称为彼得逊等值电路。

使用彼得逊等值电路的条件是：波必须从分布参数的线路 1 入射并且是流动的；线路 2 上没有反行波或反行波尚未到达节点。彼得逊等值电路仅用于计算一次折射电压 u_{2q}，涉及行波多次折反射计算时需要用网格法，将在后续课程中讲述。

行波入侵变电站时，利用彼得逊等值电路计算母线上（即节点）的电压很方便。一个变电站母线上接有 n 回波阻抗为 Z 的线路，一回线路上有行波 u_{1q} 入侵时，变电站彼得逊等值电路如图 6-17 所示，作出电路的基本原则如下：

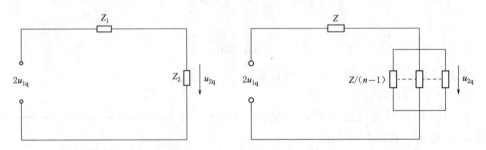

图 6-16　彼得逊等值电路图　　　　图 6-17　变电站彼得逊等值电路

（1）以 $2u_{1q}$ 作为电源电压。

（2）入侵波所在线路波阻抗作为电路中的 Z_1，母线上其余所有线路并联后的等值波阻抗作为电路中的 $Z_2 = Z/(n-1)$。

（3）电路中的集中参数元件按原位置接入电路。

（4）以入侵波电流作电源时，以 $2i_{1q}$ 作电流源，入侵波所在线路波阻抗 Z 作电流源的内阻，等值电路图略。

算例 9：一个变电站母线上接有 n 条线路，当一个无限长直角波 u 入侵到母线时，求母线上的电压。

解：令母线上电压为 u_{2q}，利用图 6-17 彼得逊等值电路，计算得

$$u_{2q} = \frac{Z_2}{Z_1 + Z_2} \times 2u = \frac{z/(n-1)}{z + z/(n-1)} \times 2u = \frac{2u}{n}$$

计算结果表明：变电站母线上连接的线路回路数越多，行波入侵时母线上的过电压幅值越低，这对变电站雷电过电压的防护是有利的。

第三节　行波通过串联电感和并联电容

在电力系统中常会遇到线路和电感或电容相连的情况，尤其是在线路上串联电感和并联电容的方式更为常见。由于电感中电流不能突变、电容上电压不能突变，行波经过串联电感或并联电容时，在不同时刻的折射、反射系数是不同的，使折射波和反射波的波形发生变化。

资源 6.5

一、无限长直角波通过串联电感

如图 6-18（a）所示，波阻抗为 Z_1 的线路 1 通过电感 L 与波阻抗为 Z_2 的线路 2 连接，一个无限长直角波 u_{1q} 由线路 1 入侵，线路 2 上没有反行波，u_{1q} 经过串联电感后会获得怎样的 u_{2q} 和 u_{1f} ？

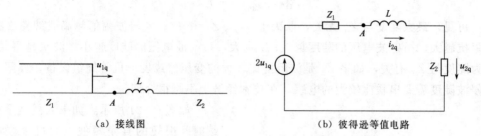

（a）接线图　　　　　　　　（b）彼得逊等值电路

图 6-18　无限长直角波通过串联电感

可以作出彼得逊等值电路，如图 6-18（b）所示，依照电路列出方程：

$$2u_{1q} = (Z_1 + Z_2) i_{2q} + L \frac{\mathrm{d}i_{2q}}{\mathrm{d}t}$$

计算得出

$$i_{2q} = \frac{2u_{1q}}{Z_1 + Z_2}(1 - \mathrm{e}^{-\frac{t}{T}}) \tag{6-13}$$

式中　T——时间常数，$T = \dfrac{L}{Z_1 + Z_2}$。

线路 2 上获得的折射波电压为

$$u_{2q} = Z_2 \times i_{2q} = \frac{2Z_2 u_{1q}}{Z_1 + Z_2}(1 - \mathrm{e}^{-\frac{t}{T}}) = \alpha u_{1q}(1 - \mathrm{e}^{-\frac{t}{T}}) \tag{6-14}$$

u_{2q} 由一个固定分量和一个随时间衰减的自由分量构成。$t=0$ 时刻，$u_{2q}=0$；初始时刻之后，串联电感中有电流通过，u_{2q} 不断升高，波形如图 6-19 所示，波头由直角波变成按指数变化的斜角波，陡度下降了；$t=\infty$ 时，$u_{2q}=\alpha u_{1q}$，稳态值不受串联电感的影响。

陡度下降对绕组设备纵绝缘的保护是有利的。如图 6-20 所示，幅值相同、陡度不同的两个行波分别入侵绕组，如果是直角波，陡度最大，绕组上 A、B 两点之间的电压差是入侵波幅值；如果是斜角波，显然 A、B 两点之间的电压差低于幅值，对纵绝缘的威胁变小了。因此入侵波的陡度越小，对绕组设备纵绝缘的保护越有利。

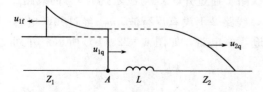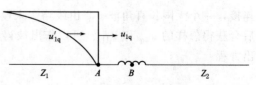

图 6-19　无限长直角波通过串联电感后波形图　　　图 6-20　陡度对纵绝缘的影响示意图

由式（6-14）可以计算出折射波电压的陡度，即

$$\frac{\mathrm{d}u_{2q}}{\mathrm{d}t} = \frac{2Z_2 u_{1q}}{L}\mathrm{e}^{-\frac{t}{T}} \tag{6-15}$$

最大陡度出现在 $t=0$ 时刻，即

$$\left.\frac{\mathrm{d}u_{2q}}{\mathrm{d}t}\right|_{\max} = \frac{2Z_2 u_{1q}}{L} \tag{6-16}$$

可见，最大陡度与 Z_1 无关，取决于 u_{1q}、Z_2 和 L。入侵波幅值越高或线路2的波阻抗越大，折射波电压的陡度越大；L 越大，折射波电压的陡度越小，波头越平缓。因为陡度与 Z_2 有关，如果 Z_2 是波阻抗比较大的变压器或发电机等绕组设备，要限制入侵波陡度需要串联比较大的电感，在技术经济上不是很合理。

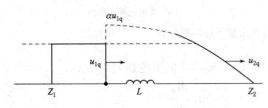

图6-21　直角短波通过串联电感

如图6-21所示，如果入侵波是持续时间很短的直角短波，通过串联电感后，产生的 u_{2q} 还没有达到稳态值 αu_{1q}，入侵波就截断了，u_{2q} 在陡度下降的同时，幅值也会衰减。

下面来求反射波电压。图6-18（a）中，依据串联电路中的电流是唯一的，可列出方程：

$$i_{1q} + i_{1f} = i_{2q}$$

可以变写成

$$\frac{u_{1q}}{Z_1} + \frac{u_{1f}}{(-Z_1)} = \frac{u_{2q}}{Z_2}$$

将式（6-14）代入，得到

$$u_{1f} = \frac{Z_2 - Z_1}{Z_1 + Z_2}u_{1q} + \frac{2Z_1}{Z_1 + Z_2}u_{1q}\mathrm{e}^{-\frac{t}{T}} \tag{6-17}$$

u_{1f} 的波形如图6-19所示。$t=0$ 时刻，$u_{1f} = u_{1q}$，形成电压正的全反射，即反射波的波头与入射波完全相同。反射波沿线路1传播时，波头到达之处的电压为 $2u_{1q}$，对绝缘是有威胁的。产生此结果的原因是电感中电流不能突变，行波到达电感的瞬间相当于线路1末端开路。初始时刻之后，电感中有电流通过，u_{1f} 不断衰减；$t=\infty$ 时，$u_{1f} = \beta u_{1q}$。可见串联电感也不影响反射波电压的稳态值。

二、无限长直角波通过并联电容

如图6-22（a）所示，波阻抗为 Z_1 的线路1通过并联 C 与波阻抗为 Z_2 的线路2连接，一个无限长直角波 u_{1q} 由线路1入侵，线路2上没有反行波，u_{1q} 经过并联电容后会获得怎样的 u_{2q} 和 u_{1f}？可以作出彼得逊等值电路，如图6-22（b）所示，并列出方程：

$$i_{1q} = i_c + i_{2q}$$

$$i_c = C\frac{\mathrm{d}u_{2q}}{\mathrm{d}t} = C\frac{Z_2\,\mathrm{d}i_{2q}}{\mathrm{d}t}$$

能够推导出

$$i_{2q} = \frac{2u_{1q}}{Z_1 + Z_2}(1 - e^{-\frac{t}{T}})$$

式中　T——时间常数，$T = \frac{Z_1 Z_2}{Z_1 + Z_2}C$。

$$u_{2q} = \frac{2Z_2 u_{1q}}{Z_1 + Z_2}(1 - e^{-\frac{t}{T}}) = \alpha u_{1q} e^{-\frac{t}{T}} \tag{6-18}$$

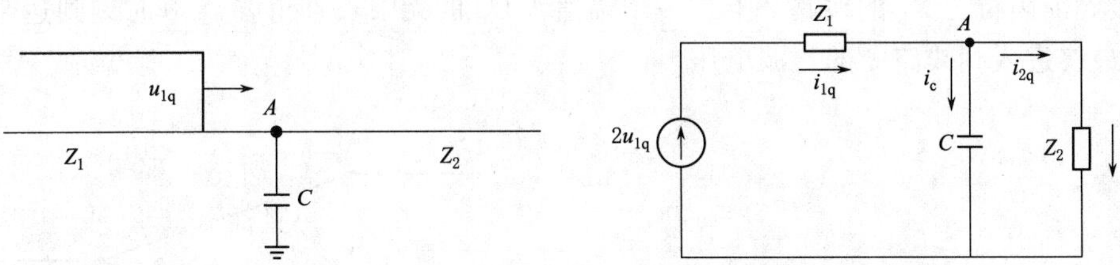

(a) 接线图　　　　　　　　　　　(b) 彼得逊等值电路

图 6-22　无限长直角波通过并联电容

　　同串联电感一样，u_{2q} 由一个固定分量和一个随时间衰减的自由分量构成。$t = 0$ 时刻，$u_{2q} = 0$；初始时刻之后，随着并联电容被充电，u_{2q} 不断升高，波形如图 6-23 所示，波头由直角波变成按指数变化的斜角波，陡度下降，对绕组设备纵绝缘保护有利；$t = \infty$ 时，$u_{2q} = \alpha u_{1q}$，折射波电压稳态值不受并联电容的影响。折射波电压的陡度为

$$\frac{du_{2q}}{dt} = \frac{2u_{1q}}{Z_1 C} e^{-\frac{t}{T}} \tag{6-19}$$

$$\frac{du_{2q}}{dt}\bigg|_{\max} = \frac{2u_{1q}}{Z_1 C} \tag{6-20}$$

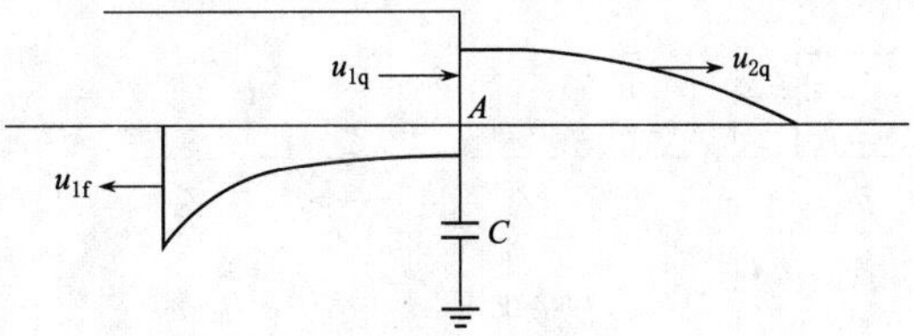

图 6-23　无限长直角波通过并联
电容后波形图

最大陡度取决于 u_{1q}、Z_1 和 C，并联电容越大，u_{2q} 陡度越低。陡度与 Z_2 无关，因此对于 Z_2 较大的变压器、发电机等绕组设备，常采用并联电容限制入侵波陡度。

　　下面来求反射波电压。在图 6-22 (a) 中，节点 A 处电压是唯一的，可得方程：

$$u_{1f} = u_{2q} - u_{1q} = \frac{Z_2 - Z_1}{Z_1 + Z_2} u_{1q} - \frac{2Z_2}{Z_1 + Z_2} u_{1q} e^{-\frac{t}{T}} \tag{6-21}$$

u_{1f} 的波形图如图 6-23 所示。$t = 0$ 时刻，$u_{1f} = -u_{1q}$，发生电压负的全反射，反射波的波头电压与入射波电压幅值相同、极性相反，沿线路 1 传播时，波头到达之处的电压降为 0，对绝缘是有利的。产生此结果的原因是电容上电压不能突变，行波到达电容的瞬间相当于接地。初始时刻之后，随着电容被充电，u_{1f} 不断升高；$t = \infty$ 时，$u_{1f} = \beta u_{1q}$，并联电容也不影响反射波的稳态值。

　　由上面分析可知，从折射波的角度来看，串联电感与并联电容的作用是一样的，但从反射波的角度来看，二者的作用相反。工程中，常在直配电机的母线上并联电容

限制入侵波陡度，也有采用串联 $400\sim1000\mu\mathrm{H}$ 电感线圈降低配电所入侵波陡度的。

第四节 行波多次折反射

在实际电网中，线路长度总是有限的，线路两端又可能连有不同波阻抗的线路或不同阻抗的集中参数元件，行波传播时会在线路两个节点间发生多次折射、反射。

如图 6-24（a）所示，波阻抗为 Z_1 的线路 1 通过波阻抗为 Z_0、长度为 l_0 的短线段连接到波阻抗为 Z_2 的线路 2 上。一个幅值为 U_0 的无限长直角波 $t=0$ 时刻到达节点 1，求最终进入到线路 2 的行波电压。

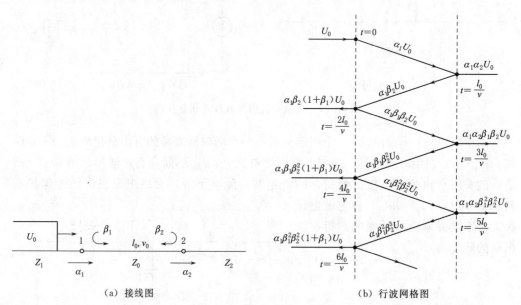

（a）接线图   （b）行波网格图

图 6-24 行波多次折反射

令行波从左向右传播时在节点 1、2 处的折射系数为 α_1 和 α_2，在节点 2 处的反射系数为 β_2；行波从右向左传播时，在节点 1 处的反射系数为 β_1。其值分别为

$$\alpha_1=\frac{2Z_0}{Z_1+Z_0},\quad \alpha_2=\frac{2Z_2}{Z_0+Z_2}$$

$$\beta_1=\frac{Z_1-Z_0}{Z_1+Z_0},\quad \beta_2=\frac{Z_2-Z_0}{Z_0+Z_2}$$

采用网格法求解最终进入线路 2 的折射电压。所谓网格法就是将行波在节点上的各次折射、反射情况，按照时间顺序逐一表示出来，然后根据网格图来计算节点的电压值，如图 6-24（b）所示。经过繁复的推导，能够得出 $t=\infty$ 时，最终进入线路 2 的折射电压稳态值，即

$$u_{2\mathrm{q}}=\frac{2Z_2}{Z_1+Z_2}u_{1\mathrm{q}}$$

这表明，最终进入线路 2 的电压稳态值不受中间线段的影响，只由线路 1 和线路

2 的波阻抗 Z_1、Z_2 决定。中间线段的存在及其大小，会影响 u_{2q} 波形，特别是其波前部分。

（1）如果 $Z_1 > Z_0$ 且 $Z_2 > Z_0$，例如两条架空线路经一段电缆相连，获得的 U_2 波形如图 6-25 所示。因为 β_1 和 β_2 都是正值，使 U_2 逐次叠加增大到幅值，其陡度下降了。

（2）如果 $Z_1 < Z_0$ 且 $Z_2 < Z_0$，例如两条电缆经一段架空线路相连，获得的 U_2 波形也如图 6-25 所示。因为 β_1 和 β_2 都是负值，但其乘积 $\beta_1\beta_2$ 为正值，使 U_2 逐次叠加增大到幅值，其陡度下降了。

（3）如果 Z_0 介于 Z_1、Z_2 之间，获得的 u_2 波形如图 6-26 所示。因为 β_1 和 β_2 乘积为负值，使 u_2 的波形经过振荡后达到稳态值。如果 $Z_1 > Z_2$，U_2 的稳态值低于 U_0；如果 $Z_1 < Z_2$，U_2 的稳态值高于 U_0。

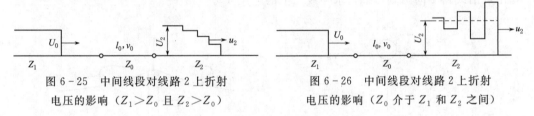

图 6-25　中间线段对线路 2 上折射
电压的影响（$Z_1 > Z_0$ 且 $Z_2 > Z_0$）

图 6-26　中间线段对线路 2 上折射
电压的影响（Z_0 介于 Z_1 和 Z_2 之间）

第五节　平行多导线系统中的波过程

前面分析的都是行波沿着单导线传播的情况，实际上输电线路都是由多条平行导线组成的，例如没有架设避雷线的三相交流输电线路是一个三平行导线系统，架设了一条避雷线的三相交流输电线路就是一个四平行导线系统等等。此时行波沿其中一条导线传播，由于空间的电磁场将同时作用在其他平行导线上，使其他导线上出现相应的耦合波。如图 6-27 所示，n 条平行导线，根据静电场的概念，并利用静电场中的麦克斯韦方程组，可以推导出求解 n 条平行导线系统中波过程的计算方程组：

资源 6.6

$$
\begin{cases}
u_1 = Z_{11}i_1 + Z_{12}i_2 + \cdots + Z_{1k}i_k + Z_{1n}i_n \\
u_2 = Z_{21}i_1 + Z_{22}i_2 + \cdots + Z_{2k}i_k + Z_{2n}i_n \\
\qquad\qquad\qquad\vdots \\
u_k = Z_{k1}i_1 + Z_{k2}i_2 + \cdots + Z_{kk}i_k + Z_{kn}i_n \\
u_n = Z_{n1}i_1 + Z_{n2}i_2 + \cdots + Z_{nk}i_k + Z_{nn}i_n
\end{cases}
\tag{6-22}
$$

资源 6.7

式中　u_n——第 n 条导线上的电压；

i_n——第 n 条导线中的电流；

Z_{nn}——第 n 条导线的自波阻抗；

Z_{kn}——第 k 条导线与第 n 条导线之间的互波阻抗。

自波阻抗的大小取决于导线自身的几何尺寸，图 6-27 中，第 k 条导线的自波阻抗为

$$Z_{kk} = \sqrt{\frac{L_0}{C_0}} = 60\ln\frac{2h_k}{r_k} \qquad (6-23)$$

互波阻抗取决于两条导线之间的位置关系，图 $6-27$ 中，第 k 条导线与第 m 条导线之间的互波阻抗为

$$Z_{km} = 60\ln\frac{d_{k'm}}{d_{km}} \qquad (6-24)$$

两条导线之间距离越近，互波阻抗越大。

n 条平行导线可以列出 n 个方程，再加上边界条件，就可以分析无损平行多导线系统中的波过程。

算例 10： 两平行导线系统如图 $6-28$ 所示，其中 1 为经铁塔接地的避雷线，2 为由绝缘子串悬挂、对地绝缘的导线。假设雷击杆塔塔顶，由雷击引起的电压波 u_1 自雷击点沿线路 1 向两侧传播，求导线 2 上的电压 u_2。

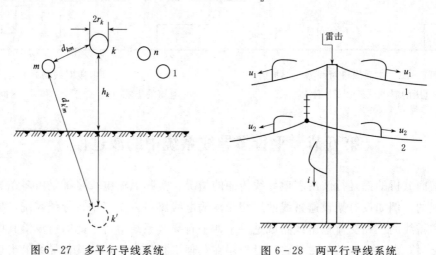

图 $6-27$ 多平行导线系统　　　　图 $6-28$ 两平行导线系统

解： 依据式 $(6-22)$ 可列出方程组：

$$\begin{cases} u_1 = Z_{11}i_1 + Z_{12}i_2 \\ u_2 = Z_{21}i_1 + Z_{22}i_2 \end{cases}$$

因为导线 2 通过绝缘子串对铁塔进行隔离，雷击避雷线时，如果绝缘子串不发生冲击闪络，是没有雷电流注入导线 2 的，即 $i_2 = 0$。

方程化简为

$$u_1 = Z_{11}i_1$$
$$u_2 = Z_{21}i_1$$

这样可以得出

$$u_2 = \frac{Z_{21}}{Z_{11}}u_1 \qquad (6-25)$$

把 u_2 称为耦合电压。两条平行导线系统中，一条导线上有一个电压 u_1，另一条

导线上就会耦合出一个电压 u_2，耦合电压与源电压同生、同灭、同极性。

令 $k = \dfrac{Z_{21}}{Z_{11}}$，把 k 称为耦合系数，是两平行导线间的互波阻抗与源电压所在线路的自波阻抗之比，即

$$k = \frac{Z_{21}}{Z_{11}} = \frac{60\ln\dfrac{d_{12'}}{d_{12}}}{60\ln\dfrac{2h}{r}} = \frac{\ln\dfrac{d_{12'}}{d_{12}}}{\ln\dfrac{2h}{r}} \tag{6-26}$$

式中　d_{12}——导线 1 与导线 2 之间的距离，m；

　　　$d_{12'}$——导线 1 与导线 2 在地中投影之间的距离，m。

k 的取值范围为（0，1）。工程中，架空输电线路的避雷线与导线之间的耦合系数一般为 0.2～0.3。因为绝缘子串两端的电压差 $\Delta u = u_1 - u_2 = (1-k)u_1$，耦合系数越大，绝缘子串上的压降就越低，越不容易发生冲击闪络，雷击对系统运行的影响越小，所以希望耦合系数越大越好。可以采取架设避雷线、增加避雷线根数或架设耦合地线等措施增大耦合系数。

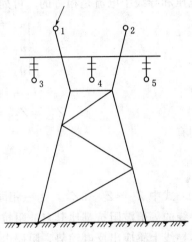

图 6-29　多平行导线系统

算例 11： 如图 6-29 所示，一条三相交流输电线路铁塔上架设两条避雷线 1 和避雷线 2。求两条避雷线与导线 3 之间的耦合系数。

解： 两条避雷线经铁塔接地，彼此对称，雷击避雷线 1 时，有 $u_1 = u_2$ 和 $i_1 = i_2$，同时有 $Z_{11} = Z_{22}$、$Z_{12} = Z_{21}$。导线经绝缘子串与铁塔隔离，导线中电流为 0。列出方程组：

$$\begin{cases} u_1 = Z_{11}i_1 + Z_{12}i_2 \\ u_2 = Z_{21}i_1 + Z_{22}i_2 \\ u_3 = Z_{31}i_1 + Z_{32}i_2 \end{cases}$$

可以得出

$$u_3 = \frac{Z_{31} + Z_{32}}{Z_{11} + Z_{12}} u_1 = \frac{\dfrac{Z_{31}}{Z_{11}} + \dfrac{Z_{32}}{Z_{11}}}{1 + \dfrac{Z_{12}}{Z_{11}}} u_1 = \frac{\dfrac{Z_{31}}{Z_{11}} + \dfrac{Z_{32}}{Z_{22}}}{1 + \dfrac{Z_{12}}{Z_{11}}} u_1 = \frac{k_{13} + k_{23}}{1 + k_{12}} u_1 \tag{6-27}$$

两条避雷线与导线间耦合系数为

$$k_{1,2-3} = \frac{k_{13} + k_{23}}{1 + k_{12}}$$

式中　k_{12}——两条避雷线之间的耦合系数；

　　　k_{13}——避雷线 1 与导线 3 之间的耦合系数；

k_{23} ——避雷线 2 与导线 3 之间的耦合系数。

架设两条避雷线后，两条避雷线与导线之间的耦合系数要大于单条避雷线时的耦合系数，但不等于每条避雷线与导线之间耦合系数之和，即 $k_{1,2-3} \neq k_{13} + k_{23}$。

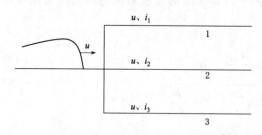

图 6-30　行波同时入侵三相导线

算例 12：如图 6-30 所示，行波同时入侵一个对称三相系统，求三相导线的等值波阻抗。

解：因为三相导线是对称的，三相导线的自波阻抗是相等的、互波阻抗也相等；行波同时入侵时，三相导线上的电压和导线中电流是相等的。可列出方程组：

$$\begin{cases} u_1 = Z_{11}i_1 + Z_{12}i_2 + Z_{13}i_3 \\ u_2 = Z_{21}i_1 + Z_{22}i_2 + Z_{23}i_3 \\ u_3 = Z_{31}i_1 + Z_{32}i_2 + Z_{33}i_3 \end{cases}$$

令　　　　$i_1 = i_2 = i_3 = i$，$Z_{11} = Z_{22} = Z_{33} = Z$，

$$Z_{12} = Z_{21} = Z_{13} = Z_{31} = Z_{23} = Z_{32} = Z'$$

则有

$$u = (Z + 2Z')$$
$$i = Z_s i$$

式中 $Z_s = Z + 2Z'$，为三相同时进波时每相导线的等值波阻抗。可以看出，每相导线的等值波阻抗都比其自波阻抗增大了，其原因是相邻平行导线中传播的电压波在本导线上感应出反电动势，阻碍电流在本导线中的传播。

把三相导线并联后总的波阻抗称为合成波阻抗，有

$$Z_{s3} = \frac{Z + 2Z'}{3} \tag{6-28}$$

如果行波同时入侵 n 条平行导线，则合成波阻抗为

$$Z_{sn} = \frac{Z + (n-1)Z'}{n} \tag{6-29}$$

算例 13：如图 6-31 所示，电缆芯线和金属外皮通过一个气体间隙连接，没有行波入侵时，气隙保持开路状态；有行波入侵时间隙击穿，使芯线和金属外皮通过电弧短接。求行波入侵时芯线和金属外皮中的电流。

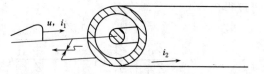

图 6-31　行波同时入侵电缆芯线和金属外皮

解：行波入侵时，间隙击穿，使得入侵波电压同时作用在芯线和金属外皮上。设芯线中流过的电流为 i_1，金属外皮中流过的电流为 i_2，可列出方程：

$$u = Z_{11}i_1 + Z_{12}i_2, \quad u = Z_{21}i_1 + Z_{22}i_2$$

即

$$Z_{11}i_1 + Z_{12}i_2 = Z_{21}i_1 + Z_{22}i_2$$

由于金属外皮中电流 i_2 所形成的磁场在环绕金属外皮的同时，也完全包围着芯线，因此有 $Z_{22} = Z_{12}$，得出 $Z_{11}i_1 = Z_{21}i_1$。

但芯线中电流 i_1 形成的磁场，在环绕芯线的同时仅部分与金属外皮交链，所以有 $Z_{11} > Z_{21}$。那么，满足 $Z_{11}i_1 = Z_{21}i_1$ 成立的唯一条件就是 $i_1 = 0$。即行波同时入侵电缆芯线和金属外皮时，电流全部从金属外皮流走，芯线中电流为 0。这是有重要应用价值的结论，例如在发电厂、变电站采用电缆段作进线段限制雷电入侵波的电流幅值。

第六节　冲击电晕对线路中波过程的影响

前面几节讲述的波过程问题都没有考虑线路中的损耗，认为线路是均匀无损的，波在传播过程中不发生衰减和变形。但工程中，任何一条实际线路都是有损耗的，考虑能量损耗时，有损导线分布参数等值电路如图 6-32 所示，R_0 为单位长度导线电阻，G_0 为单位长度导线对地电导。行波电流在导线与大地构成的回路中流动，引起能量损耗的因素有：①导线电阻和大地电阻；②绝缘的泄漏电导与介质损耗；③极高频或陡波下的辐射损耗；④冲击电晕。

资源 6.8

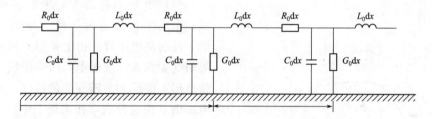

图 6-32　有损导线分布参数等值电路

考虑能量损耗时，行波会发生幅值衰减、波前陡度下降、波长增长、行波中凸凹不平处变得圆滑、电压波与电流波波形不再相同等变化。

波在传播时发生的幅值衰减和波形畸变与下列因素有关：①波传播的距离越长衰减得越多；②电阻与波阻抗的比值 R/Z 越大，衰减得越多，因此波在电缆中传播时衰减得更多；③波的等值频率越高衰减得越多，因此短波传播时衰减得更多；④相较于上述三种因素，电晕将造成行波的显著变化，实际测量证明，使架空线路中行波发生衰减和变形的决定性因素就是冲击电晕。

线路遭到雷击或出现操作过电压，导线上冲击电压升高到起晕电压时，会瞬时产生冲击电晕。电晕对波过程的影响会由于空间电荷分布和作用的不同而有差异。实践表明，正极性冲击电晕对波的幅值衰减和波形畸变的影响要比负极性冲击电晕的影响大。考虑到绝大多数雷电是负极性的，分析电晕对行波的影响时，主要分析负极性电晕。

电晕形成后，等效增大了导线的截面积，将增大导线的对地电容；行波中的电流依然在导线中流动，故不影响导线电感。因此，电晕对波过程的影响表现如下：

（1）导线波阻抗减小，一般可减小 20%～30%，使架空线路的波阻抗下降到 350～400Ω。

（2）波速减小，可减小到 0.75c 左右。

（3）耦合系数增大。不考虑能量损耗时，导线间的耦合系数只决定于导线的几何尺寸和位置关系，称为几何耦合系数 k_0。出现电晕后，耦合系数会增大到 k，可以表示为

$$k = k_1 k_0 \qquad\qquad (6-30)$$

式中　k_1——电晕校正系数，与冲击电压幅值有关，电压幅值越高，产生的电晕就越强烈，k_1 越大。

《交流电气装置的过电压保护和绝缘配合》（DL/T 620—1997）中建议按表 6-1 选取电晕效应校正系数 k_1。

当雷击避雷线档距中间时，k_1 可以取 1.5。

表 6-1　　　　　　　　　　　　耦合系数的电晕效应校正系数

线路额定电压/kV		20～35	60～110	154～330	500
k_1	一根避雷线	1.15	1.25	1.30	—
	两根避雷线	1.10	1.20	1.25	1.28

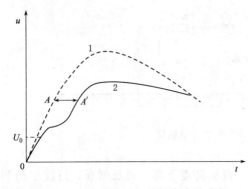

图 6-33　由电晕引起的行波波形畸变

（4）电晕消耗能量，使行波幅值衰减；电晕使行波波速下降，导致行波变形，波前陡度下降。由电晕引起的行波波形畸变如图 6-33 所示，图中曲线 1 为原始波形，曲线 2 为畸变后的波形。冲击波电压由 0 快速升高，在曲线 1 中，电压低于起晕电压 U_0 的波前部分各点的传播不受电晕影响，依然按照光速传播；行波电压达到 U_0 时产生电晕，U_0 之后每一点的传播速度将受到电晕的影响。由于波速下降，经过 Δt 时间后，曲线 1 上的各点都将落后一段距离，使波形畸变成曲线 2，如曲线 1 上的 A 点落后一段距离后变成曲线 2 上的 A' 点，行波的陡度下降了。实测表明，电晕在行波波尾会停止发展，电晕套逐渐消失，因此波尾部分各点的传播不受电晕影响。

电晕能够使行波幅值衰减、陡度下降，对变压器纵绝缘保护是有利的，变电站进线段就是据此设计的。

第七节　绕组中的波过程

电力变压器经常会受到雷电或操作过电压的侵袭，这时在绕组内部将出现极复杂的电磁振荡过程，即波过程，使绕组主绝缘和纵绝缘上出现过电压。分析变压器绕组绝缘

上出现的过电压可能达到的幅值和波形，是变压器绝缘结构设计的基础。变压器绕组中的波过程与绕组的接线形式、中性点接地方式、进波情况等因素有很大的关系。

资源 6.9

一、单相变压器绕组的等值电路及其初始电位分布

为了便于分析，假定绕组是均匀的，绕组各处的电气参数均相同，忽略电阻和电导，也不单独考虑各种互感，而把它们的作用归并到自感中去。单相变压器绕组等值电路如图 6-34 所示。长度为 l 的绕组，设其单位长度的等值电感为 L_0、对地电容为 C_0、纵向电容为 K_0，则 $\mathrm{d}x$ 小段的电感为 $L_0\mathrm{d}x$、对地电容为 $C_0\mathrm{d}x$、纵向电容为 $K_0/\mathrm{d}x$。绕组末端（$x=l$ 处）可能接地，例如星形接线中性点接地的绕组；绕组末端也可能开路，例如星形接线中性点不接地的绕组。现在来求绕组首端突然闭合到幅值为 U_0 的直流电源上，即有无限长直角波入侵，在 $t=0$ 时刻，绕组上电位的分布规律，即初始电位分布。

$t=0$ 时刻，因为电感中电流不能突变，可以看成电感是开路的，等值电路简化成一个电容链，如图 6-35 所示。电容链总电容称为变压器的入口电容 C_T，有

$$C_T = \sqrt{C_0 K_0} \tag{6-31}$$

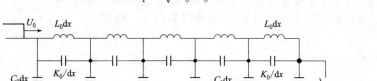

图 6-34　单相变压器绕组等值电路

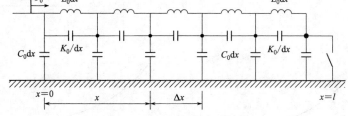

图 6-35　行波入侵单相变压器绕组初始时刻等值电路

入口电容与变压器的额定电压、容量和结构等因素有关。对连续式绕组，各电压等级变压器的入口电容可以参考表 6-2；对纠结式绕组，因为其纵向电容大，入口电容要比表中所列数据增大 2～4 倍。

表 6-2		变压器的入口电容			
额定电压/kV	35	110	220	330	500
入口电容/pF	500～1000	1000～2000	1500～3000	2000～5000	4000～6000

　　行波在电容链中传播，实质是为电容充电的过程。由于对地电容的分流，从绕组首端到末端，各纵向电容所充电量逐渐减少。为求解初始电位分布，在图6-35中进行了参数设定，假设距离绕组首端 x 处，前面纵向电容所充电量为 Q、压降为 $\mathrm{d}u$，对地电容所充电量为 $\mathrm{d}Q$、对地电压为 u，可得出

$$Q = \frac{K_0}{\mathrm{d}x}\mathrm{d}u \tag{6-32}$$

$$\mathrm{d}Q = C_0 \mathrm{d}x u \tag{6-33}$$

将式（6-32）代入式（6-33），得出

$$\frac{\mathrm{d}^2 u}{\mathrm{d}x^2} = \frac{C_0}{K_0} u \tag{6-34}$$

令 $\alpha = \sqrt{\dfrac{C_0}{K_0}}$。为简化问题分析，对于普通连续式绕组，式（6-34）的解可以近似表达为

$$u = U_0 \mathrm{e}^{-\alpha x} = U_0 \mathrm{e}^{-\alpha l \frac{x}{l}} \tag{6-35}$$

　　从式（6-35）能够看出，初始电位分布不是线性的，而是按照指数函数衰减，首端电压最高。绕组中初始电位分布曲线如图6-36所示。

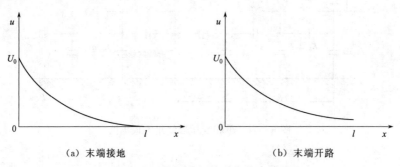

（a）末端接地　　　　　　　　　　（b）末端开路

图6-36　绕组中初始电位分布曲线

　　不论绕组末端接地与否，初始电位分布基本是一致的，绕组首端电压都是 U_0，绕组末端接地时末端电压为0；绕组末端不接地时末端电压不一定是0，取决于 αl 的大小，αl 越小末端电压越高。

　　初始电位不是线性分布的原因是对地电容分流造成的。对地电容越大，α 就越大，电压衰减得越快，电压分布越不均匀；如果纵向电容越大，α 就越小，电压衰减得越慢，电压分布越均匀；这为寻找改善绕组中电压分布措施提供了思路。

　　绕组中电位梯度为

$$\frac{\mathrm{d}u}{\mathrm{d}x} = -\alpha U_0 \mathrm{e}^{-\alpha x} \tag{6-36}$$

从式（6-36）能够看出，在绕组首端 $x=0$ 处电位梯度最大。

二、单相变压器绕组中稳态电位分布及波过程

　　初始时刻后，当电感中有电流通过时，绕组的稳态电位分布将按照绕组电阻线性

分布，如图 6-37 所示。

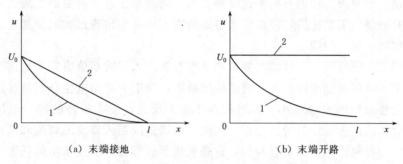

（a）末端接地　　　　　　　　（b）末端开路

图 6-37　绕组中稳态电位分布曲线

1—初始电位分布；2—稳态电位分布

绕组末端接地，稳态电位分布是一条斜线，首端电压为 U_0，末端电压为 0；绕组末端不接地，稳态电位分布是一条水平线，各点电压都为 U_0。

在电感电容串并联电路中，初始电位分布和稳态电位分布不一致，过渡过程中必然会产生振荡，即形成绕组中的波过程。振荡是以稳态值为轴、稳态值与初始值之间的差值为振幅进行，绕组中波过程产生的过电压包络线曲线如图 6-38 所示。

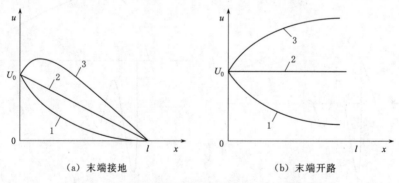

（a）末端接地　　　　　　　　（b）末端开路

图 6-38　绕组中波过程产生的过电压包络线曲线

1—初始电位分布；2—稳态电位分布；3—过渡过程最大电位分布

绕组末端接地，最大电位出现在绕组首端，其值可达 $1.4U_0$，最大电位梯度也出现在绕组首端。设计绝缘时，绕组首端的主绝缘和纵绝缘都要加强。

绕组末端开路，最大电位出现在绕组末端，其值可达 $1.9U_0$，最大电位梯度出现在绕组首端。设计绝缘时，绕组首端的纵绝缘和末端的主绝缘要加强。

由前面绕组中波过程的定性分析可知，波过程产生的原因是绕组中初始电位分布和稳态电位分布不一致，而初始电位分布与稳态电位分布不一致的原因又是初始电位分布不是线性的，因此对地电容的存在是造成波过程的根源。任意两点之间只要有电位差又有中间电介质的存在，就可以等效出电容，因此对地电容是不可能被消除掉的，需要想办法补偿对地电容中流走的电流，来改善初始电位分布。

讨论绕组中波过程还要注意以下几个问题：

（1）不论绕组末端接地与否，最大电位梯度都出现在绕组首端，它是造成绕组绝缘损伤的最主要原因。理论分析和试验都表明，随着振荡过程的发展，最大电位梯度的出现点将向绕组末端传播，使得绕组各点将在不同时刻出现最大电位梯度，设计绕组绝缘时需要注意此问题。

（2）绕组中波过程与入侵波的幅值和陡度有关。入侵波幅值决定了振荡过程中过电压的幅值，希望越低越好。入侵波的陡度越小，绕组中初始电位分布越接近稳态电位分布，过渡过程的振幅越小，波过程越平稳；反之，波头很陡的冲击电压入侵绕组，将在绕组内产生很强烈的波过程。因此采取措施限制入侵波的幅值和陡度，对绕组的主绝缘和纵绝缘保护都是有利的，这是变压器外部保护所应承担的任务，通常采用变电站进线段保护来实现。

（3）绕组中波过程与入侵波的波长有关。如果入侵波的波尾较短，绕组中的振荡过程还没有充分发展，外加电压就已经有较大的衰减，绕组各点的对地最大电位就会比较低。

（4）截波对绕组设备的威胁大于全波。运行中的变压器绕组可能受到截波的作用，例如行波入侵变电站时管型避雷器动作或设备外绝缘闪络会产生截波，进行高压试验时如果被试品突然击穿也可能产生截波。截波波形如图 6-39 所示。

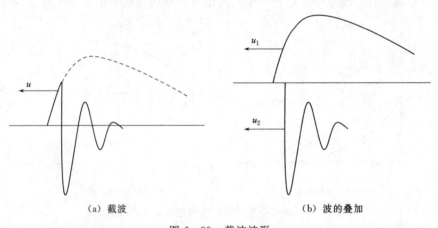

（a）截波　　　　　　　　　（b）波的叠加

图 6-39　截波波形

一个截波 u 可以由两个全波 u_1 和 u_2 叠加获得，其中 u_2 的幅值可能达到（1.6～2.0）u_1，又近似直角波，幅值高、陡度大，对绕组的主绝缘和纵绝缘威胁都很大。实测表明，在相同电压幅值情况下，截波作用时绕组内的最大电位梯度将比全波作用时的大，因此，一方面需要防止产生截波，另一方面对电力变压器进行截波冲击试验是必要的。

三、改善绕组中电位分布的措施

改善绕组中电位分布可以从外部措施和内部措施两方面入手。前面已经介绍了可以采取的外部措施，变压器内部结构上进行过电压保护的思路包括两个方面：一是采取措施抑制振荡；二是使绕组的绝缘结构与过电压的分布状况相适应。

抑制振荡的途径主要是补偿对地电容或增大纵向电容来降低对地电容的影响,即采用静电补偿和纠结式接线等措施。

1. 静电补偿

静电补偿又称为横向补偿。如图 6-40 所示,在变压器高压绕组首端连接的电容环和电容匝与绕组其他部分之间存在电容 $C_b dx$,又处于高压端,因此会形成电容电流经 $C_b dx$ 注入绕组,补偿绕组对地电容 $C_0 dx$ 流走的电容电流,达到改善电压分布的目的。但是,电容环和电容匝的加入会增大变压器的体积和重量,在绝缘、散热和工艺方面会引起一些问题和缺点,因此现已很少采用。

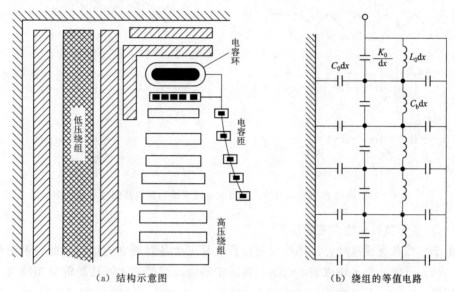

(a) 结构示意图   (b) 绕组的等值电路

图 6-40 变压器绕组绝缘结构中电容环和电容匝

2. 纠结式接线

纠结接线又称为纵向补偿。如图 6-41 (a) 所示,1 个线饼中电气上相邻的 5 个线匝顺序连接,2 个线饼中共 10 个线匝组成连续式绕组。假设相邻 2 个线匝之间的纵向电容都等于 K ,则总的纵向电容等于 $K/8$,比较小。如果改成 6-41 (b) 所示的纠结式接线,电气上相邻的 2 个线匝之间插入另一线饼中的线匝,第 1、2、3 线匝形成一个整体,与第 6、7 线匝形成的整体之间存在 1 个纵向电容;第 4、5 线匝形成的整体与第 8、9、10 线匝形成的整体之间存在 1 个纵向电容。假设每个纵向电容依然是 K ,则总的纵向电容为 $K/2$,比连续式绕组的大很多,al 仅为 1.5 左右,能够有效改善绕组中的波过程。目前,220kV 及以上变压器的高压饼式绕组常用纠结式;由于受安装空间和绝缘的限制,60~154kV 变压器的高压饼式绕组常用纠结-连续式,只在绕组首端附近的几个线饼之间采用纠结式。

四、三相变压器绕组中波过程

三相变压器绕组中波过程除了与入侵波的幅值、陡度有关外,还与绕组的接线形式及中性点运行方式有关。

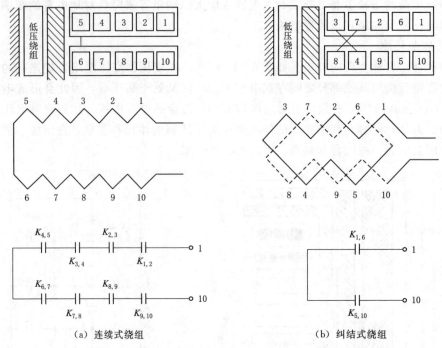

（a）连续式绕组　　　　　　　　（b）纠结式绕组

图 6-41　连续式绕组和纠结式绕组的电气接地和等值匝间电容结构图

（一）星形接线中性点直接接地

由于中性点直接接地，三相绕组可以看成是三个各自独立的绕组，此时不论单相进波、两相进波还是三相进波，进波相绕组中的波过程都与末端接地的单相绕组中波过程相同。

（二）星形接线中性点不接地

如图 6-42 所示，A 相有行波入侵，由于绕组的波阻抗远大于线路的波阻抗，可以看成 B、C 两相绕组首端接地，这样形成了 A 相绕组与 B、C 两相绕组并联电路串

资源 6.10

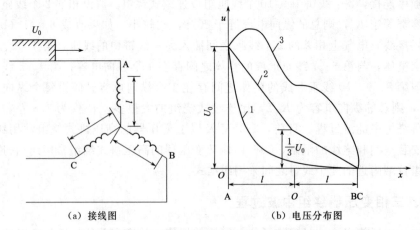

（a）接线图　　　　　　　　　（b）电压分布图

图 6-42　星形接线单相进波时的电压分布
1—初始电压分布；2—稳态电压分布；3—最大电压包络线

联的等效电路，A 相有行波入侵、B 和 C 两相接地。初始电压分布如曲线 1 所示，按照指数衰减，A 点电压为 U_0，B、C 两点电压为 0；稳态电压如曲线 2 所示，按照绕组电阻线性分布，中性点电压为 $U_0/3$；过渡过程中产生的最大电压包络线如曲线 3 所示，如果假设初始时刻中性点电压为 0，则过渡过程中中性点的最大电压为 $2U_0/3$。

可以用叠加法估算两相和三相同时进波时绕组中的波过程。两相同时进波，稳态时中性点最大电压为 $2U_0/3$，过渡过程中中性点最大电压为 $4U_0/3$；三相同时进波，稳态时中性点最大电压为 U_0，过渡过程中中性点最大电压为 $2U_0$。

（三）角形接线

如图 6-43（a）所示，单相有行波入侵时，与此相线路连接的两相绕组中有波过程，并且与首端有行波入侵、末端接地的绕组中波过程相似。

两相或三相同时有行波入侵时可以用叠加法估算绕组中的波过程。三相同时有行波入侵时绕组中的波过程如图 6-43（b）所示，在绕组中间位置出现接近于 $2U_0$ 的最大电压。

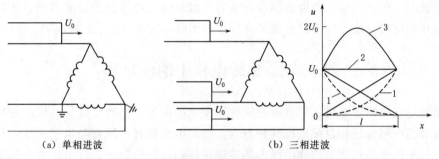

（a）单相进波　　　　　　　　（b）三相进波

图 6-43　角形接线绕组进波时电压分布图

1—初始电压分布；2—稳态电压分布；3—过渡过程最大电压分布

五、冲击电压在变压器绕组间的传递

当冲击电压波入侵变压器某一绕组时，由于绕组间的电磁耦合，该变压器的其他绕组上也会感应出电压，即发生绕组间的电压传递。在冲击电压作用下，绕组间电压的传递有两个分量：一个是静电感应分量；另一个是电磁感应分量。

（一）静电感应分量

静电感应分量出现在行波入侵的初始时刻，由绕组之间的电容耦合传递形成。以幅值为 U_0 的直角波入侵变压器高压绕组为例，如图 6-44 所示，高压绕组和低压绕组之间电容为 C_{12}，低压绕组对地电容为 C_2，则低压绕组上静电耦合电压为

$$u_2 = \frac{C_{12}}{C_{12} + C_2} U_0 \qquad (6-37)$$

u_2 与 C_{12}、C_2、U_0 相关，u_2 一定小于 U_0，因此行波只有从变压器高压侧入侵才能

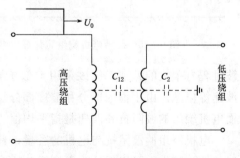

图 6-44　绕组间的静电耦合

产生危及绝缘的 u_2。如果变压器低压侧处于空载开路状态，C_2 只是低压绕组本身的对地电容，电容值较小，u_2 幅值较高，可能会危及低压绕组的绝缘；如果低压绕组带有线路或电缆，C_2 将增大，u_2 幅值较小，一般不会对绕组绝缘构成威胁。U_0 越高，u_2 的幅值越高，因此当变压器低压侧电压等级一定时，变压器的变比越大，高压侧的电压等级及绝缘水平就越高，允许入侵波的幅值随之提高，产生的 u_2 幅值将增大。

三绕组变压器运行时，可能出现低压侧空载开路的情况，此时不论高压侧还是中压侧有行波入侵，都可能产生危及低压绕组绝缘的 u_2。为了保护低压绕组绝缘，需要在低压绕组出线端与断路器之间加装避雷器。考虑到三相绕组会同时出现过电压，只需要在任意一相加装一支避雷器即可。

（二）电磁感应分量

电磁感应分量是在初始时刻过后，电流通过绕组，因电磁感应而产生的，大小与两个绕组的变比有关。由于低压绕组的绝缘裕度要比高压绕组的绝缘裕度大得多，高压绕组进波时，传递过电压的电磁感应分量不会对低压绕组绝缘构成威胁；但在低压绕组进波时，传递过电压的电磁感应分量有可能对高压绕组绝缘造成威胁。为防护传递过电压的电磁分量，通常需要紧贴高压绕组出线端安装一组三相避雷器。

第八节 旋转电机中的波过程

旋转电机包括发电机、同步调相机和大型电动机等。旋转电机与电网的连接有通过变压器与电网连接和直配电机两种方式。如果电机通过变压器与电网连接，行波入侵时，过电压是通过变压器绕组间电压传递再传到旋转电机上，过电压对电机绝缘的威胁不大；直配电机未经过变压器隔离，直接连接输电线路，如果有行波入侵，在电机绕组中产生波过程，对电机绝缘的威胁很大，需要采取措施加以防护。

旋转电机绕组可分为单匝和多匝两大类，大功率高速电机通常是单匝的，小功率低速电机或电压较高的电机往往是多匝的。由于单匝绕组不存在匝间电容，因此其简化等值电路就与输电线路的相同，如图 6-45 所示，只有电感 $L_0 \mathrm{d}x$ 和对地电容 $C_0 \mathrm{d}x$。对于多匝绕组，匝间电容虽然存在，但由于采用了限制入侵波陡度的措施，入侵波的波头已很平缓，故电机绕组匝间电容的作用也就相应减弱，可以考虑略去其影响，其等值电路也可以与输电线路的相同。因此，旋转电机绕组中的波过程与输电线路相似，而与变压器绕组中的

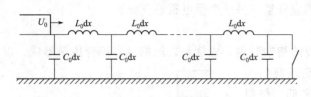

图 6-45 旋转电机绕组简化等值电路

波过程有很大的差别，应该采用类似于输电线路中波过程的分析方法，引入波阻抗、波速等概念。由于槽内部分和端接部分绕组的参数不同，其波阻抗和波速也不同，因而电机绕组的波阻抗和波速是指平均值。

电机绕组的波阻抗与电机的容量、额定电压和转速等因素有关。发电机容量较大时，体积较大，可以理解为电容极板面积大，等值电容较大；发电机电压比较高时，

绝缘比较厚，可以理解为电容极间距离大，等值电容比较小。因此波阻抗一般随着容量的增大而减小，随额定电压的提高而增大。电机绕组中的波速随容量的增大而降低。

冲击波的频率很高，电机铁芯中的损耗是相当可观的，再加上导体的电阻损耗和绝缘的介质损耗，因此波在电机绕组中传播时，衰减和变形都很显著。

由于结构上的限制，所有电气设备中旋转电机的绝缘水平是最低的。为了保护旋转电机，必须限制入侵波的幅值和陡度。

旋转电机每匝绝缘能够耐受的电压为

$$u_w = \alpha \frac{l_w}{v} \tag{6-38}$$

式中　α ——入侵波陡度，$kV/\mu s$；

l_w ——一匝绕组的长度，m；

v ——入侵波波速，$m/\mu s$。

当已知一匝绕组的耐受电压 u_w 时，要限制入侵波的陡度

$$\alpha \leqslant \frac{u_w v}{l_w} \tag{6-39}$$

算例 14：一个幅值为 100kV 的直角波沿波阻抗为 50Ω 的电缆进入发电机绕组，绕组每匝长度为 3m，匝间绝缘能耐受的电压为 600V，波在绕组中的传播速度为 $60m/\mu s$。为了保护发电机匝间绝缘，求：（1）入侵波的最大陡度；（2）如果选用了并联电容器方案，计算所需电容值。

解：（1）入侵波的最大陡度为

$$\alpha = \frac{u_w v}{l_w} = \frac{0.6 \times 60}{3} = 12 \quad (kV/\mu s)$$

（2）求并联电容器的电容值。

根据行波经过并联电容的折射电压陡度计算公式：

$$\alpha = \frac{du_{2q}}{dt}\bigg|_{max} = \frac{2u_{1q}}{Z_1 C}$$

可以导出所需并联电容，即

$$C = \frac{2u_{1q}}{\alpha Z_1} = \frac{2 \times 100}{12 \times 50} \approx 0.33(\mu F)$$

第七章　雷电放电及雷电防护设备

雷电放电实质上是一种超长间隙的气体放电，它所产生的雷电流高达数十甚至数百千安，引起巨大的电磁效应、机械效应和热效应。从电力工程的角度来看，最值得注意的两个方面是：

（1）雷电放电在电力系统中引起高幅值雷电过电压，可能造成电力系统绝缘故障和停电事故。

（2）产生巨大电流，使被击物体炸毁、燃烧，使导体熔断或通过电动力引起机械损坏。

为了预防或限制雷电造成危害，在电力系统中采用着一系列防雷措施和雷电防护设备。

第一节　雷电参数及雷电放电的计算模型

雷电放电局限在一个狭窄的空间内，可以把先导放电的发展看作是一根均匀分布电荷的长导线自雷云向大地延伸，而把雷电主放电看成长线突然合闸到被击物上。研究表明，主放电通道具有分布参数的特征，可以引入波阻抗等参数进行描述。

一、雷电参数

（一）雷电流

不是雷击任何被击物时流过被击物的电流都定义为雷电流，而是特指雷击低接地电阻被击物时流过被击物的电流，这里的低接地电阻是指 30Ω 及以下的接地电阻。

资源 7.1

雷电的强弱用雷电流幅值来描述。雷电流幅值的大小与地理位置、气象条件、地质条件及被击物的接地电阻等因素有关，《交流电气装置的过电压保护和绝缘配合》（DL/T 620—1997）（以下简称"行业标准"）中建议中等雷电活动地区雷电流幅值出现概率 P 的表达式为

$$\lg P = -\frac{I_{\mathrm{L}}}{88} \tag{7-1}$$

其含义是在中等雷电活动地区，雷电流幅值超过 88kA 的概率为 10%。按照式（7-1）可以计算出不同雷电流幅值出现的概率，见表 7-1。

在我国西北、内蒙古等地区雷电活动较弱，雷电流幅值也较低，雷电流幅值出现的概率可以用式（7-2）计算。

表 7-1				不同雷电流幅值出现的概率				
雷电流幅值/kA	10	20	30	40	50	60	70	100	200
出现的概率/%	77	59	45	35	27	21	16	7	0.5

$$\lg P = -\frac{I_L}{44} \qquad (7-2)$$

（二）雷电流陡度

实测表明，雷电流的波前时间 T_1 处于 $1\sim4\mu s$ 的范围内，平均为 $2.6\mu s$ 左右；波长 T_2 处于 $20\sim100\mu s$ 的范围内，多数为 $40\mu s$ 左右，把雷电流标准波形定义为 $2.6/40\mu s$。由于雷电流的波前时间变化范围不大，雷电流陡度必然和幅值密切相关，即雷电流陡度由雷电流幅值和波前时间决定。雷电流波前的平均陡度为

$$\alpha = \frac{I}{2.6} \qquad (7-3)$$

可见，雷电流幅值越高雷电流陡度越大，最大极限值一般可取 $50kA/\mu s$。

（三）雷电通道波阻抗

雷电通道波阻抗是从理论上按照一定的假设，再结合实测的结果，大致估算出来的，故各国对雷电通道波阻抗的取值并不一致，甚至相差较大。因为 Z 的数值对于防雷计算结果的影响不是很大，为了工程上计算的方便，可以规定一个数值，例如，防雷计算时，取 $Z=300\Omega$。

（四）雷电活动频度

一个地区雷电活动的多少称为该地区的雷电活动频度，用该地区多年统计所得的平均雷暴日 T_d 或雷暴小时 T_h 来描述其大小。雷暴日是一年中发生雷电的天数，以听到雷声为准，1 天内只要听到 1 个雷声就计为 1 个雷暴日。雷暴小时是 1 年中发生雷电的小时数，在 1 个小时内只要听到一个雷声就计为 1 个雷暴小时。我国的统计表明，对大部分地区来说，1 个雷暴日大致可折合为 3 个雷暴小时。

各地区的雷电活动频度有很大的差异，除了与该地区所处的纬度有关外，还与气象条件、地形地貌等因素有关。雷电活动频度最高的是赤道附近地区，雷暴日平均为 $100\sim150$，最高可达 300 以上。我国海南岛和雷州半岛的雷电活动最为频繁，年平均雷暴日可达 $100\sim133$；长江以南到北回归线的大部分地区为 $40\sim80$；长江流域和华北某些地区为 40；华北和东北大部分地区为 $20\sim40$；西北地区仅为 15 左右。

在进行防雷设计和采取防雷措施时，必须从该地区的雷电活动情况出发。一般把雷暴日不超过 15 的地区称为少雷区；把雷暴日在 $15\sim40$ 的地区称为一般雷电活动地区或中等雷电活动地区；把雷暴日在 $40\sim90$ 的地区称为多雷区；把雷暴日超过 90 的地区称为强雷区。为了对不同地区的电力系统防雷性能作对比，必须将它们换算到相同雷电活动频度条件下，通常取 40 雷暴日作为基准。

（五）地面落雷密度

雷电放电更多是发生在雷云与雷云之间或雷云内部，这些空中的雷电对生产生活影响较小，需要关注的是雷云与大地之间的雷电放电，因此引入地面落雷密度 γ 这个参数。地面落雷密度是指每雷暴日、每平方公里的地面落雷的次数。

世界各地地面落雷密度的取值不尽相同，雷暴日数不同的地区的 γ 也各不相同，一般雷暴日大的地区 γ 值也较大。行业标准对 $T_d = 40$ 的地区，取 $\gamma = 0.07$ 次/$(\mathrm{km}^2 \cdot$ 雷暴日)。

有的地方特别容易落雷，地面落雷密度远高于行业标准中规定的数值，称为雷电易击区，例如地下有金属矿藏的一块土壤电阻率小于周围土地的场地、山谷间的小河近旁、山坡的迎风面等。发电厂、变电站或输电线路的建设选址要尽可能避开这些雷电易击区。

（六）雷电的极性

雷电的极性由雷电流极性定义。雷云与大地之间的雷电分下行雷和上行雷，由雷云向大地发展的雷电称为下行雷，一般为负极性的；而由地面上高层建筑物向雷云发展的雷电称为上行雷，一般为正极性的；其中，下行雷占绝大多数。各国的实测数据表明，75%～90%的雷电是负极性的。

（七）雷电流的波形

实测表明，雷电流的幅值、陡度、波前时间和波长虽然每次都不同，但都是单极性的非周期性脉冲波，等值频率很高。电力系统防雷计算时，需要将雷电流波形典型化，可用公式表达，以便于计算。常用的波形有以下几种：

1. 非周期双指数波

$$i = I_0 (\mathrm{e}^{-\alpha t} - \mathrm{e}^{-\beta t}) \tag{7-4}$$

式中　I_0——某一大于雷电流幅值 I 的电流值，kA；

　　　α、β——常数；

　　　t——作用时间，μs。

如图 7-1 所示，雷电流双指数波形最接近实际雷电流波形，又称为标准波形，如 $2.6/40\mu$s。一般用于理论分析，用于计算时过于繁复。

2. 斜角波

$$i = \alpha t \tag{7-5}$$

式中　α——波前陡度，kA/μs。

为简化计算，可以采用如图 7-2 所示的雷电流斜角波波形。斜角波波形的表达式最简单，用来分析与雷电流波前有关的波过程也较为简单；行业标准建议，在一般线路设计中可采用斜角波。

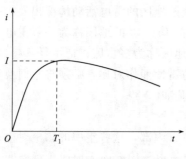

图 7-1　雷电流双指数波形

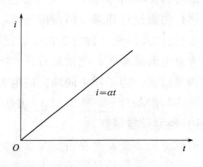

图 7-2　雷电流斜角波波形

3. 斜角平顶波

$$\begin{cases} i = \alpha t & t \leqslant T_1 \\ i = \alpha T_1 & t > T_1 \end{cases} \tag{7-6}$$

波形如图 7-3 所示，可以由两个波形相同、陡度相同、极性相反的无限长斜角波在 T_1 时刻叠加获得。用于分析 $10\mu s$ 以内的各种波过程，有很好的等值性。

4. 半余弦波

$$i = \frac{I}{2}(1 - \cos\omega t) \tag{7-7}$$

波形如图 7-4 所示，更接近实际雷电流的波前形状，用于如特高杆塔等特殊场合的防雷计算，计算结果更加接近实际且偏于从严。

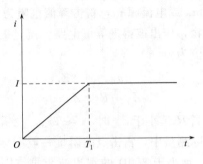

图 7-3　雷电流斜角平顶波波形

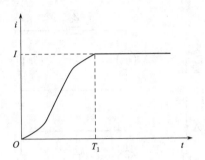

图 7-4　雷电流半余弦波波形

（八）雷电放电的后续分量

一个雷云中可能有多个电荷积累区，一个大的电荷积累区首先产生下行雷，其他小的电荷积累区会沿着第一次雷电放电通道再次产生雷电放电，形成多次重复性冲击，称为雷电放电的后续分量。后续分量依然具有先导、主放电和余辉三个阶段，区别在于后续分量的先导不需要分级发展，是直接由雷云发展到地面的箭状先导。后续分量的雷电流幅值一般为第一次雷电放电雷电流幅值的 $1/3 \sim 1/2$，在 $2 \sim 100 kA$ 范围内；但电流波的波前时间要比第一次雷电放电的短得多，平均为 $0.5 \sim 1\mu s$；因此陡度更大，产生过电压的幅值可能比第一次雷电放电产生过电压的幅值还高。

实测表明，一次负极性下行雷中包含 2 次以上重复雷击的有 55%，3～5 次的有 25%，10 次以上的有 4%，最多的可达 42 次，平均可取 3 次。

统计还表明，一次雷电放电总的持续时间小于 0.2s 的占 50%，大于 0.62s 的仅占 5%。需要注意的是，由于雷击引起断路器跳闸后，要成功完成重合闸，要求重合闸时间应不小于重复雷击总的持续时间。

（九）雷电放电的能量

算例 1：通过计算来分析雷电放电能量的大小。假设一次雷电放电的雷电流幅值为 300kA、主放电持续时间为 $100\mu s$、雷云对地电压为 $10^7 V$，计算此次雷电放电的能量。

解：此次雷电放电释放的电量为

$$Q = I \times t = 300 \times 10^3 \times 100 \times 10^{-6} = 30(C)$$

此次雷电放电具有的能量为

$$A = Q \times U = 30 \times 10^7 \mathrm{W \cdot s}$$

用电量单位 $\mathrm{kW \cdot h}$ 描述：

$$A = \frac{30 \times 10^7}{10^3 \times 3600} \approx 83.33 (\mathrm{kW \cdot h})$$

由算例 1 可见，一次雷电放电的能量并不大，但是因为能量在极短时间内被释放，它的功率很大。

二、雷电放电的计算模型

雷电放电的计算模型与等值电路如图 7-5 所示，将雷电等效成内阻抗为 Z_0 的电

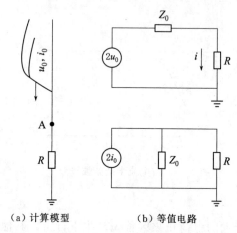

（a）计算模型　　（b）等值电路

图 7-5　雷电放电的计算模型与等值电路

压源 u_0 或电流源 i_0，雷击等值电阻为 R 的被击物，作出彼得逊等值电路。流过被击物的电流为

$$i = \frac{2u_0}{Z_0 + R} = \frac{2Z_0 i_0}{Z_0 + R} \qquad (7-8)$$

当 R 远小于 Z_0 时，$i \approx 2i_0$。在雷电流的实际测量中，雷击点的阻抗一般不会超过 30Ω，远小于 300Ω 的雷道波阻抗，因此国际上都习惯把雷击低接地电阻被击物时流过被击物的电流定义为雷电流，并且实际测得的雷电流幅值大致是雷电通道投射下来的入侵波电流幅值的 2 倍。

雷击被击物时，在被击物上产生过电压，即

$$u = \frac{2u_0 R}{Z_0 + R} = iR \qquad (7-9)$$

可见，被击物上产生的过电压不是雷云对地电压，而是雷电流在被击物阻抗上产生的电压。被击物的阻抗越小，雷电流流过被击物时产生的电压就越低，因此希望防雷系统中接地装置的接地电阻越小越好。

第二节　直击雷防护设备

现代电力系统中，实际采用的雷电防护设备主要有避雷针、避雷线、各种避雷器、防雷接地、电抗线圈、电容器组、消弧线圈、自动重合闸等。其中消弧线圈和自动重合闸不是专用雷电防护设备，分别起着处理单相接地故障和短时短路故障的作用。

直击雷防护设备是避雷针、避雷线。发电厂和变电站直击雷防护一般用避雷针，在超高压变电站有用避雷线、防雷网防直击雷的；输电线路直击雷防护用避雷线，也有在个别杆塔加装避雷针单独或辅助避雷线进行直击雷防护。

一、避雷针

（一）避雷针的工作原理

富兰克林观察发现旷野中的孤树常常遭到雷击，而树下的低矮植物却能幸免于难，于是想，如果在地球上竖起一个足够高的尖体的话，就可以保护万物免遭雷击，这样就发明了避雷针。

资源 7.2

避雷针不能避免雷电的发生，其实质是引雷针。观测表明，雷云向大地发展先导时，地面上很多物体的尖端上都感应出异极性的电荷。避雷针高于周围的物体，会感应出更多的电荷而加强其顶端的电场强度，当雷电先导发展到一定长度，避雷针顶端电场强度超过空气的电气强度时引发迎面先导。迎面先导加强了与雷电先导之间气隙的电场强度，吸引雷电先导向自身发展并产生主放电，使其周围的物体得到保护。因此避雷针的工作原理是歪变空间电场、引雷于自身，使周围的物体得到保护。

富兰克林避雷针要求必须有足够的高度、针尖要尖，但不要求接地电阻的大小。这类避雷针一个较大的缺点是容易发生反击。如图 7-6 所示，雷击避雷针时，雷电流通过针体泄放到大地，雷电流在针体上产生高幅值电压，如果针体上的电压超过避雷针与被保护物之间气隙的冲击耐压，间隙会击穿使避雷针向被保护物放电，即发生反击。要避免反击，除了要求避雷针与被保护物之间保持足够距离之外，应降低避雷针的接地电阻，限制针体上的电压升高。

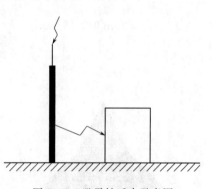

图 7-6　避雷针反击示意图

罗蒙诺索夫发明了第二种避雷针，同样要求避雷针有足够的高度，有良好的接地，但不要求针尖一定是尖体，只要是截面积足够的良好导体即可。

试验验证了避雷针良好接地的重要性，我国采用的是罗蒙诺索夫避雷针。一支独立避雷针由接闪器、支架、接地引下线和接地装置几部分构成。

（二）避雷针的保护范围

富兰克林采用几何法确定避雷针的保护范围，计算结果偏大。随着试验科学的发展，现代避雷针的保护范围可以通过模拟试验并结合运行经验确定，计算方法主要有折线法和滚球法。我国电力系统进行防雷设计时主要使用折线法。由于折线法解释不了雷电绕击（侧击）现象，国际电工委员会推荐使用的滚球法，已被很多国家列入其防雷规范，我国用滚球法替代折线法进行建筑物和信息系统防雷设计。本书只讲述折线法。

1. 单支避雷针

避雷针的保护效能用保护范围来描述。单支避雷针的保护范围是一个曲面圆锥，其 MATLAB 仿真图如图 7-7 所示，在每个高度水平面上都是一个圆，把圆的半径称为保护半径 r_x。需要注意的是，被保护物在避雷针的保护范围内并不能 100% 得到保护，依然有 0.1% 的雷击概率，即保护范围内的被保护物依然有被绕击的可能，但

99.9％的保护有效率在工程中是可以被接受的。避雷针保护范围外的物体依然可能被保护，只是有效率下降了。

折线法确定的单支避雷针的保护范围如图7-8所示，保护半径计算公式如下：

当 $h_x \geqslant \dfrac{h}{2}$ 时：

$$r_x = (h - h_x) P \tag{7-10}$$

当 $h_x < \dfrac{h}{2}$ 时：

$$r_x = (1.5h - 2h_x) P \tag{7-11}$$

式中　h ——避雷针高度，m；

　　　h_x ——被保护物高度，m；

　　　P ——高度影响系数，$h \leqslant 30\mathrm{m}$ 时，$P = 1$；$30\mathrm{m} < h \leqslant 120\mathrm{m}$ 时，$P = \dfrac{5.5}{\sqrt{h}}$；$h > 120\mathrm{m}$ 时，$P = 0.5$。

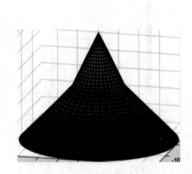

图7-7　单支避雷针保护范围 MATLAB 仿真图

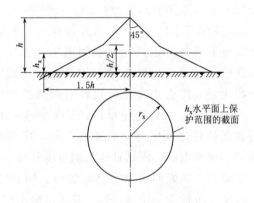

图7-8　单支避雷针的保护范围

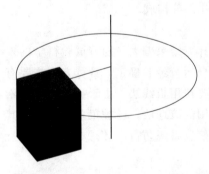

图7-9　避雷针保护示意图

式（7-10）、式（7-11）表明，随着针高的升高，避雷针的保护范围在增大；但不是随针高正比例增大，而是增大的幅度越来越小；因此用一支很高的避雷针保护较大范围的被保护物在技术经济上是不合理的。

避雷针保护示意如图7-9所示，校验被保护物是否得到保护的实质是：求不同高度平面上被保护物到避雷针的距离，校验是否小于避雷针在这个高度上的保护半径。计算避雷针针高的实质是：首先确定避雷针的安装位置，然后根据避雷针到被保护物不同高度水平面上最远点的距离，确定该高度的保护半径，据此求出针高，取最大值。

算例2：如图7-10（a）所示，被保护物长、宽、高各为5m，用单支独立避雷针进行保护，求避雷针的最低高度。

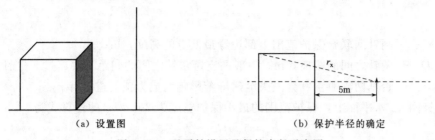

(a) 设置图   (b) 保护半径的确定

图 7-10 避雷针设置及保护半径示意图

解： 欲使针高最低，本题应该把避雷针设置在被保护物轴线上。行业标准中规定，为了防止发生反击，避雷针与被保护物空气中距离不小于5m。因此，把避雷针设置在被保护物轴线上5m远的位置，如图7-10（b）所示。

在5m高水平面上，保护半径为

$$r_x = \sqrt{(5+5)^2 + 2.5^2} \approx 10.3(\text{m})$$

高度影响系数 $P=1$，如果 $h_x \geqslant \dfrac{h}{2}$，计算出针高：

$$h = h_x + r_x = 5 + 10.3 = 15.3(\text{m})$$

与条件不符。

改用式（7-11），计算出最低高度：

$$h = \frac{r_x + 2h_x}{1.5} = \frac{10.3 + 10}{1.5} \approx 13.53(\text{m})$$

2. 两支等高避雷针

两支等高避雷针可以利用相互之间的电磁屏蔽扩大保护范围，如图7-11所示，比每支独立避雷针单独保护范围的叠加要大，保护范围的计算方法如下：

资源 7.3

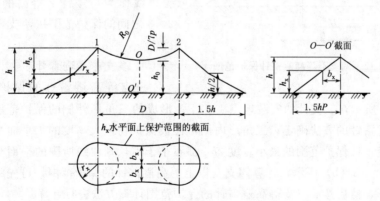

h_x 水平面上保护范围的截面

图 7-11 两支等高避雷针保护范围

（1）两针外侧的保护范围应按单支避雷针的计算方法确定。

（2）两针间的保护范围按通过两针顶点及保护范围上部边缘最低点 O 的圆弧确

定，圆弧的半径为 R_0，O 点高度 h_0 的计算式为

$$h_0 = h - \frac{D}{7P} \qquad (7-12)$$

式中　h_0——两针间联合保护范围上部边缘最低点的高度，m；

　　　D——两针之间的距离，m。一般两支避雷针之间的间距不要超过 5 倍针高 h，否则两支避雷针会失去电磁屏蔽影响而成为独立避雷针。

两针间 h_x 水平面上，保护范围的最小保护宽度为 $2b_x$，b_x 的计算式为

$$b_x = 1.5(h_0 - h_x) \qquad (7-13)$$

两支等高避雷针针高计算要点是：根据被保护物不同高度水平面上的最大宽度确定 b_x，然后求出 h_0，再求出避雷针高度，取最大值。

算例 3：用两支等高的独立避雷针保护算例 2 中的建筑物，求针高的最小值。

解：两支等高避雷针设置在被保护物轴线上，左右两侧各 5m 处，两针间距 15m。在 5m 高度水平面上，令 $b_x = 2.5m$，求出

$$h_0 = h_x + \frac{b_x}{1.5} = 5 + \frac{2.5}{1.5} \approx 6.7(m)$$

取高度影响系数 $P = 1$，计算出针高

$$h = h_0 + \frac{D}{7} = 6.7 + \frac{15}{7} \approx 8.8(m)$$

3. 两支不等高避雷针

两支不等高避雷针保护范围如图 7-12 所示，两针外侧的保护范围按照单针的方法确定，两针内侧的保护范围按下面方法确定：过矮针 2 的针尖作一条水平线，水平线与高针 1 保护范围的外包络线相交于点 3，过点 3 作一条铅垂线，将此铅垂线作为与矮针 2 等高的虚拟矮针，2、3 之间的保护范围按两支等高避雷针确定。

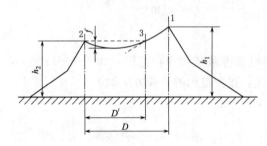

图 7-12　两支不等高避雷针保护范围

4. 多支等高避雷针

三支等高避雷针的保护范围如图 7-13（a）所示，三支针的安装地点 1、2、3 形成的三角形外侧的保护范围，分别按两支等高避雷针的方法确定；三角形内侧，在被保护物最大高度的水平面上，如果各相邻两支避雷针保护范围的最小宽度 $2b_x$ 都不小于零，则曲线所围的平面全部得到保护。如图 7-13（b）所示，计算四支及以上等高避雷针的保护范围，可先将其分成若干个三角形，然后按照三支等高避雷针的保护范围计算方法进行计算。

二、避雷线

避雷线又称为架空地线，其保护原理与避雷针基本相同，但由于其对雷云与大地之间电场畸变的影响比避雷针小，因此其引雷作用和保护宽度比避雷针小。通常用保

护宽度和保护角描述避雷线的保护效能。避雷线随导线架设，单根避雷线的保护范围如图 7-14 所示，除两端是半个曲面圆锥之外，在不同高度水平面上都是矩形，矩形长度为避雷线长度，把矩形宽度的一半称为保护宽度。

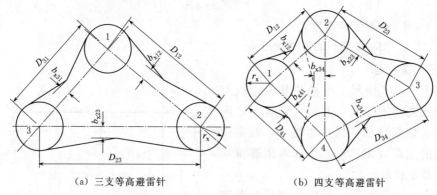

（a）三支等高避雷针　　　　（b）四支等高避雷针

图 7-13　多支等高避雷针的保护范围

（一）单根避雷线的保护范围

单根避雷线的保护宽度 r_x 计算式为

当 $h_x \geqslant \dfrac{h}{2}$ 时：

$$r_x = 0.47(h - h_x)P \qquad (7-14)$$

当 $h_x < \dfrac{h}{2}$ 时：

$$r_x = (h - 1.53h_x)P \qquad (7-15)$$

（二）两根等高避雷线的保护范围

两根等高避雷线的保护范围如图 7-15 所示，其计算方法如下：

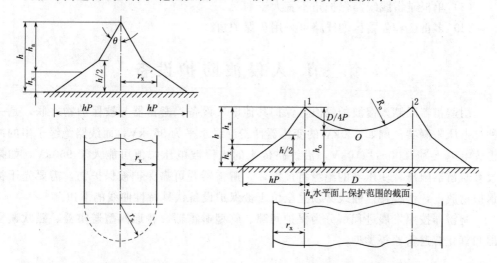

图 7-14　单根避雷线的保护范围　　图 7-15　两根等高避雷线的保护范围

（1）两根避雷线外侧的保护范围按照单根避雷线的计算方法确定。

（2）两根避雷线之间，各横截面保护范围由通过两根避雷线 1、2 点及保护范围边缘最低点 O 的圆弧确定。O 点高度 h_0 的计算式为

$$h_0 = h - \frac{D}{4P} \tag{7-16}$$

式中　h ——避雷线的高度，m；

　　　　D ——两根避雷线间的距离，m。

（三）保护角

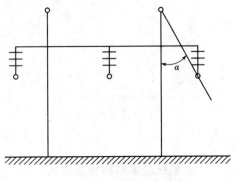

图 7-16　避雷线的保护角

如图 7-16 所示，保护角是避雷线与边相导线之间的连线与避雷线铅垂线之间的夹角 α。很显然，保护角越小，避雷线对导线的遮蔽效果越好。因此希望避雷线保护角越小越好。

行业标准中规定：杆塔上避雷线对边相导线的保护角，一般采用 $20° \sim 30°$。$220 \sim 330$kV 双避雷线线路，一般采用 $20°$ 左右，500kV 一般不大于 $15°$，山区宜采用较小的保护角。

《交流电气装置的过电压保护和绝缘配合设计规范》（GB/T 50064—2014）中规定杆塔处避雷线对边相导线的保护角，应符合下列要求：

（1）对于单回路，330kV 及以下线路的保护角不宜大于 $15°$；$500 \sim 750$kV 线路的保护角不宜大于 $10°$。

（2）对于同塔双回或多回路，110kV 线路的保护角不宜大于 $10°$，220kV 及以上线路的保护角不宜大于 $0°$。

（3）单根避雷线线路保护角不宜大于 $25°$。

（4）多雷区和强雷区的线路可采用负保护角。

第三节　入侵波防护设备

用避雷器限制入侵波的幅值，保护其他电气设备。避雷器与被保护物并联，是一种过电压限制器。例如 220kV 的变压器冲击绝缘水平为 950kV，而线路绝缘子串的冲击放电电压为 $1200 \sim 1410$kV，沿线路传来的入侵波电压幅值可能大于 950kV，如果没有避雷器限压，变压器的绝缘将被损坏。避雷器要可靠保护被保护物，需要先于被保护物放电，伏秒特性曲线必须完全位于被保护设备伏秒特性曲线的下边。

避雷器按照发展进程可分为保护间隙、管型避雷器、普通阀型避雷器、磁吹避雷器和氧化锌避雷器等类型。

一、保护间隙

保护间隙的结构示意如图 7-17 所示，其实质是一个对称的极不均匀电场气隙。

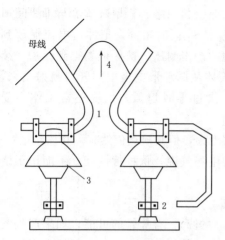

图 7-17 保护间隙的结构示意图
1—主间隙；2—辅助间隙；
3—绝缘子；4—电弧发展方向

两个羊角形电极固定在针式绝缘子上，电极间形成主间隙 1，一个电极接母线，另一个电极通过辅助间隙 2 接地。辅助间隙 2 的作用是防止主间隙 1 被小动物等意外短接，造成母线接地故障。

系统正常工作时，间隙隔离工作电压。有幅值高于间隙冲击放电电压的行波入侵时，间隙 1、2 同时击穿，把冲击电流泄放到大地中。如果保护间隙的冲击放电电压低于被保护物的冲击耐压，则被保护物得到保护。冲击电弧持续时间很短，不会引起断路器跳闸。冲击电流流入大地后，间隙中带电粒子的扩散与复合需要时间，如果工作电压下间隙上恢复电压上升速度超过绝缘的恢复速度，间隙会被重新击穿，沿冲击放电回路流过工频短路电流，称为续流，点燃工频电弧。角形间隙有利于工频电弧在电动力和上升气流的作用下向上运动，拉长电弧而使其熄灭，但灭弧能力非常有限。

保护间隙的结构简单、通流容量大，但缺点突出，主要有以下方面：

（1）是一极不均匀电场气隙，伏秒特性陡，不容易与具有平伏秒特性曲线的绕组设备进行配合。

（2）不具有灭弧能力。在中性点有效接地系统，会造成断路器跳闸，需要与重合闸装置配合使用。

（3）间隙击穿时，直接将过电压降到地电压，产生截波，对于绕组设备的纵绝缘威胁较大。

这就限制了保护间隙的应用范围，仅用于不重要和单相接地不会导致严重后果的场合。目前保护间隙的两个主要应用场合是：在分级绝缘变压器的中性点保护中，使用保护间隙限制内部过电压幅值；在线路防雷中将保护间隙并联在绝缘子串两端来提高线路的耐雷水平。

二、管型避雷器

管型避雷器又称为排气式避雷器，实质是具有一定灭弧能力的保护间隙，其结构如图 7-18 所示。产气管 1 由高温下很容易产生气体的塑料、橡胶、纤维等材料制成，产气管中设置一个棒电极 3 并封口接地；产气管另一端固定一个中间开口的圆环形电极 4；棒电极与圆环形电极之间形成内火花间隙 S_1；为了隔离工作电压，防止长时间有泄漏电流流过

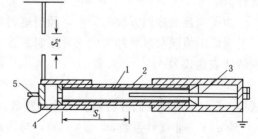

图 7-18 管型避雷器
1—产气管；2—胶木管；3—棒电极；
4—圆环形电极；5—动作指示器；
S_1—内火花间隙；S_2—外火花间隙

产气管而加速其老化，也为了防止外表面由于潮湿引起闪络，管型避雷器与母线间通过外火花间隙 S_2 隔离。有行波入侵时，间隙 S_1、S_2 同时击穿，把冲击电流泄放到大地中；如果间隙的冲击放电电压低于被保护物的冲击耐压，被保护物得到保护。续流流过来时，产气管中产生大量的气体，高压气体从圆环形电极中间开口喷射出来，加速带电粒子的扩散，使工频电弧在续流第一次过零时熄弧，系统正常工作不受影响。

管型避雷器具有一定灭弧能力、通量容量相当大，但其缺点依然有，具体包括：

(1) 棒电极和圆环形电极之间形成极不均匀电场气隙，伏秒特性陡，不能用于绕组设备的防雷保护。

(2) 棒电极直接接地，间隙击穿时产生截波。

(3) 利用高压气体灭弧，如果产生气体的压力过高，有炸管的可能；如果产生气体的压力不足，又不能可靠灭弧。因此要求续流的上限值应大于安装点可能出现的最大短路电流，续流的下限值应小于安装点可能出现的最小短路电流。

目前，管型避雷器已经基本被淘汰。

三、普通阀型避雷器

资源 7.5

截波产生的根本原因是电极直接接地，如果在冲击放电回路中串联一个电阻，冲击电流在电阻上产生一定的电压，就可以避免间隙击穿时直接将过电压降到地电压而形成高幅值的截波。把有串联电阻阀片的避雷器称为阀型避雷器，包括普通阀型避雷器、磁吹避雷器和金属氧化物避雷器。阀型避雷器在电力系统过电压防护和绝缘配合中起着重要的作用，它的保护特性是选择高压电力设备绝缘水平的基础。

(一) 串联电阻阀片

冲击电流在电阻阀片上压降的最大值称为残压 U_{res}。残压作用在与避雷器并联的被保护物上，只有残压低于被保护物的冲击耐压，被保护物才能得到保护。因此从有利于保护被保护物的角度出发，串联的电阻越小越好。

放电回路中串联电阻后，能够有效限制工频续流，有利于避雷器灭弧。从有利于灭弧的角度出发，串联的电阻越大越好，如果为无穷大，工作电压下就没有续流流过。

为了满足上述两方面的需求，阀型避雷器串联的电阻是非线性电阻，即在过电压下呈现低阻值顺利泄放冲击电流并限制截波、工作电压下呈现高阻值限制续流。其伏安特性表达式为

$$u = Ci^\alpha \tag{7-17}$$

式中　C——取决于阀片材料和尺寸的常数，等于阀片上流过 1A 电流时的压降；

　　　α——非线性系数，$0 \leqslant \alpha \leqslant 1$，与阀片的材料和工艺过程有关。

电阻阀片的非线性系数越小越好。理想避雷器电阻阀片的非线性系数应该为 0，即理想避雷器类似于一个自动开关：没有行波入侵时呈开路状态，不流过任何电流；有行波入侵且电压达到动作电压时启动，发挥保护作用，并且不论泄放多大的冲击电流，都能够保证残压不变。

普通阀型避雷器电阻阀片是由金刚砂（SiC）细粉加黏合剂压制成直径一般为55～100mm、厚度为20～30mm的圆饼，低温（300～350℃）焙烧而成，一个避雷器中有若干个叠加在一起的电阻阀片。SiC电阻阀片的非线性系数一般在0.2左右，在工作电压下，会流过100～300A的工频电流，必须串联间隙隔离工作电压。虽然非线性特性不是特别理想，但能够满足工程需要，保证电流增大时残压提高得不多，基本不会超过火花间隙的冲击放电电压。

低温烧制的SiC电阻阀片的通流容量较小，阀片通过波形为20/40μs、峰值为5kA的冲击电流和幅值为100A的工频半波各20次，如果没有发生热崩溃，认为合格。因为其通流容量小，普通阀型避雷器不能用于电力系统内部过电压保护，只能用于雷电过电压防护，并采取措施限制流过避雷器的雷电流幅值。

（二）串联火花间隙

串联火花间隙的首要目的是隔离工作电压。但由于火花间隙击穿需要时间，响应速度较慢是有间隙避雷器的一个缺点。

火花间隙的第二个作用是熄灭工频电弧。普通阀型避雷器串联的间隙不是单个长间隙，而是由若干个短间隙串联组成，例如110kV避雷器中有96个短间隙。单个火花间隙如图7-19（a）所示，标准火花间隙组如图7-19（b）所示。避雷器动作后，工频续流电弧被火花间隙分成许多串联的短电弧，利用短电弧自然熄弧能力及近极效应可使电弧熄灭。试验证明，在没有热电子发射时，单个间隙的初始恢复强度可达250V左右。如果将工频续流限制在一定值以下，例如我国生产的FS型和FZ型普通阀型避雷器，当工频续流分别不大于50A和80A（峰值）时，能够确保续流第一次过零时可靠熄灭电弧。

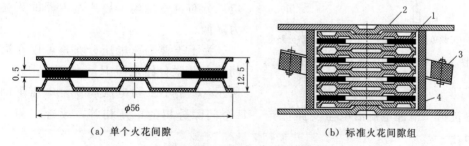

(a) 单个火花间隙　　　　　　(b) 标准火花间隙组

图7-19 普通阀型避雷器火花间隙（单位：mm）

1—单个火花间隙；2—黄铜盖板；3—半环形分路电阻；4—瓷套筒

火花间隙的第三个作用是产生平伏秒特性曲线。如图7-19（a）所示，单个火花间隙的电极由黄铜片冲压而成，两个电极片用0.5～1.0mm厚的云母垫圈隔离，形成一个短间隙均匀电场，其伏秒特性曲线是平的。冲击电压下，电极与云母垫圈之间气隙会首先产生局部放电，高能射线照射间隙，能够缩短有效电子出现的时间，使伏秒特性曲线分散性更小，冲击系数可以下降到1.1左右，有利于绝缘配合。单个火花间隙的工频放电电压为2.7～3.0kV（有效值）。

（三）工作原理

电力系统正常工作时，间隙将电阻阀片与工作母线隔离，避免工作电压下电阻阀片中长时间流过电流而加速老化甚至烧坏。有雷电入侵，如果过电压幅值超过间隙的冲击放电电压，火花间隙击穿，冲击电流通过电阻阀片流入大地。由于阀片是非线性电阻，在雷电流作用下，阀片呈低阻值，阀片上产生的残压将受到限制，若残压低于被保护物的冲击耐压，则被保护物得到保护。雷电流流入大地后，在工作电压作用下，间隙中仍有工频续流流过，产生工频电弧。工频续流下电阻阀片呈现高阻值，将工频续流限制在一定值以下，工频电弧在续流第一次过零时熄灭，间隙恢复绝缘。这样一个工作过程，持续的时间很短，继电保护不会动作，系统正常工作不受雷电入侵的影响。

（四）并联电阻阀片

普通阀型避雷器并联在母线上，由串联火花间隙共同分担工作电压。假设每个火花间隙的电路参数相等，都用电容 C 等效，串联的火花间隙就可以用一个电容链等效，其工频电压分布电路如图 7 - 20（a）所示。由于每个火花间隙对地（避雷器外壳）都存在着电位差，又有中间电介质存在，因此每个火花间隙对地都存在一个杂散

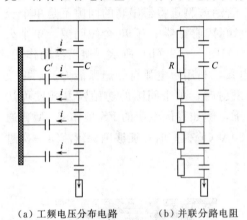

（a）工频电压分布电路　　（b）并联分路电阻
图 7 - 20　阀型避雷器工频电压分布电路
及并联分路电阻

电容 C'。由于 C' 的存在，工作电压下，每个支路都会流走一个电容电流 i，这些电容电流都是母线提供的，因此都会流过第一个火花间隙，使得第一个火花间隙分担的工频电压最高，可能导致在工作电压下击穿，并引起其他火花间隙顺序击穿，使避雷器的工频放电电压降低和不稳定。另外，避雷器动作后，每个间隙上的恢复电压分布也不均匀，导致避雷器的灭弧能力降低。

为了改善工频电压分布，可以在火花间隙上并联分路电阻 R，如图 7 - 20（b）所示，R 小于工频电压和恢复电压下间隙的容抗值，泄漏电流沿电阻支路流走，每个间隙分担的电压相等，改善工频电压分布。

雷电入侵时，雷电流的等值频率远高于 $50Hz$，火花间隙的等值容抗小于并联分路电阻 R，电压分布由火花间隙的电容决定。由于杂散电容的影响，冲击电压分布是不均匀的，使冲击放电电压下降，避雷器的冲击系数下降，一般为 1 左右。

分路电阻要有一定的热容量，也采用 SiC 材料的非线性电阻。FS 型普通阀型避雷器没有加装并联电阻；FZ 型普通阀型避雷器通常每四个火花间隙组成一组，每组并联一个分路电阻，如图 7 - 19（b）中 3 所示。

四、磁吹避雷器

磁吹避雷器的基本结构和工作原理与普通阀型避雷器相似。为了提高避雷器的灭弧能力，磁吹避雷器采用了灭弧能力强的磁吹火花间隙，磁吹火花间隙有旋弧型和灭

弧栅型两种。为了增大通流容量，磁吹避雷器使用了通流容量较大的高温电阻阀片，电阻阀片是在高温（1350～1390℃）下焙烧的，通流容量较大，阀片通过波形 20/40μs、峰值为 10kA 的冲击电流和 2000μs 方波 800～1000A 电流各 20 次，如果不发生热崩溃，认为合格。

（一）旋弧型磁吹避雷器

图 7-21 为旋弧型磁吹火花间隙结构示意图，间隙由两个同心圆式内、外电极构成，磁场由永久磁铁产生，在外磁场作用下，工频续流电弧受力沿着圆形间隙高速旋转，使弧柱得以冷却，加速去游离过程，提高灭弧能力。旋弧型磁吹火花间隙可以熄灭 300A 续流，一般用于保护 2～15kV 旋转电机的磁吹避雷器。保护旋转电机专用磁吹避雷器的型号为 FCD 型。

（二）灭弧栅型磁吹避雷器

图 7-22 为灭弧栅型磁吹避雷器的结构示意图，主间隙 3 由两个羊角形电极构成，两个电极分别串联一个线圈，两个线圈的绕线方向相反，线圈并联一个辅助间隙 2。冲击电压入侵时，冲击电流等值频率高，在线圈上产生的压降迅速使辅助间隙 2 击穿，主间隙 3 同时击穿，冲击电流经辅助间隙—主间隙—辅助间隙流入大地。

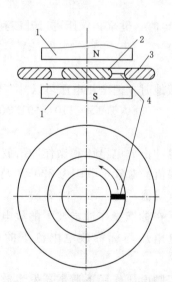

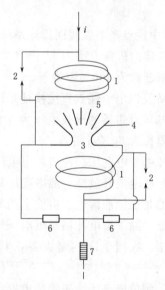

图 7-21　旋弧型磁吹火花间隙
结构示意图

图 7-22　灭弧栅型磁吹避雷器的
结构示意图

1—永久磁铁；2—内电极；3—外电极；
4—电弧（箭头表示电弧旋转方向）

1—磁吹线圈；2—辅助间隙；3—主间隙；4—主电极；
5—灭弧栅；6—分路电阻；7—工作电阻

续流流过来时，在线圈上产生的压降不足以维持辅助间隙上电弧继续燃烧，电弧熄灭，续流沿线圈—主间隙—线圈流入大地。续流在两个线圈中产生方向相反的磁场，把工频电弧拉入灭弧栅中，电弧长度可达起始长度的数十倍，加速去游离过程，从而提高灭弧能力。灭弧栅型磁吹火花间隙可以熄灭 450A 续流，一般用于保护变电站，型号为 FCZ 型。

续流电弧被拉长有利于电弧冷却，电弧电阻增大，增大了放电回路阻抗，能够限制续流，即使减少电阻阀片也能够可靠灭弧。一般电阻阀片可以减少 10％，获得更低的残压。

磁吹避雷器除了能防护雷电过电压之外，还能够防护部分内部过电压。

五、串联间隙阀型避雷器的主要参数

避雷器的电气特性参见附录 B。串联间隙阀型避雷器的主要参数有：

（1）额定电压。我国习惯把安装避雷器的系统额定电压称为避雷器的额定电压。而根据国际电工委员会的规定，避雷器的额定电压是指避雷器两端允许施加的最高工频电压有效值，相当于灭弧电压。

（2）灭弧电压。灭弧电压是保证工频续流第一次过零时避雷器可靠灭弧的条件下，允许加在避雷器上的最大工频电压。灭弧电压是按照安装地点可能出现的工频过电压，即单相接地时健全相电压升高设计的。

10kV 中性点不接地系统：单相接地时，健全相电压可以升高到 110％线电压，避雷器的灭弧电压为 $1.1 \times 1.15 U_n = 1.1 \times 1.15 \times 10 = 12.65 (kV)$，把此类避雷器称为 110％避雷器。

35kV 中性点经消弧线圈接地系统：单相接地时，健全相电压可以升高到 100％线电压，避雷器的灭弧电压为 $1.0 \times 1.15 U_n = 1.0 \times 1.15 \times 35 = 40.275 kV$，取 41kV，把此类避雷器称为 100％避雷器。

110kV 及以上中性点直接接地系统：单相接地时，健全相电压可以升高到 80％线电压，110kV 避雷器的灭弧电压为 $0.8 \times 1.15 U_n = 0.8 \times 1.15 \times 110 = 101.2 (kV)$，把此类避雷器称为 80％避雷器。

（3）冲击放电电压。冲击放电电压分为雷电冲击放电电压和操作冲击放电电压两类，因间隙放电的分散性，放电电压具有上下限值。对额定电压为 220kV 及以下的避雷器，指的是在标准雷电冲击波下的放电电压（幅值）的上限。对于 330kV 及以上超高压避雷器，除了雷电冲击放电电压外，还包括在标准操作冲击波下的放电电压（幅值）的上限。我国生产的避雷器，其冲击放电电压与标称放电电流下的残压基本相同。

（4）工频放电电压。工频放电电压是指在工频电压作用下避雷器发生放电的电压值。工频放电电压也有上下限值，因为一般不容许普通阀型避雷器在内部过电压下动作，以免损坏，工频放电电压的下限值应高于避雷器安装地点可能出现的内部过电压值。35kV 及以下系统和 110kV 及以上系统，工频放电电压下限值一般分别取相电压的 3.5 倍和 3.0 倍。

（5）残压。残压是指波形为 $8/20\mu s$、一定幅值的冲击电流通过避雷器时，在阀片电阻上产生的电压峰值。由于阀片电阻上的压降会随着流过其电流的增大而增大，在规定残压上限值的同时，也要规定流过避雷器的冲击电流的幅值。行业标准规定：流过 220kV 及以下避雷器的标称电流为 5kA，流过 330kV 及以上避雷器的标称电流为 10kA 或 20kA。

（6）保护比。保护比是指避雷器残压与灭弧电压之比。保护比越小，说明避雷器的残压越低或灭弧能力越强，因而保护性能越好。普通阀型避雷器的保护比为 2.3～2.5，磁吹避雷器的保护比为 1.7～1.8。

（7）切断比。切断比是指避雷器的工频放电电压（下限）与灭弧电压之比。切断比越小，说明间隙的熄弧能力越强。通常普通阀型避雷器的切断比约等于 1.8，磁吹避雷器的切断比不大于 1.5。

（8）保护水平。保护水平是指避雷器上可能出现的最大冲击电压的峰值。我国和国际标准都是规定以残压、标准雷电冲击（1.2/50μs）放电电压、陡波（1/5μs）放电电压 U_{st} 除以 1.15 后所得电压值，三者中的最大值作为该避雷器的保护水平。保护水平越低越好，显然避雷器的保护水平要低于被保护物的绝缘水平。

六、氧化锌避雷器

氧化锌避雷器（MOA）又称为金属氧化物避雷器，发明于 20 世纪 70 年代，其电阻阀片以氧化锌为主要材料（约占 90%），并掺入微量的氧化铋、氧化钴、氧化锰等添加剂，在 1100～1200℃ 高温下烧结制成。因为具有优异的非线性特性，氧化锌避雷器成为目前电力系统的主流避雷器。

资源 7.7

（一）伏安特性曲线

氧化锌避雷器电阻阀片的伏安特性曲线如图 7-23 所示，可以分成三个区域，即 1 区小电流区、2 区非线性区和 3 区饱和区。

系统正常工作时，避雷器工作在 1 区，流过避雷器的电流小于 1mA，仅为 100～200μA，电流随电压升高变化很小。在 1 区，电阻阀片的非线性系数较大，约为 0.2。

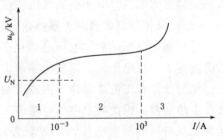

图 7-23 氧化锌避雷器电阻阀片的伏安特性曲线

雷电入侵或发生内部过电压，流过避雷器的电流超过 1mA 时，伏安特性曲线由 1 区进入到 2 区，避雷器开始发挥保护作用。2 区中流过避雷器的冲击电流在 10^{-3}～10^3 A 宽广范围内变化时，阀片电阻上压降变化不大，电阻阀片有接近于理想避雷器的平坦伏安特性，呈现出良好的非线性特性，非线性系数在 0.01～0.04 之间，即使在大冲击电流（如 10kA）下，非线性系数也不会超过 0.1。

当流过电阻阀片的冲击电流超过 3kA 时，伏安特性曲线进入到 3 区，随电流增大，电阻阀片上的电压明显升高，伏安特性曲线比较陡，因此在使用氧化锌避雷器时也要采取措施限制冲击电流幅值。

（二）优点

由于具有优异的非线性特性，使得氧化锌避雷器具有以下优点：

（1）无间隙。在工作电压下，氧化锌阀片相当于一个绝缘体，工作电压下流过微安级电流，不会烧坏阀片，可以不用串联间隙隔离工作电压。因为无间隙，给氧化锌避雷器带来以下好处：①结构简单，体积小，起始动作电压不受气压影响；②适合大规模生产，能够降低造价；③耐污性能好，有利于制造耐污型和带电水清洗型避雷器。

（2）无续流。氧化锌阀片只吸收过电压能量，对热容量的要求低于 SiC 电阻阀片，因此动作负载轻，能重复动作实施保护，使用寿命长。

（3）通流容量大，能制成重载避雷器。在阀片几何尺寸相同的情况下，氧化锌阀片的通流容量是 SiC 阀片的 4～4.5 倍；耐操作波的能力强，既可以防护雷电入侵波，又可以防护内部过电压。将多阀片柱并联制造出重载避雷器，可以进一步增大通流容量，解决长电缆系统、大容量电容器组的保护问题。电网中有时会出现特大电流，例如近区雷击，雷电流幅值高达 50～100kA，此电流下氧化锌电阻阀片不应损坏。

（4）保护性能优越，降低电气设备所受到的过电压。主要表现在以下方面：

1）陡波响应速度快，具有最好的陡波响应特性，能够降低作用在电气设备上的过电压幅值。

2）不需要考虑灭弧，电阻阀片数量可以减少，使残压更低，被保护电气设备的绝缘水平也可以降低。

（5）特别适合直流系统和 SF_6 组合电器的过电压防护。直流续流没有过零点，普通阀型避雷器不易熄弧，而氧化锌避雷器不存在灭弧问题；在 SF_6 组合电器中，有间隙阀型避雷器的击穿电压会随气压的变化而变化，氧化锌避雷器不存在此问题。

（三）氧化锌避雷器的主要参数

（1）额定电压。额定电压是指允许短时加在避雷器上的最大工频电压有效值，在系统发生工频过电压时，因氧化锌避雷器无间隙，过电压将直接加在氧化锌电阻阀片上，此时如果有雷电或操作冲击波入侵，避雷器仍能正常地工作，特性基本不变，不会发生热崩溃。因此额定电压是考虑工频过电压的影响后经计算获得的参数，不等于安装地点电网的额定电压，一般取普通阀型避雷器灭弧电压的 1.0～1.3 倍。例如，应用于 35kV 电网的 YH5WX-51/134 型复合外套氧化锌避雷器，额定电压为 51kV，是普通阀型避雷器灭弧电压的 1.25 倍，即 1.25×41≈51 （kV）。

（2）持续运行电压。持续运行电压是指允许长期连续施加在避雷器两端的最大工频电压有效值。避雷器吸收过电压能量后温度升高，在此电压下能正常冷却，不发生热击穿。它一般应等于或大于系统的最高工作相电压，通常取额定电压的 0.8 倍。

（3）起始动作电压。也称为参考电压或转折电压，是指氧化锌避雷器的伏安特性曲线由小电流区过渡到非线性区的拐点处电压，通常把通过 1mA 直流电流或工频电流阻性分量幅值时避雷器两端电压幅值定义为起始动作电压。

（4）残压。是指通过规定波形和幅值的冲击电流时，其端子间呈现的最大电压峰值，包含雷电冲击电流下的残压、操作冲击电流下的残压和陡波冲击电流下的残压三种。

雷电冲击电流下的残压：电流波形为 7～9/8～22μs，对应的标称放电电流分别为 5kA、10kA 和 20kA。

操作冲击电流下的残压：电流波形为 30～100/60～200μs，电流峰值为 0.5kA（一般避雷器）、1kA（330kV 避雷器）和 2kA（500kV 避雷器）。

陡波冲击电流下的残压：电流波前时间为 $1\mu s$，峰值分别为 5kA、10kA 和 20kA。

（5）保护水平。包括雷电保护水平和操作保护水平。雷电保护水平取陡波冲击残压除以 1.15 和雷电冲击残压两者中的较大值；操作保护水平取操作冲击残压。保护水平越低，其保护性能越好。

（6）压比。压比是指氧化锌避雷器通过 $8/20\mu s$ 标称冲击放电电流下的残压与起始动作电压之比。压比越小，说明残压越低，保护水平越低，因此压比越小越好。目前，此值在 1.6~2.0 之间。

（7）荷电率。荷电率是指容许最大持续运行电压幅值与起始动作电压的比值。它是表示电阻阀片上电压负荷程度的一个参数，与氧化锌避雷器的老化性能和保护水平密切相关。荷电率高，说明起始动作电压较低，避雷器动作频繁，老化将加剧，在某些情况下，荷电率从正常相电压下提高 30% 时，1 年老化的程度等于正常相电压下 20 年的老化程度。荷电率低，说明起始动作电压太高，老化速度虽然慢，但保护性能变差了。荷电率通常取为 50%~90%，在中性点非有效接地系统中，单相接地时健全相上电压升高到线电压，一般取较低的荷电率，在中性点有效接地系统则采用较高的荷电率。

（8）保护比。保护比是指标称放电电流下的残压与持续运行电压（幅值）的比值，等于压比与荷电率之比。保护比越小越好。

第四节　防　雷　接　地

大地是一个电阻非常低、电容量非常大的物体，拥有吸收无限电荷的能力，而且在吸收大量电荷后仍能保持电位不变，因此适合作为电气系统中的参考电位体。我国使用的避雷针、避雷线和避雷器，为了顺利泄放冲击电流，限制地电位抬高，要求必须作良好的接地，因此接地是防雷系统中不可或缺的组成部分。

资源 7.8

一、基本概念

电流通过接地体向大地泄放时，是以入地点为中心，呈半球形向四周土壤中流散，如图 7-24 所示，越靠近入地点，球的半径越小、电流密度越高，越远离入地点，球的半径越大、电流密度越小。在电流流散区内某点的电场强度为

$$E = \rho\delta \qquad (7-18)$$

式中　ρ——土壤电阻率，$\Omega \cdot m$；

　　　δ——电流密度，A/m^2。

在电流入地点处产生的电压升高 $U_g = IR$，幅值最高；距离电流入地点越远处，产生的电压升高越低；在距离电流入地点很远的地方（工程中常取 20m），电流密度已接近于 0，电场强度也接近 0，常把电位等

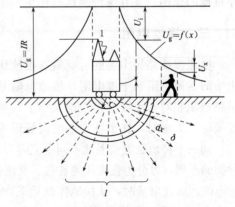

图 7-24　半球接地体地中散流及地面电位分布

于 0 的电气地称为地电位。因此地电位是指电流流散区以外的土壤区域，在接地极分布很密的地方，很难存在电位等于 0 的电气地。

在电流流散区内，人手触及带电体时会在手与脚之间产生电位差，《交流电气装置的接地设计规范》（GB/T 50065—2011）中规定：在地面上到设备水平距离 1.0m 处与设备外壳、框架或墙壁离地面垂直距离 2.0m 处两点间的电位差称为接触电压。

在电流流散区内，人的两脚之间也会产生电位差，《交流电气装置的接地设计规范》（GB/T 50065—2011）中规定：接地故障（短路）电流流过接地装置时，地面上水平距离 1.0m 的两点间的电位差为跨步电压。

二、接地

把与大地紧密接触并形成电气接触的一个或一组导电体称为接地极，分自然接地极和人工接地极。在自然接地极（如建筑物基础中的钢筋、金属管路等）的接地电阻不能满足要求时，需要加设人工接地极。人工接地极分垂直接地极和水平接地极。垂直接地极一般采用 20mm×20mm×3mm～50mm×50mm×5mm 的角钢或钢管，长度约取 2.5m。水平接地极一般为宽 20～40mm、厚度不小于 4mm 的扁钢，或直径不小于 6mm 的圆钢。使用多少接地极，需要经过计算确定。

将电力系统或电气装置的某一部分经接地线连接到接地极上的做法称为接地，其实质是借助接地装置，把电气设备有可能带上危险电压的部分，通过大地与地电位处相联接。把接地极和接地线的总和称为接地装置，是为了降低接地电阻而完成的接地整体。接地能起到确保系统正常工作、确保安全、顺利泄放雷电流和抗干扰等作用，电力系统中的接地按其作用分为工作接地、保护接地和防雷接地三类。

（1）工作接地是确保电力系统正常运行所需要的接地，如变压器中性点的接地，阻值范围为 $0.5\sim10\Omega$。

（2）保护接地是为了保护人身和设备安全而设置的接地，如电气设备有可能由于绝缘损坏而带电的金属外壳的接地，阻值范围为 $1\sim10\Omega$。

（3）防雷接地是用来将雷电流顺利泄入地下，限制地电位抬高。防雷接地既有工作接地的作用，又有保护接地的作用，阻值范围为 $1\sim30\Omega$。

三、接地电阻

电流泄放路径中遇到的电阻有接地线的金属电阻、接地极的金属电阻、接地极与土壤的接触电阻和土壤电阻，接地电阻是由这些电阻构成的总和。但是，金属电阻和接触电阻相对于土壤电阻来说太小了，可以忽略不计。接地电阻实质是接地电流经接地极注入大地时，在土壤中以电流场形式向远方扩散时遇到的土壤电阻。

同一个接地装置在泄放不同电流时所体现的电阻是不同的，接地装置按照泄放电流种类的不同，可分为直流接地装置、交流接地装置和冲击接地装置。接地装置在泄放工频电流或直流电流时，从接地体到地下远处零位面之间的电压 U_e 与流过的工频或直流电流 I_e 之比称为稳态接地电阻 R_e；接地装置在泄放冲击电流时体现出的电阻称为冲击接地电阻 R_{ch}。

（一）单根垂直接地极的稳态接地电阻

单根直径为 d、长度为 l 的垂直接地极如图 7 - 25 所示，电流沿垂直接地极向周围土壤中流散。在土壤电阻率为 ρ 的均匀土壤中，当 $l \gg d$、埋深为 0m 时，垂直接地极的稳态接地电阻为

$$R_e = \frac{\rho}{2\pi l}\left(\ln\frac{8l}{d} - 1\right) \qquad (7-19)$$

如果考虑埋深的影响，稳态接地电阻为

$$R_e = \frac{\rho}{2\pi l}\ln\frac{\rho + t + \sqrt{r_0^2 + (l+t)^2}}{t + \sqrt{r_0^2 + t^2}}$$

$$(7-20)$$

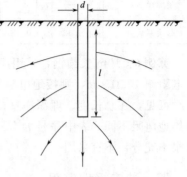

图 7 - 25　垂直接地极示意图

式中　r_0——接地极的半径，m；

　　　t——接地极的埋深，m。

算例 4：一个直径为 0.05m、长 2.5m 钢管，当土壤电阻率为 100Ω·m、埋深为 0m 时，稳态接地电阻等于 31.77Ω；埋深 0.5m 时，稳态接地电阻为 29.54Ω。考虑埋深后，接地电阻值减小。

（二）多根垂直接地极的稳态接地电阻

当单根垂直接地极的接地电阻不能满足要求时，可以利用多根垂直接地极并联来降低接地电阻。但是，由于接地极之间相互电磁屏蔽的影响，n 根并联垂直接地极的接地电阻不等于 R_e/n，而是要比此值大一些，此时稳态接地电阻为

$$R'_e = \frac{R_e}{n\eta} \qquad (7-21)$$

式中　η——利用系数，$\eta < 1$。

例如，两根接地极并联时，$\eta = 0.9$；而当六根接地极并联时，$\eta = 0.7$。增加接地极的根数，能够降低接地电阻，但材料的利用率下降了。为了克服电磁屏蔽的影响，两根垂直接地极之间的距离要不小于 2 倍接地极的长度。

（三）水平接地极的稳态接地电阻

均匀土壤中不同形状水平接地极的接地电阻为

$$R_h = \frac{\rho}{2\pi L}\left(\ln\frac{L^2}{hd} + A\right) \qquad (7-22)$$

式中　R_h——水平接地极的接地电阻，Ω；

　　　L——水平接地极的总长度，m；

　　　h——水平接地极的埋深，m；

　　　d——水平接地极的直径或等效直径，m；

　　　A——水平接地极的形状系数，其值可以从表 7 - 2 查得。

算例 5：10m 长圆钢水平直线敷设，埋深 0.8m，直径 0.01m，土壤电阻率 100Ω·m，则接地电阻等于 14.06Ω。

表 7-2　　　　　　　　　　　　水平接地极的形状系数

序　　号	1	2	3	4	5	6	7	8
接地极形式	—	⌐	人	○	＋	□	✳	✳
形状系数 A	−0.60	−0.18	0.00	0.48	0.89	1.00	3.03	5.65

算例 6：10m 长圆钢，采用序号 8 多边放射线布置，埋深 0.8m，直径 0.01m，土壤电阻率 100Ω·m，则接地电阻等于 24Ω。

可见，在总长度、埋深和直径相等的前提下，接地极的布置方式不同，体现出来的接地电阻不同。表中序号为 7、8 的两种放射形布置，接地电阻很大，接地极利用得很不充分，不宜采用。

四、冲击接地电阻

接地装置在泄放冲击电流时，由于火花效应和电感效应，使得冲击接地电阻与稳态接地电阻不同。

（一）火花效应

研究表明，接地极在泄放高幅值冲击电流时，接地极周围部分土壤可能会击穿，把这种现象称为火花效应，如图 7-26 所示。例如，当单根水平接地体的电位为 1000kV 时，其周围土壤火花放电区域的直径可达 70cm。火花效应产生时，土壤的导电性增强了，更有利于电流泄放，使得冲击接地电阻小于稳态接地电阻。

（二）电感效应

冲击电流的等值频率很高，当接地极伸展距离较远时，由于电感对电流的阻碍导致接地电阻增大的现象称为电感效应。单独考虑电感效应时，冲击接地电阻将大于稳态接地电阻。

把接地装置的冲击接地电阻与稳态接地电阻之比称为冲击系数 a，其值可能大于 1，也可能小于 1，与火花效应和电感效应的影响大小有关，一般情况下是小于 1 的。由上述分析及图 7-27 可知，a 与接地网结构、占地面积 S、雷电流幅值和土壤电阻率等因素有关。冲击电流越大，a 越小，因此 3～4 区域的冲击系数低于 1～2 区域的冲击系数；土壤电阻率越高，a 越小，原因在于土壤电阻率越高，土壤中电场强度越高，产生的火花效应越强；a 随接地网面积的增大而增大。

五、输电线路杆塔的接地

杆塔接地是泄放雷电流、限制雷击杆塔塔顶时塔顶电位幅值的有效措施。在杆塔经过居民区时，接地还起到保护的作用，要求杆塔接地装置与人行道之间至少保持 3m 的间距。杆塔混凝土基础的自然接地电阻如果不能满足要求，需要额外敷设人工接地极与之并联。人工接地极一般采用放射型水平敷设，随着接地极长度的增加，冲击系数明显增大，因此每根接地极的长度不要超过最大长度。单根射线的最大长度与土壤电阻率有关，见表 7-3，如果单根接地极的长度超过最大长度，接地电阻阻抗基本不再变化。

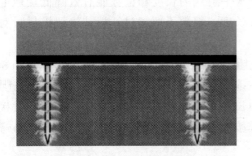

图 7 - 26　火花效应示意图

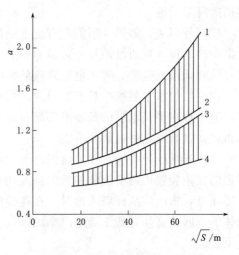

图 7 - 27　接地装置的冲击系数

$\rho = 100 \sim 600\Omega \cdot m$，区域 $1 \sim 2$：$I = 10kA$；

区域 $3 \sim 4$：$I = 100kA$

表 7 - 3　　　　　　　　　　　　单根射线水平接地体最大长度

土壤电阻率/($\Omega \cdot m$)	<500	<2000	<5000
最大长度/m	40	80	100

　　每基杆塔敷设的射线水平接地极的根数不宜太多，为充分利用接地体的冲击散流作用，根数不宜多于 8 根。

　　我国有避雷线线路杆塔的工频接地电阻（上限值）见表 7 - 4。

　　水平接地极的埋深与土壤电阻率有关，在土壤电阻率 100 $\Omega \cdot m < \rho \leqslant 300\Omega \cdot m$ 的地区，埋深不宜小于 0.6m；在土壤电阻率 $300\Omega \cdot m < \rho \leqslant 2000\Omega \cdot m$ 的地区，埋深不宜小于 0.5m；在土壤电阻率 $\rho > 2000\Omega \cdot m$ 的地区，埋深不宜小于 0.3m。

　　如果土壤电阻率高，工频接地电阻不能满足表 7 - 4 中要求时，可以采取以下方法降低接地电阻：

表 7 - 4　　我国有避雷线线路杆塔的工频
接地电阻（上限值）

土壤电阻率/($\Omega \cdot m$)	工频接地电阻/Ω
100 及以下	10
100～500	15
500～1000	20
1000～2000	25
2000 以上	30 或敷设 6～8 根总长度不大于 500m 的放射线；或用 2 根连续伸长接地体，阻值不作规定

　　（1）换土法。由接地电阻计算公式可见，接地电阻与接地极周围土壤的电阻率密切相关。用电阻率低的土壤去替换接地极周围电阻率高的土壤，可以有效降低接地电阻。研究表明，从接地极表面算起，在距离为 10 倍接地极尺寸（半径）范围内的土壤对接地电阻的贡献最大，占到接地电阻的 90%，替换此范围内的土壤是一种经济而

实用的降阻措施。

（2）外引法。如果杆塔附近有土壤电阻率低的区域，如水塘等，可以在此区域埋设集中接地极，再通过两根一定截面积的连接线将接地极与杆塔的接地装置相连，能够有效降低接地电阻。考虑电感效应的影响，引伸距离不宜过长。

（3）增加水平射线的长度和根数。增加水平射线的长度和根数能有效降低接地电阻，但单根水平接地极的长度不要超过最大长度，根数不要超过 8 根。接地极尽量对称布置，以减弱电磁屏蔽效应。

（4）连续延伸接线。在大面积高土壤电阻率（$\rho > 10000\Omega \cdot m$）地区，可以将相邻杆塔的接地装置用两根连续伸长的接地线在地中连接在一起，能够降低接地电阻。但需要注意，雷电流从杆塔入地时，在连续伸长接地体中的传播是波过程，要求连续接地体的开断处必须是低土壤电阻率地区，其接地电阻应很小；否则，开断处杆塔易遭受反击。

六、发电厂和变电站接地

发电厂和变电站需要敷设一个面积大体与其占地面积相当的复合接地网，如图 7-28 所示，满足工作接地、保护接地和防雷接地的要求。接地网以水平接地极为主，辅以若干垂直接地极，边缘封闭，接地网的埋深不宜小于 0.8m。均匀土壤中复合接地网接地电阻简易计算式为

$$R \approx 0.5 \frac{\rho}{\sqrt{S}} \tag{7-23}$$

式中　S——大于 $100m^2$ 的复合接地网面积，m^2。

为了均衡地表电位和便于配电装置与接地网连接，接地网通常采用长孔形或方孔形，如图 7-29 所示。接地网封闭边缘内的水平接地极称为均压带，均压带可以采用等间距或不等间距布置，间距为 3～10m，按照接触电压和跨步电压的要求确定。

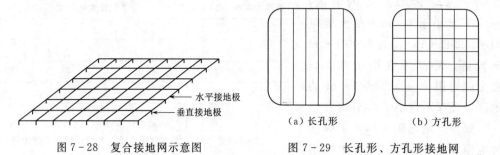

水平接地极
垂直接地极

（a）长孔形　　（b）方孔形

图 7-28　复合接地网示意图　　　　图 7-29　长孔形、方孔形接地网

发电厂和变电站接地主要目的是确保安全。在中性点直接接地系统，一般要求在泄放电流时产生的电压升高不超过 2000V，因此接地电阻满足：

$$R \leqslant \frac{2000}{I_G} \tag{7-24}$$

式中　I_G——计算用的流经接地装置入地的最大故障不对称电流有效值，A。

如果 $I > 4000A$，则可以取 $R \leqslant 0.5\Omega$。但工程中，在高土壤电阻率地区很难实现

$R \leqslant 0.5\Omega$，故 R 可以放大到 5Ω，但必须严格校验人身和设备的安全性。

对中性点非有效接地系统，接地网的 IR 允许值大大降低，因考虑系统允许单相接地运行 2h，为保证安全，接地网的接地电阻应符合式（7-25）的要求，但不应大于 4Ω。

$$R \leqslant \frac{120}{I_g} \tag{7-25}$$

式中 I_g ——计算用接地网入地对称电流，A。

为顺利泄放雷电流，限制地电位抬高，发电厂和变电站中装设的避雷针、避雷线和避雷器等防雷装置，需要在与接地网的连接处增加 3～5 根与接地网并联的、长度为 1.5～2.5m 的垂直接地极。一般土壤中，辅助接地极的冲击接地电阻为 2～6Ω。

当接地网接地电阻较高时，可以采用增大接地网面积、外引接地、深埋接地、深井爆破接地等措施降低接地电阻。

第八章 输电线路的防雷保护

输电线路连接发电厂、变电站和用户，承担着输送电能的重任，纵横延伸，又往往地处旷野，容易遭受雷击。因此电力系统的雷害事故多发生在线路上，有的地区由于雷击引起的线路跳闸事故在电网总事故中占比可以高达 40%～70%。因此，输电线路一定要做好雷电防护工作。

输电线路中的雷害有两种类型：一种是直击雷，产生直击雷过电压；另一种是感应雷，产生感应雷过电压。对输电线路运行安全威胁大的是直击雷过电压。

输电线路落雷后产生的后果如下：

(1) 绝缘子串发生冲击闪络并转化成稳定工频电弧，造成断路器跳闸。

(2) 雷击导线时绝缘子串不发生冲击闪络，或雷击杆塔塔顶时发生冲击闪络，形成沿线路入侵变电站的入侵波。

输电线路防雷性能用耐雷水平和雷击跳闸率来描述。耐雷水平是指雷击线路时，线路绝缘不发生冲击闪络所能承受的最大雷电流幅值，或者称能引起绝缘子串闪络所需要的最小雷电流幅值，单位为 kA。雷击跳闸率是指每 100km 长的线路每年由于雷击引起的跳闸次数，其单位为次/(100km·年)，是描述输电线路防雷性能的综合指标。

第一节 感应雷过电压

一、感应雷过电压的形成

资源 8.1

以负极性下行雷为例，感应雷过电压形成示意如图 8-1 所示，输电线路附近有雷云向大地发展先导，先导电场笼罩着线路导线，由于静电感应，在导线上会感应出大量的正电荷。因为先导的发展速度较慢，正电荷的聚集过程较缓慢，正电荷形成的电流波和电压波幅值很小，可以忽略，正电荷被电场束缚在导线上，形成束缚电荷。与正电荷等量的电子通过导线的对地电导和系统中性点流入大地。先导通道电荷在导线上产生的电位与束缚电荷所形成的电位叠加，导线上没有出现电压升高。先导是感应源，先导发展过程中，只产生了束缚电荷，没有产生感应雷过电压。

主放电发生时，产生的正电荷沿放电通道被击物向上运动，迅速中和雷电通道中的负电荷，感应源先导消失了，导线上的束缚电荷失去电场束缚而转化成自由电荷，沿导线向两侧传，形成感应雷过电压的静电分量。

主放电引起磁场剧烈变化，如果导线与磁力线交链，会在导线上产生感应雷过电压的电磁分量。由图 8-1（b）可见，主放电通道基本上与导线垂直，感应雷过电压的电磁分量并不大，可以只考虑静电分量。

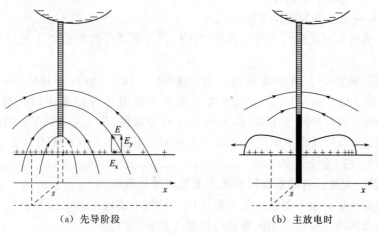

| （a）先导阶段 | （b）主放电时 |

图 8-1　感应雷过电压形成示意图

主放电时，感应源先导消失了，产生了感应雷过电压。

二、感应雷过电压的特点

（1）由上面分析得出，感应雷过电压与感应源的关系是异生、异灭、异极性。由于雷电多数为负极性的，因此感应雷过电压大多数是正极性的。

（2）如果是交流输电线路，如图 8-2 所示，雷电先导场同时笼罩着三相导线，导线上会同时出现感应雷过电压，其值相差很小，不会发生相间空气间隙的击穿，只能引起绝缘子串对地闪络。如果同时出现两相或三相绝缘子串闪络，会造成相间短路。

（3）感应雷过电压的波头较平缓、持续时间较长，波头较平缓，视在波前时间 T_1 为数微秒到数十微秒，视在半峰值时间 T_2 为数百微秒。

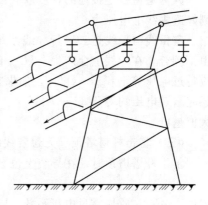

图 8-2　交流输电线路

三、感应雷过电压最大值

感应雷过电压分雷击大地时导线上产生的感应雷过电压和雷击杆塔塔顶时导线上产生的感应雷过电压两种。

（一）雷击大地、无避雷线时导线上产生的感应雷过电压

根据理论分析和实测结果，行业标准推荐：当雷击点与线路之间的距离 $S > 65\text{m}$ 时，感应雷过电压最大值的计算式为

$$U_\text{g} = 25\,\frac{Ih}{S} \tag{8-1}$$

式中　U_g——感应雷过电压最大值，kV；

　　　I——雷电流幅值，kA；

　　　h——导线平均高度，m；

　　　S——雷击点与线路之间的距离，m。

可见，感应雷过电压与雷电流幅值成正比，与导线平均高度成正比，与雷击点距离成反比。

由于雷击地面时，雷电流幅值一般不超过 100kA，感应雷过电压一般不超过 500kV，多为 300～400kV。35kV 线路绝缘子串采用 3 片绝缘子时正极性 $U_{50\%}$ 为 350kV、110kV 线路绝缘子串采用 7 片绝缘子时正极性 $U_{50\%}$ 为 700kV，因此感应雷过电压可能引起 35kV 及以下电压等级的线路绝缘子串闪络，但一般不会使 110kV 及以上电压等级的线路绝缘子串闪络。

（二）雷击大地、有避雷线时导线上的感应雷过电压

架设避雷线后，由于避雷线的屏蔽作用，导线上感应出的电荷量会减少；再考虑避雷线的耦合作用，导线上感应雷过电压最大值会下降。

避雷线是接地的，不考虑导线上工作电压在避雷线上产生的感应电压，认为其电压为 0。假设避雷线对地绝缘，避雷线和导线上感应雷过电压分别为

$$\begin{cases} U_{gb} = 25\,\dfrac{Ih_b}{S} \\[2mm] U_{gd} = 25\,\dfrac{Ih_d}{S} \end{cases}$$

因为避雷线是接地的，可以假设避雷线上原本存在着 $-U_{gb}$ 的电压，叠加上 U_{gb}，刚好避雷线上电压为 0。

避雷线与导线是二平行导线系统，设耦合系数为 k，避雷线上有 $-U_{gb}$ 的电压，由于耦合，在导线上会产生 $-kU_{gb}$ 的电压。叠加上导线上的电压 U_{gd}，导线上总的感应雷过电压等于 $U_{gd} - kU_{gb}$。如果忽略避雷线与导线之间的平均高度差，则导线上的感应雷过电压约等于 $(1-k)U_{gd}$。可见，耦合系数越大，导线上的感应雷过电压最大值越低。

（三）雷击杆塔塔顶、无避雷线时导线上的感应雷过电压

雷击杆塔塔顶时，在导线上也会产生感应雷过电压，其最大值表达式为

$$U_g = \alpha h \tag{8-2}$$

式中　α——感应雷过电压系数，kV/m。α 近似等于雷电流的平均陡度，即

$$\alpha \approx \frac{I}{2.6}$$

因此雷击杆塔塔顶时，感应雷过电压最大值的表达式可以写成

$$U_g = \frac{Ih}{2.6} \tag{8-3}$$

过电压最大值与雷电流幅值、导线平均高度成正比。

（四）雷击杆塔塔顶、有避雷线时导线上的感应雷过电压

感应雷过电压最大值表达式为

$$U_g = (1-k)\frac{Ih}{2.6} \qquad (8-4)$$

耦合系数越大，导线上的感应雷过电压最大值越低。

第二节　直击雷过电压及线路耐雷水平

如图 8-3 所示，雷直击线路有雷击杆塔塔顶、雷击避雷线档距中央和雷绕过避雷线击在导线上（称为绕击）三种形式，其中雷击避雷线占比最高，但绕击最危险。

雷击避雷线档距中央时，计算过电压的方法与绕击相同，但行波在铁塔处形成波的负反射，塔顶电压较低，一般不会造成绝缘子串闪络。当避雷线与导线之间空气间隙距离按照行业标准进行设计时，不会发生避雷线向导线放电（称为反击）。例如，系统最高电压在 7.2～252kV 范围内的线路，避雷线与导线间空气间隙距离为

$$S \geqslant 0.012l + 1 \qquad (8-5)$$

资源 8.2

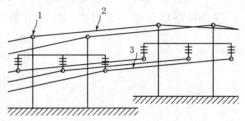

图 8-3　输电线路上的直击雷
1—雷击杆塔塔顶；2—雷击避雷线
档距中央；3—绕击

式中　S——避雷线与导线之间空气间隙距离，m；

　　　l——相邻两基杆塔之间的档距，m。

因此只考虑雷击杆塔塔顶和绕击引起的绝缘子串冲击闪络，只分析这两种情况下线路的耐雷水平。

一、雷击杆塔塔顶

雷击杆塔塔顶次数与直击雷总次数之比称为击杆率 g。运行经验表明，击杆率与线路经过地区的地形地貌以及避雷线根数有关，见表 8-1，平原地区的击杆率低于山区的击杆率，两根避雷线时的击杆率低于单根避雷线时的击杆率。

表 8-1　　　　　　　　　　　　击　杆　率

地　形	击　杆　率		
	0	单　根	两　根
平原	$\frac{1}{2}$	$\frac{1}{4}$	$\frac{1}{6}$
山区	—	$\frac{1}{3}$	$\frac{1}{4}$

分析雷击杆塔塔顶耐雷水平，需要通过计算杆塔塔顶电压、导线上电压，得出绝缘子串上的电压，对应绝缘子串的绝缘水平计算出临界雷电流幅值。

以一般高度（40m 以下）、有避雷线的线路为例。

（一）杆塔塔顶电压

在工程近似计算中，常将杆塔和避雷线用集中参数电感 L_{gt} 和 L_b 来代替，不同类

型杆塔的等值电感和波阻抗见表 8-2。

表 8-2　　　　　　　　　　杆塔的等值电感和波阻抗

杆塔形式	杆塔电感 /$(\mu H/m)$	杆塔波阻抗 /Ω	杆塔形式	杆塔电感 /$(\mu H/m)$	杆塔波阻抗 /Ω
无拉线水泥单杆	0.84	250	铁塔	0.50	150
有拉线水泥单杆	0.42	125	门型构架	0.42	125
无拉线水泥双杆	0.42	125			

雷击杆塔塔顶时的等值电路如图 8-4 所示。

雷击杆塔塔顶相当于雷击小接地电阻被击物，雷电通道投射下来的电流在铁塔接地点产生电流正的全反射；由于杆塔高度不高，反射电流波立刻到达杆塔塔顶，使注入线路的总电流变成 2 倍雷电通道投射电流，即雷电流 i_L。由图 8-4 可见，一部分雷电流通过铁塔流入大地，还有一部分雷电流沿避雷线向两侧流走。沿杆塔流入大地的电流为

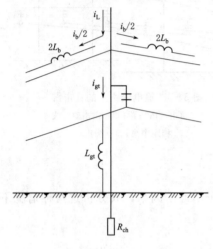

图 8-4　雷击杆塔塔顶时的等值电路

$$i_{gt} = \beta i_L \qquad (8-6)$$

式中　β——分流系数，取值见表 8-3。

绝大部分雷电流沿铁塔流入大地，增加避雷线根数，能减小分流系数。电流 i_{gt} 在杆塔电感和冲击接地电阻 R_{ch} 上产生压降，塔顶电压为

$$u_{td} = R_{ch} i_{gt} + L_{gt} \frac{di_{gt}}{dt} \qquad (8-7)$$

将 $i_{gt} = \beta i_L$ 代入表达式（8-7）得

$$u_{td} = \beta R_{ch} i_L + \beta L_{gt} \frac{di_L}{dt}$$

设雷电流幅值为 I_L，则 $\frac{di_L}{dt} = \frac{I_L}{2.6}$，代入上式得杆塔塔顶电压幅值为

$$U_{td} = \beta I_L \left(R_{ch} + \frac{L_{gt}}{2.6} \right)$$

与杆塔塔顶相连接的避雷线上的电压等于 u_{td}。

（二）导线上的电压

导线上的电压包括避雷线与导线之间耦合电压及雷击杆塔塔顶时产生的感应雷过电压。耦合电压与塔顶电压同极性，感应雷过电压与塔顶电压异极性。

耦合电压为 $k u_{td}$，感应雷

表 8-3　　一般长度档距杆塔分流系数 β 值

线路额定电压/kV	避雷线根数	β 值
110	1	0.900
	2	0.860
220	1	0.920
	2	0.880
330	2	0.880
500	2	0.865~0.822

过电压为 $(1-k)\dfrac{I_{\mathrm{L}}h_{\mathrm{d}}}{2.6}$，导线上的电压为 $u_{\mathrm{d}}=ku_{\mathrm{td}}-(1-k)\dfrac{I_{\mathrm{L}}h_{\mathrm{d}}}{2.6}$。

（三）绝缘子串上的压降

绝缘子串一端接在杆塔横担上，电压为塔顶电压；另一端悬挂导线，电压为导线上的电压。绝缘上电压为

$$u_{\mathrm{j}}=u_{\mathrm{td}}-u_{\mathrm{d}}=I_{\mathrm{L}}\left(\beta R_{\mathrm{ch}}+\frac{\beta L_{\mathrm{gt}}}{2.6}+\frac{h_{\mathrm{d}}}{2.6}\right)(1-k)$$

绝缘上的电压随雷电流幅值升高而增大。当雷电流幅值超过某临界值时，绝缘上的压降将超过其绝缘水平产生闪络，把这种现象称为反击。用绝缘子串的 50% 冲击闪络电压替换绝缘上电压，得出的雷电流幅值就是雷击杆塔塔顶时线路的耐雷水平，即

$$I_{1}=\frac{U_{50\%}}{\left(\beta R_{\mathrm{ch}}+\beta\dfrac{L_{\mathrm{gt}}}{2.6}+\dfrac{h_{\mathrm{d}}}{2.6}\right)(1-k)} \tag{8-8}$$

各电压等级线路应有的耐雷水平见表 8-4。

表 8-4　　　　　　　　　各电压等级线路应有的耐雷水平

额定电压 U_{n}/kV	35	66	110	220	330	500
耐雷水平 I/kA	20~30	30~60	40~75	75~110	100~150	125~175
雷电流超过 I 的概率 P/%	59~46	46~21	35~14	14~6	7~2	3.8~1.0

从表中数据可见，电压等级越高，耐雷水平越高，发生冲击闪络的概率越低，但并非完全耐雷，仍有发生冲击闪络的可能。要提高雷击杆塔塔顶时线路的耐雷水平，可以采用加强绝缘（提高 $U_{50\%}$）、增大耦合系数和降低接地电阻等措施。

二、绕击时线路耐雷水平

（一）绕击率

输电线路架设避雷线并不能 100% 地避免雷电直击导线，即使采用负保护角，依然有绕击的可能。绕击时，雷电流在导线上产生的电压全部作用在绝缘子串上，最容易引起闪络，因此耐雷水平最低。

把雷绕击导线的次数与线路总直击雷次数之比称为绕击率，用 P_{α} 来描述。P_{α} 与线路经过地区的地形、地貌、地质条件、保护角 α 及杆塔高度 h 等因素有关，其表达式如下：

资源 8.3

平原地区：

$$\lg P_{\alpha}=\frac{\alpha\sqrt{h}}{86}-3.9 \tag{8-9}$$

山区：

$$\lg P_{\alpha}=\frac{\alpha\sqrt{h}}{86}-3.35 \tag{8-10}$$

由表达式可见，杆塔高度 h 越高绕击率越高，保护角 α 越大绕击率越高。山区的绕

击率为平原地区的 3～4 倍，相当于保护角扩大 8° 左右。输电线路雷电绕击率计算结果见表 8-5。

表 8-5　　　　　　　　　　　　输电线路雷电绕击率计算结果

保护角/(°)		5				10				15		
杆塔高度/m		20	50	100	200	20	50	100	200	20	50	100	200
雷电绕击率/%	平原地区	0.02	0.03	0.05	0.08	0.04	0.08	0.18	0.55	0.08	0.22	0.70	3.69
	山区	0.08	0.12	0.17	0.30	0.15	0.30	0.65	1.97	0.27	0.76	2.48	13.08

由表中数据可见，绕击率很低。击杆率一般不超过 50%，直击雷中雷击避雷线的占比最高，因此架设避雷线是防雷电直击导线的最重要措施。

（二）等值电路和雷击点电压

雷绕击导线计算模型与等值电路如图 8-5 所示，雷击导线时，雷电流沿导线向两侧传，被击物可以看成是两条导线的并联。

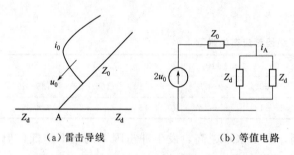

（a）雷击导线　　　　（b）等值电路

图 8-5　雷绕击导线计算模型与等值电路图

雷击点电流：

$$i_A = \frac{2u_0}{Z_0 + \frac{Z_d}{2}} = \frac{2Z_0 i_0}{Z_0 + \frac{Z_d}{2}} = \frac{i_L}{1 + \frac{Z_d}{2Z_0}}$$

雷击点电压：

$$u_A = \frac{Z_d i_A}{2} = \frac{Z_0 Z_d i_L}{2Z_0 + Z_d}$$

用绝缘子串 50% 冲击闪络电压替换导线上的电压，得出绕击耐雷水平：

$$I_2 = \frac{2Z_0 + Z_d}{Z_0 Z_d} U_{50\%} \tag{8-11}$$

行业标准建议取 $Z_0 \approx Z_d/2$，$Z_d = 400\Omega$，则

$$I_2 = \frac{U_{50\%}}{100} \tag{8-12}$$

根据行业标准的计算方法：35kV、110kV、220kV、330kV、500kV 线路的绕击耐雷水平分别为 3.5kA、7kA、12kA、16kA 和 27.4kA，其值较雷击杆塔塔顶时的耐雷水平低得多。提高绕击耐雷水平的唯一措施是加强绝缘。

第三节　雷击跳闸率

冲击闪络持续时间短并且不稳定，不会引起断路器跳闸；只有雷电消失后，在工作电压下建立起稳定的工频电弧时，断路器才跳闸。

一、建弧率

资源 8.4

冲击闪络转化成稳定工频电弧的概率称为建弧率，用 η 描述。建弧率取决于外绝

缘或空气间隙的平均工作电压梯度 E ，建弧率的表达式为

$$\eta = (4.5E^{0.75} - 14) \times 10^{-2} \qquad (8-13)$$

中性点有效接地系统，发生单相工频稳定电弧接地时，断路器跳闸；而中性点非有效接地系统，只有两相或三相同时产生工频电弧造成相间短路时，断路器才跳闸。因此平均工作电压梯度 E 与中性点运行方式有关。

对于中性点有效接地系统：

$$E = \frac{U_n}{\sqrt{3} \, l_1} \qquad (8-14)$$

对于中性点非有效接地系统：

$$E = \frac{U_n}{2l_1 + l_2} \qquad (8-15)$$

式中 U_n ——线路额定电压（有效值），kV；

         l_1 ——绝缘子串长度，m；

         l_2 ——木横担线路的相间距离，m。如果是铁横担或钢筋混凝土横担，$l_2 = 0$。

绝缘子串长度相同的情况下，中性点非有效接地系统中绝缘的平均工作电压梯度 E 更低，建弧率低于中性点有效接地系统，因此可以采用中性点非有效接地（如消弧线圈接地）运行方式来降低建弧率。加强绝缘，增加绝缘子串长度或采用瓷横担能够降低建弧率。

不同电压等级绝缘子串平均电压梯度和建弧率见表8-6。

表 8-6   不同电压等级绝缘子串平均电压梯度和建弧率

电压等级/kV	35	60	220	500
绝缘子串长度/m	0.438	0.730	1.900	4.185
电压梯度/(kV/m)	39.95（金属横担）	41.10（金属横担）	66.85	68.98
建弧率/%	57.51	59.05	91.21	93.71

由表8-6能够发现：随着电压等级的提高，绝缘子串长度在增长，耐雷水平在提高，但绝缘上的平均工作电压梯度 E 也在提高，使建弧率增大，发生冲击闪络后更容易建弧。

如果 $E \leqslant 6\text{kV/m}$，得出的建弧率 $\eta \leqslant 3.25\%$，已经很小了，认为不会建弧。

二、输电线路落雷次数

输电线路具有引雷功能，在其附近一定范围内发展的雷电先导会被线路吸引而直击线路，因此引入受雷宽度 B' 这个参数用于输电线路受雷面积的计算。一条 100km 长、避雷线平均高度为 h 的线路，年雷暴日 T_d 为 40，地面落雷密度 γ 为 0.07 次/（km^2·雷暴日），下面计算一年的落雷次数。

（一）避雷线受雷宽度

$$B' = b + 4h \qquad (8-16)$$

其中

$$h=h_{\mathrm{t}}-\frac{2}{3}f \qquad (8-17)$$

式中　b——避雷线之间的距离，m，如果是单条避雷线，则 $b=0$；

$\quad\quad h_{\mathrm{t}}$——避雷线在杆塔上悬挂点高度，m；

$\quad\quad f$——避雷线的弧垂，m。

（二）落雷次数

$$N=\gamma\times100\times\frac{B'}{1000}\times T_{\mathrm{d}}$$

$$=0.07\times\frac{b+4h}{10}\times40=0.28(b+4h) \quad [\text{次}/(100\mathrm{km}\cdot40\text{雷暴日})] \quad (8-18)$$

三、雷击杆塔塔顶的次数和绕击的次数

击杆率为 g，一年中雷击杆塔塔顶的次数为 Ng 次。

绕击率为 P_α，一年中绕击的次数为 NP_α 次。

四、发生冲击闪络的次数

设雷击杆塔塔顶时雷电流幅值超过耐雷水平的概率是 P_1（表 8-4），则雷击杆塔塔顶时发生冲击闪络的次数为 NgP_1 次。

设绕击时雷电流幅值超过耐雷水平的概率为 P_2，则绕击时发生冲击闪络的次数为 $NP_\alpha P_2$ 次。

中等雷电活动地区，各电压等级线路绕击耐雷水平见表 8-7。

表 8-7　各电压等级线路绕击耐雷水平

额定电压 U_{n}/kV	35	110	220	330	500
耐雷水平 I/kA	3.5	7.0	12.0	16.0	27.4
雷电流超过 I 的概率 P_2/%	91.2	83.3	73.0	65.8	48.8

五、雷击跳闸率

雷击杆塔塔顶时跳闸的次数为

$$n_1=NgP_1\eta$$

绕击时跳闸的次数为

$$n_2=NP_\alpha P_2\eta$$

总雷击跳闸率为

$$n=n_1+n_2$$

第四节　线路防雷措施

输电线路防雷保护的根本目的是尽可能减少线路雷害事故的次数和损失。线路防雷主要从防直击、防闪络、防建弧和防停电等方面入手寻找措施。

资源 8.5

防直击可以采用架设避雷线，也有采用架设避雷针的，但用得很少。

防闪络可以采用降低接地电阻、架设避雷线、架设耦合地线、绝缘子串并联线路避雷器和加强绝缘等措施。

防建弧可以采用加强线路绝缘、中性点安装消弧线圈等措施。

防停电可以采用自动重合闸、双回路或环网供电等措施。

一、架设避雷线

避雷线具有保护、屏蔽、耦合、分流等四个作用。前面分析过，雷击避雷线是输电线路直击雷的主要形式，占比达 50% 甚至更高，因此架设避雷线是 110kV 及以上电压等级输电线路最重要和最有效的防雷措施。35kV 及以下电压等级输电线路，因为线路绝缘水平低，即使架设避雷线也容易发生反击，并且架设避雷线的费用约占线路建设成本的 20% 左右，故不宜全线架设避雷线，主要采用中性点经消弧线圈接地和重合闸等措施防雷。

《交流电气装置的过电压保护和绝缘配合设计规范》（GB/T 50064—2014）中规定：少雷区除外的其他地区的 220～750kV 线路应沿全线架设双避雷线。110kV 线路可沿全线架设避雷线，在山区和强雷区宜架设双避雷线，在少雷区可不沿全线架设避雷线，但应装设自动重合闸装置。35kV 及以下电压等级线路，不宜全线架设避雷线。

二、降低接地电阻

降低接地电阻是提高线路耐雷水平和降低反击概率的主要措施。杆塔的工频接地电阻一般为 $10～30\Omega$，具体数值可以依据土壤电阻率按照表 7 - 3 选取，接地电阻值越小越好。

三、架设耦合地线

在降低线路接地电阻有困难时，作为一种补救措施，可在某些建成投运后、雷击故障频发的线段上，在导线的下方架设耦合地线。耦合地线具有一定的分流和耦合作用，能提高线路的耐雷水平、降低雷击跳闸率。

四、加强绝缘

加强绝缘可以采取增加绝缘子串中绝缘子的片数、改用大爬距悬式绝缘子、增大塔头空气间距等措施。需要注意的是，增加绝缘子串中绝缘子的片数有相当大的局限性，因为绝缘子串长度增加后会增大导线的弧垂。

由于输电线路个别地段需采用大跨距高杆塔，这就增加了杆塔落雷的机会。由于高杆塔的等值电感大，导致雷击杆塔塔顶电压高，并且高杆塔的感应雷过电压幅值高，绕击率也随杆塔高度增加而增大，因此行业标准规定：全高超过 40m 有避雷线的杆塔，每增高 10m 应增加一片绝缘子；全高超过 100m 有避雷线的杆塔，需要结合运行经验，经计算后确定绝缘子串中所加的绝缘子片数。

五、消弧线圈接地

对于雷电活动强烈，接地电阻又难以降低的地区，可以考虑采用中性点不接地或经消弧线圈接地的方式运行，降低建弧率。

绝大多数的单相落雷闪络接地故障会被消弧线圈消除。在二相或三相落雷时，雷击引起第一相导线闪络并不会造成跳闸，闪络后的导线相当于地线，增加了耦合作用，使未闪络相绝缘子串上的电压降低，从而提高其耐雷水平。

六、加装线路避雷器

线路避雷器的冲击放电电压或参考电压低于绝缘子串的 $U_{50\%}$ 冲击闪络电压，雷击杆塔塔顶或绕击时，通过避雷器泄放雷电流，确保绝缘子串不发生冲击闪络，从而提高线路耐雷水平，有效地降低雷击跳闸率。通常，线路避雷器用于雷电过电压特别大的场合或绝缘薄弱点的防雷保护，例如高压线路之间及高压线路与通信线路之间的交叉跨越档、过江大跨越高杆塔、带避雷线的终端杆塔、换位杆塔及变电站进线段等处。近些年，线路避雷器得到一定程度的推广，应用范围也在扩大。线路上安装保护间隙示意如图 8-6 所示，这种保护方式在 10kV 配电线路中常能见到。

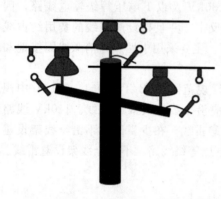

图 8-6　线路上安装保护间隙示意图

线路避雷器需要较大的通流容量，目前线路防雷基本是使用保护间隙或氧化锌避雷器。

七、不平衡绝缘

为了节省线路走廊用地，在现代高压和超高压线路中，同杆塔架设双回路（或多回路）的情况日益增多。此类线路在采用通常的防雷措施不能满足要求时，还可以采用不平衡绝缘方式来降低雷击时双回路的同时跳闸率。不平衡绝缘是使两回线路的绝缘子串中绝缘子片数有差异，雷击时绝缘子片数少的绝缘子串先闪络，闪络后的导线通过电弧接地，相当于地线，能增大另一回线路的耦合系数，提高其耐雷水平，使其不发生冲击闪络。

八、装设自动重合闸

线路的外绝缘是可恢复绝缘，大多数雷击造成的冲击闪络和工频电弧在断路器跳闸后能够迅速去游离，恢复绝缘性能，因此重合闸的成功率较高。据统计，我国 110kV 及以上电压等级输电线路重合闸成功率在 $75\% \sim 90\%$，35kV 及以下电压等级输电线路重合闸成功率在 $50\% \sim 80\%$，因此各电压等级的线路都应尽量装设自动重合闸。

第九章 发电厂和变电站的防雷保护

我国输电线路的绝缘水平高于变电站的绝缘水平，变电站的绝缘水平高于发电厂的绝缘水平。发电厂和变电站是电力系统的核心，如果由于雷电过电压导致绝缘故障，可能会造成大面积停电。因此发电厂和变电站的防雷需要做得更加严格和可靠。

发电厂和变电站的雷害来源于以下两方面：

（1）雷电直击，常采用避雷针（线）进行防护。

（2）雷击线路时，由于反击或绕击，雷电流注入导线并形成沿导线入侵发电厂、变电站的入侵波。防护入侵波采用阀型避雷器，同时辅之以相应的措施限制流过避雷器的雷电流幅值、降低入侵波的陡度。

第一节 发电厂和变电站直击雷保护

发电厂和变电站直击雷保护需要遵循以下原则：

（1）所有被保护设备均应处于避雷针（线）的保护范围之内，并且满足不发生反击的要求。为了防反击，避雷针（线）应良好接地并与被保护物保持足够距离，避雷针（线）接地装置的工频接地电阻一般不宜大于10Ω，《交流电气装置的过电压保护和绝缘配合设计规范》（GB/T 50064—2014）中对安全距离规定为：

资源 9.1

避雷针与被保护设备空气中距离为

$$S_k \geqslant 0.2R_{ch} + 0.1h \tag{9-1}$$

式中　R_{ch}——避雷针的冲击接地电阻，Ω；

　　　h——避雷针的针高，m。

避雷针的接地装置与被保护物的接地装置在土壤中距离为

$$S_d \geqslant 0.3R_{ch} \tag{9-2}$$

通常，S_k 不宜小于 5m，S_d 不宜小于 3m。如果接地电阻过大，需要增大 S_k 和 S_d，但经济上不合理。

（2）合理装设避雷针。110kV 及以上配电装置的绝缘水平高，可以将避雷针装设在配电构架上，称为构架避雷针；但当土壤电阻率超过 1000Ω·m 时宜设置独立避雷针，即有独立支架和独立接地装置的避雷针。雷击构架避雷针时，构架上出现的高电位一般不会造成反击事故，还能够节省占地面积和金属材料。

安装了避雷针的构架需要作辅助接地装置，即在接地点附近地中打入 3～5 根长度为 1.5～2.5m 的垂直接地极，以利于雷电流泄放。此辅助接地装置与主接地网焊接点距离变压器接地线与主接地网焊接点土壤中距离应不小于 15m，以防止反击。在土壤电阻率小于 $500\Omega \cdot m$ 的地区，冲击波经过 15m 的传播，幅值可以衰减到原来的 22% 左右，一般不会引起反击。

60kV 的配电装置，如果土壤电阻率小于 $500\Omega \cdot m$，可以将避雷针装设在配电构架上，土壤电阻率大于 $500\Omega \cdot m$ 时只能作独立避雷针。

35kV 及以下的配电装置，由于绝缘水平低，电气设备之间间距小，为了防止反击，不允许将避雷针装设在配电构架上，只能装设独立避雷针，其接地装置的冲击接地电阻值 R_{ch} 不大于 10Ω。独立避雷针的接地装置一般不与主接地网连接，当保证地中接地网间距有困难或 R_{ch} 很大且无法降低时，可以将独立避雷针的接地装置与主接地网相联，但要保证其联接点与 35kV 及以下电气设备的接地线入地点之间沿地网导线的距离大于 15m，防止反击。独立避雷针与道路之间的距离应大于 3m，否则应铺设厚度为 $5\sim8cm$ 的碎石或沥青路面，以保证人身安全。

（3）发电厂厂房上一般不设避雷针，以免发生反击事故和引起继电保护误动作。

（4）变压器是最重要的设备，为了防止反击，在变压器门型构架上和在离变压器主接地线小于 15m 的配电构架上，当土壤电阻率大于 $350\Omega \cdot m$ 时，不允许装设避雷针；如果土壤电阻率不大于 $350\Omega \cdot m$，通过技术经济分析确有经济效益，可以在变压器门型构架上设置避雷针，但接地电阻应小于 4Ω。

第二节　阀型避雷器的保护作用

资源 9.2

装设阀型避雷器是变电站防护入侵波的基本措施，其作用是限制入侵过电压波的幅值。下面利用算例引出问题，并对阀型避雷器的保护作用进行定性分析。

算例 1：如图 9-1 所示，一个陡度为 $30kV/\mu s$ 的无限长斜角波从一条波阻抗 $Z=300\Omega$ 的半无限长架空线路上传来，$t=0$ 时刻到达 A 点，A、B 两点之间距离为 300m，B 点开路，A 点处安装的避雷器 FT 的冲击放电电压为 120kV，求 FT 的动作时刻及 A、B 两点的最大电压。

解：$T_{AB}=1\mu s$。

$1\mu s$ 时，行波到达 B 点，发生电压正的全反射。

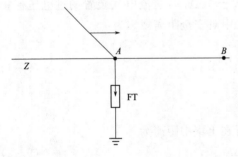

图 9-1　避雷器保护作用计算

$2\mu s$ 时，反射波从 B 点返回到 A 点。反射波与前行波极性和波形相同，$2\mu s$ 时刻起 A 点电压按照 $U_A=2\times30+2\times30(t-2)$ 升高。

令 $U_A=120kV$，得到 $t=3\mu s$ 时避雷器动作。

A 点电压 U_A 受到避雷器动作电压限制，最大电压为 120kV。

$3\mu s$ 时避雷器动作，将入侵波切断，能够通过 A 点的最大入侵波电压为 90kV，到达 B 点时产生 2 倍过电压，因此 B 点最大电压 $U_B=180kV$。

依照上面的计算方法，同样能够求出：

A、B 两点之间距离为 0m 时，B 点最大电压 $U_B = 120\text{kV}$。

A、B 两点之间距离为 150m 时，B 点最大电压 $U_B = 150\text{kV}$。

A、B 两点之间距离为 450m 时，B 点最大电压 $U_B = 210\text{kV}$。

A、B 两点之间满足关系式：

$$U_B = U_A + 2\alpha \frac{l}{v}$$

通过算例发现，如果 B 点位置有一个需要被保护的电气设备，由于设备上受到的过电压比避雷器的冲击放电电压高，设备可能得不到保护。并且避雷器距离被保护设备越远，被保护设备上出现的过电压幅值越高。因此避雷器与被保护物之间零距离最好，但从成本上考虑，不可能每个设备都并联一个避雷器，通常是在变电站中母线上加装一组避雷器来保护全站的设备。

被保护设备与阀型避雷器之间的电压差是由于行波折反射造成的，被保护设备受到的电压以避雷器残压为轴进行振荡，可以写出以下方程：

$$u_B = u_{\text{res5}} + 2\alpha \frac{l}{v} \tag{9-3}$$

式中　u_B——作用在被保护物上的冲击电压，kV；

$\quad u_{\text{res5}}$——避雷器在 5kA 雷电流下的残压，kV；

$\quad \alpha$——入侵波的陡度，$\text{kV}/\mu\text{s}$；

$\quad l$——阀型避雷器与被保护设备之间的距离，m

$\quad v$——行波传播的速度，$\text{m}/\mu\text{s}$。

在入侵波陡度一定时，避雷器与被保护物之间的距离有一个极限值，如果超过此值，被保护物上受到的冲击电压将超过其冲击耐压而得不到保护，把此值称为避雷器的最大保护距离或保护范围。

由定性分析回到工程实际，由于变电站具体接线的复杂性，以及各设备对地电容的存在，避雷器与变压器之间的连线也有电感，将使避雷器动作后在避雷器与变压器之间的波过程复杂化。作用在被保护物上的过电压波形与入侵波的全波波形差异较大，而更接近于截断波，因此常以变压器绝缘承受截断波的能力来说明变压器承受雷电过电压的能力。把变压器承受截断波的能力称为多次截波耐受电压 u_j。避雷器要可靠保护变压器，其保护范围应满足：

$$l \leqslant \frac{u_j - u_{\text{res5}}}{2\alpha} v \tag{9-4}$$

影响避雷器保护范围的主要因素有：

（1）被保护物多次截波耐压与避雷器残压的差值。差值越大，避雷器的保护范围越大。当被保护物的冲击耐压一定时，必须采取措施限制流过避雷器的冲击电流，将入侵 220kV 及以下变电站中避雷器的雷电流幅值限制在 5kA 以下，将入侵 330kV 及以上变电站中避雷器的雷电流幅值限制在 10kA 以下，以降低残压。

变电站中变压器的绝缘水平最低，其他电气设备的绝缘水平要高于变压器，变电站中避雷器的安装原则是"确保重点，兼顾一般"，即避雷器离变压器要近些。其他电气设备与避雷器之间的距离如果不超过 1.35 倍的避雷器与变压器之间的最大保护距离，则能够得到避雷器的有效保护而不用——验算。对于一些大型变电站，如果远端电气设备与母线上安装的避雷器之间的距离超过了 1.35 倍避雷器与变压器之间的最大保护距离，需要在远端电气设备附近再加装避雷器进行保护。

（2）入侵波陡度。与陡度成反比，入侵波陡度越大，保护范围越小。限制流过避雷器雷电流幅值和入侵波电压陡度是通过变电站进线保护段实现的。

（3）波速。与波速成正比，波速越大，保护范围越大。α 是时间陡度，单位为 kV/μs；把 α/v 称为空间陡度，单位为 kV/m。空间陡度越大，避雷器的保护范围越小。

（4）其他因素。

1）算例是以线路末端开路进行计算的，此时发生的是电压正的全反射，使得开路点的电压最高。如果线路上 B 点不是开路的，B 点电压会低于 2 倍入侵波电压，B 点的最大值会降低，因此枢纽变电站中避雷器与被保护物之间的容许距离要比终端变电站的大一些。

2）雷电沿一条线路入侵有多回出线的变电站，行波到达母线时雷电流会在其他线路上分流，使得流过避雷器的雷电流幅值下降。变电站出线回路数越多，流过避雷器的雷电流就越小，产生的残压就越低，阀型避雷器的保护范围可以比一回线路时的大 20%～35%。

3）采用残压比普通阀型避雷器低的磁吹避雷器或氧化锌避雷器，能够增大保护距离或增大绝缘裕度，提高保护的可靠性。

普通阀型避雷器和氧化锌避雷器至变压器的最大电气距离见表 9-1 和表 9-2。

表 9-1　　　　　　　　普通阀型避雷器至变压器的最大电气距离

系统额定电压/kV	进线段长度/km	进 线 路 数			
		1	2	3	≥4
		最大电气距离/m			
35	1.0	25	40	50	55
	1.5	40	55	65	75
	2.0	50	75	90	105
60	1.0	45	65	80	90
	1.5	60	85	105	115
	2.0	80	105	130	145
110	1.0	45	70	80	90
	1.5	70	95	115	130
	2.0	100	135	160	180
220	2.0	105	165	195	220

注　1. 全线有避雷线进线时按长度为 2km 选取，进线长度在 1～2km 之间时按插补法确定。

　　2. 35kV 也适用于有串联间隙金属氧化物避雷器的情况。

系统额定电压/kV	进线段长度/km	进 线 路 数			
		1	2	3	≥4
		最大电气距离/m			
110	1.0	55	85	105	115
	1.5	90	120	145	165
	2.0	125	170	205	230
220	2	125 (90)	195 (140)	235 (170)	265 (190)

表 9 - 2 氧化锌避雷器至变压器的最大电气距离

注 1. 全线有避雷线进线时按长度为 2km 选取，进线长度在 1～2km 之间时按插补法确定。

2. 括号内距离对应的雷电冲击全波耐受电压为 850kV。

3. 本表也适用于电站碳化硅磁吹避雷器的情况。

由表可见，进线段在长度 2km 内，进线段越长，避雷器与变压器的最大电气距离越大。

综合冲击电压下气隙击穿及避雷器工作原理等方面的知识，可以总结出阀式避雷器有效保护被保护物的三个基于条件：①避雷器的伏秒特性与被保护绝缘的伏秒特性有良好的配合，避雷器的伏秒特性曲线必须完全位于被保护绝缘伏秒特性曲线的下面；②避雷器的伏安特性应保证其残压低于被保护绝缘的冲击耐压；③被保护绝缘必须处于该避雷器的保护范围之内。

第三节 变电站进线段保护

在进入变电站前的一段线路中，采用架设避雷线或避雷针等加强防雷措施、提高线路耐雷水平，把这段进线称为进线段，其作用是：①利用冲击电晕限制入侵波电压的陡度和幅值；②利用波阻抗限制流过避雷器的雷电流幅值。

运行经验表明，变电站雷电入侵波引起的绝缘事故中约有 50% 是由雷击变电站 1km 以内线路引起的，可见设置进线段保护的重要性。

资源 9.3

一、进线段保护的构成

（一）未全线架设避雷线的变电站进线段保护

35～110kV 未全线架设避雷线的变电站进线段保护接线如图 9 - 2 所示，由避雷线和氧化锌避雷器 MOA2 构成。母线上并联氧化锌避雷器 MOA1 保护全所的电气设备，在线路进入变电站前 1～2km 线路上架设避雷线或避雷针，降低在进线段内发生绕击和反击的概率。在进线段以外线路上发生雷直击导线或反击时，利用导线自身电阻和电晕消耗入侵波能量，限制入侵波电压幅值和陡度。对线路断路器或隔离开关在雷雨季节可能经常开断而线路侧又带有工频电压的情况，如果有行波入侵并导致断路器跳闸，此时再有行波入侵的话，行波在开路的断路器或隔离开关上会产生电压正的全反射，2 倍的过电压可能使断路器或隔离开关对地闪络并转化成工频短路，烧毁断路器或隔离开关的绝缘部件，因此需要加装氧化锌避雷器 MOA2 保护开关设备。

进线段要充分发挥作用，需要满足以下基本要求：

（1）进线段长度达到 1～2km，此长度是按照限制入侵波陡度要求计算出的。

（2）避雷线保护角越小越好，保护角不宜超过 20°，最大不应超过 30°。

（3）进线段具有较高的耐雷水平，取各电压等级线路雷击杆塔塔顶耐雷水平的上限值。

（4）进线段内各基杆塔的工频接地电阻不宜超过 10Ω。

（二）全线架设避雷线的变电站进线段保护

全线架设避雷线的变电站进线段保护接线如图 9-3 所示，也把进线前 2km 的线路作为进线保护段，并满足上述对进线段的基本要求。

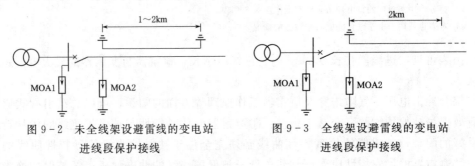

图 9-2　未全线架设避雷线的变电站　　　图 9-3　全线架设避雷线的变电站
　　　　　进线段保护接线　　　　　　　　　　　进线段保护接线

（三）35kV 小容量变电站进线段保护

对 35kV、5000kVA 及以下小容量变电站，可根据负荷重要性及雷击活动强弱等条件适当简化保护接线。因为变电站接线简单、尺寸小、避雷器距变压器的电气距离一般都在 10m 以内，允许有较高的入侵波陡度。

如图 9-4 所示，变电站进线段的长度可减少到 500～600m，在进线段首端应装 MOA 限制入侵波幅值，此 MOA 的接地电阻不应超过 5Ω，线路断路器线路侧 MOA2 是否需要装，视运行条件而定。

如果进线段装设避雷线有困难或土壤电阻率大于 500Ω·m，进线段杆塔接地电阻难以下降，不能保证进线段耐雷水平时，可以在进线段终端杆上安装一组约 1000μH 的电抗线圈替代进线段，如图 9-5 所示。此电抗线圈能限制雷电流幅值，也可以限制入侵波电压陡度。在电抗线圈的线路侧必须装设 MOA2 限制入侵波幅值。

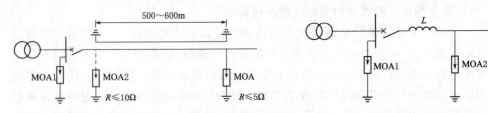

图 9-4　35kV 小容量变电站进线段保护接线　　　图 9-5　用电抗线圈替代进线段保护接线

（四）35kV 及以上变电站有电缆段的进线段保护

35kV 及以上变电站有电缆段的进线段保护接线如图 9-6 所示。基于行波同时入侵电缆芯线和金属外皮时电流全部通过金属外皮流走的结论，在电缆与架空线的连接处装设阀型避雷器 F1，将电缆芯线与金属外皮连接。没有雷电入侵，F1 隔离电缆芯线和金属外皮，确保系统正常工作；雷电入侵时，F1 动作，雷电流在避雷器接地电阻上产生的电压共同作用在电缆芯线和金属外皮上，限制通过芯线入侵变电站的雷电流幅值。由于避雷器的残压、避雷器的接地线及电缆段末端金属外皮接地线的分压，使得电缆金属外皮上的电压总低于芯线上的电压，导致芯线中依然有雷电流流过，因此希望电缆两端金属外皮的接地线越短越好。

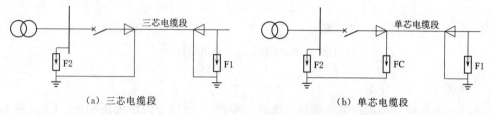

（a）三芯电缆段　　　　　　　　　　　　（b）单芯电缆段

图 9 - 6　35kV 及以上变电站有电缆段的进线段保护接线

图 9 - 6（a）中三芯电缆末端的金属外皮应直接接地。图 9 - 6（b）中使用单芯电缆，因为不允许电缆金属外皮流过工频感应电流而不能两端同时接地，为了限制电缆末端形成的过电压，应该经 ZnO 电缆护层保护器 FC 或者保护间隙接地。

经过计算，如果变压器在 F1 的保护范围之内，则母线上并联的避雷器 F2 可以不装。如果电缆长度超过 50m，且雷雨季节线路断路器有断开运行的可能，需要在电缆段末端加装避雷器保护断路器。

连接电缆进线段前的 1km 架空线路应架设避雷线。对全线电缆-变压器组接线的变电站内是否装设避雷器，应根据电缆段前端是否有雷电过电压波入侵，经校验后确定。

二、进线段首端落雷时流经避雷器雷电流的计算

雷击进线段首端时，行波经过的线路长度最短，幅值衰减得最少。由于受到输电线路绝缘水平的限制，能够沿导线入侵变电站的最高雷电过电压幅值为绝缘子串的 50% 冲击闪络电压。行波经过 1~2km 的进线段来回一次需要 6.7~13.3μs，而入侵波的波前时间又很短，当避雷器动作后的负电压波传播到雷击点，又在雷击点产生的负反射波到达避雷器时，流过避雷器的冲击电流早已过了峰值，因此不需要按照多次折射、反射的情况计算流过避雷器的电流，需要应用彼得逊法则按照图 9 - 7 中的等值电路来计算流过避雷器的雷电流幅值 I_b，即

$$2U_{50\%} = U_{res} + \left[\frac{U_{res}}{Z/(n-1)} + I_b \right] \times Z$$

$$I_b = \frac{2U_{50\%} - nU_{res}}{Z} \tag{9-5}$$

式中　　I_b——流经避雷器的雷电流幅值，A；

n——变电站母线上所连接线路的总回路数；

U_{res}——避雷器的残压幅值，kV；

Z——线路波阻抗，Ω。

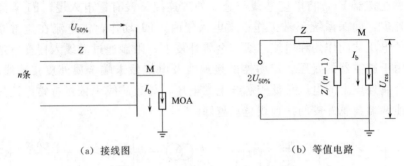

(a) 接线图　　　　　　　　(b) 等值电路

图 9-7　流过避雷器的电流计算

由式（9-5）可知：

（1）流过避雷器的雷电流幅值与绝缘子串的 50% 冲击闪络电压相关。$U_{50\%}$ 越大，流过避雷器的雷电流幅值越大。

（2）与变电站进出线回路数相关。回路数越多，流过避雷器的雷电流幅值越小。

（3）与线路波阻抗成反比，波阻抗越大，流过避雷器的雷电流幅值越小，即利用波阻抗限制流过避雷器的雷电流幅值。

算例 2：某 220kV 变电站线路绝缘的 $U_{50\%}=1200\text{kV}$，线路波阻抗 $Z=400\Omega$，母线上安装 FZ-200J 型避雷器进行雷电过电压保护，其 5kA 下残压 $U_{res}=652\text{kV}$，求 220kV 母线以单回方式运行时，流过避雷器的最大冲击雷电流幅值 I_b。

解：

$$n=1$$

$$I_b = \frac{2U_{50\%} - nU_{res}}{Z} = \frac{2 \times 1200 - 652}{400} = 4.37(\text{kA})$$

用同样的方法可以计算出流过不同电压等级氧化锌避雷器的最大雷电流幅值，见表 9-3。

表 9-3　　　　流过不同电压等级氧化锌避雷器的最大雷电流幅值计算结果

额定电压/kV	避雷器型号	线路绝缘的 $U_{50\%}$/kV	I_b/kA
35	Y5W-51/134	350	1.41
110	Y10W5-96/250	700	2.77
220	Y10W5-192/500	1200~1400	4.75~5.75
330	Y10W5-288/698	1645	7.32
500	Y10W5-420/960	2060~2310	8.54~9.89

由计算结果可见，在进线段首端落雷，流过避雷器的雷电流幅值一般不会超过 5kA 或 10kA，这是 220kV 及以下避雷器电气特性一般以 5kA 雷电流下的残压为标准、330kV 及以上避雷器电气特性一般以 10kA 雷电流下的残压为标准的依据。个别超过规定值的情况，可以通过在进线段首端加装避雷器解决。

三、进入变电站的雷电波陡度 α 的计算

行业标准推荐，进线段首端有斜角平顶波入侵，考虑电晕效应后，进入变电站雷电波的陡度为

$$\alpha = \frac{U}{\left(0.5 + \dfrac{0.008U}{h_d}\right) l} \qquad (9-6)$$

式中　U——入侵波电压幅值，kV；

　　　　h_d——进线段导线平均高度，m；

　　　　l——进线段长度，km。

由式（9-6）可见，进线段长度越长，入侵波的陡度越小，因此避雷器的保护范围越大。进行段长度取 1～2km，就是基于限制入侵波陡度的要求确定的。

入侵波的空间陡度为

$$\alpha' = \frac{\alpha}{v} = \frac{\alpha}{300} \qquad (9-7)$$

利用式（9-6）和式（9-7）可以计算出不同电压等级变电站入侵波的计算用陡度 α' 值，见表 9-4。

表 9-4　　　　　　　　不同电压等级变电站入侵波的计算用陡度

额定电压 /kV	入侵波的计算用陡度/(kV/m)		额定电压 /kV	入侵波的计算用陡度/(kV/m)	
	1km 进线段	2km 进线段或全线有避雷线		1km 进线段	2km 进线段或全线有避雷线
35	1.00	0.50	330	—	2.20
110	1.50	0.75	500	—	2.50
220	—	1.50			

按照已知的进线段长度查出 α' 后，即可以按照式（9-4）求得变压器及其他电气设备到避雷器之间的最大容许电气距离。

第四节　变压器的防雷保护

工程中需要依据国家相关设计规程进行变压器防雷保护装置的配置，本节仅对一些相关的理论知识进行介绍。

一、三绕组变压器的防雷保护

前面介绍过，三绕组变压器在正常运行时，可能会出现高中压运行、低压开路的情况，此时不论是高压侧有行波入侵还是在中压侧有行波入侵，由于绕组间电压传递，在低压绕组上都会出现较高幅值的过电压。为保护低压绕组，可以在低压侧任意一相出线端与断路器之间加装一支避雷器。如果低压侧接有 25m 以上有金属外皮的电缆，因增大了低压侧对地电容，足以限制静电感应过电压，可不装避雷器。分裂绕组变压器与三绕组变压器类似，在运行中有可能一个分支绕组会开路，需要在分支绕组的任

资源 9.4

意一相装设一支避雷器。

二、自耦变压器的防雷保护

为了减小系统的零序阻抗和改善电压波形，自耦变压器除了高中压自耦绕组外，还有一个三角形接线的低压绕组，例如500kV自耦变压器，一般是高压侧额定电压为500kV，中压侧额定电压为220kV，低压侧额定电压为35kV或60kV。自耦变压器正常运行时，可能出现高低压绕组运行、中压开路或中低压绕组运行、高压开路的情况。高低压绕组运行、中压开路时，如果幅值为U_0的行波从高压端A进波，会在绕组中产生如图9-8（a）所示的波过程，设高压绕组与中压绕组的变比为k，中压绕组首端A'点可能会产生$2U_0/k$的过电压，为保护中压绕组绝缘，需要在中压绕组出线端与断路器之间装设一组避雷器。中低压绕组运行，高压开路时，如果幅值为U_0的行波从中压端A'进波，会在绕组中产生如图9-8（b）所示的波过程，过渡过程中A点出现$2kU_0$的过电压，为保护高压绕组绝缘，需要在高压绕组出线端与断路器之间装设一组避雷器。

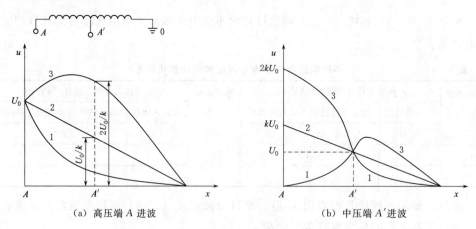

（a）高压端A进波　　　　　　　（b）中压端A'进波

图9-8　自耦变压器中有雷电波入侵时的波过程

1—初始电压分布；2—稳态电压分布；3—过渡过程电压分布

当高中压绕组都带有线路运行时，由于绕组的波阻抗远大于线路的波阻抗，不论高压绕组有行波入侵，还是中压绕组有行波入侵，在$A—A'$段绕组上都会出现波过程，$A—A'$段绕组越短，绝缘压力越大，因此当变比小于1.25时，需要在高压绕组出线端与中压绕组出线端之间加装避雷器。自耦变压器避雷器配置图如图9-9所示。

三、变压器中性点保护

变压器中性点对地绝缘水平分全绝缘和分级绝缘两种。全绝缘是指中性点的绝缘水平与出线端的绝缘水平一致；分级绝缘是指中性点的绝缘水平低于出线端的绝缘水平，又称为半绝缘，例如110kV中性点接地变压器，中性点绝缘水平按照35kV等级设计。中性点是否需要保护，应根据其绝缘水平及运行方式确定。

行业标准规定，变压器中性点不接地、经消弧线圈接地和高阻接地系统中的变压器中性点一般不装设保护装置。其依据如下：

（1）流过母线上避雷器的雷电流小于 5kA，一般只有 1.2～2.0kA，避雷器残压较低。

（2）三相进波的概率很小，只有 10% 左右，且大多数波来自线路远处，其陡度很小，对绕组的威胁较弱。

（3）变电站进线不止一条，非雷击的进线起了分流作用，变压器绝缘也有一定裕度等。

但在多雷区，单进线的中性点绝缘变电站，宜在中性点加装避雷器。装有消弧线圈的变压器且有单进线运行可能时，也应加避雷器保护，并且非雷雨季避雷器也不允许退出运行。

对于 110～220kV 中性点有效接地系统，为了减小单相接地短路电流和满足继电保护整定的需要，多

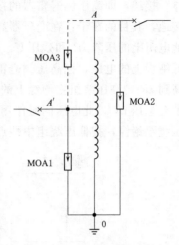

图 9-9　自耦变压器避雷器
配置图

台并列运行的变压器中有部分变压器的中性点是不接地的。如果变压器是全绝缘的，中性点一般不需要加装避雷器进行保护；但在单进线变电站，并且只有单台变压器时，同样需要在中性点加装避雷器。如果变压器是分级绝缘的，中性点需要加装避雷器进行保护。分级绝缘变压器中性点防雷接线如图 9-10 所示。如果隔离开关 1 合闸，中性点直接接地运行；如果隔离开关分闸，中性点经避雷器 2 和保护间隙 3 接地。中性点安装的如果是普通阀型避雷器，需要满足两个基本条件：①避雷器的冲击放电电压低于中性点的冲击耐压；②避雷器的灭弧电压高于电网单相接地时中性点的电压升高。

目前，变压器中性点避雷器更多使用的是氧化锌避雷器，避雷器的额定电压应大于中性点可能出现的最高工频电压；避雷器 1.5kA 标称放电电流下残压的 1.25 倍电压值不要超过变压器中性点的绝缘水平。

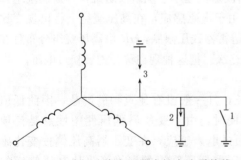

图 9-10　分级绝缘变压器中性点防雷接线
1—隔离开关；2—避雷器；3—保护间隙

图 9-10 中保护间隙 3 用于内部过电压保护，并作为普通阀型避雷器或氧化锌避雷器的后备保护。间隙的冲击放电电压应低于变压器中性点的冲击耐压，而且在电网发生单相接地使中性点出现最高暂态电压升高时不应动作，以免造成继电保护误动作；有雷电入侵时由普通阀型避雷器或氧化锌避雷器

发挥保护作用。保护间隙回路一般还串联零序电流互感器用于监视间隙击穿时电流的大小。

四、配电变压器的防雷保护

3～10kV 配电变压器的防雷保护接线如图 9-11 所示。首先需要做好"三位一

体"接线，即高压侧避雷器的接地引下线、变压器的外壳和低压绕组中性点三点共同接地，其目的在于：在变压器高压侧有行波入侵时，高压侧避雷器动作，雷电流在接地电阻上的压降 iR 和残压 U_{res} 共同作用在高压绕组绝缘上，可能危及绝缘。为了降低绝缘上的电压，把高压侧避雷器的接地线与变压器外壳连接，变压器外壳上电压升高到 iR，高压绕组主绝缘上的电压只是 U_{res}，降低了对绝缘的压力。变压器外壳上带有电压 iR，此电压同时作用在变压器外壳与低压绕组之间的主绝缘上，为保护低压绕组绝缘，把低压绕组中性点同时接地。

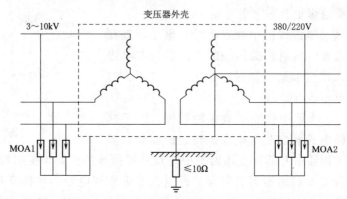

图 9-11　3~10kV 配电变压器的防雷保护接线

配电变压器还需要做好逆变换过电压和正变换过电压的防护。

（一）逆变换过电压

对于 Y，y_{n0} 接线的配电变压器，采用"三位一体"接线。高压侧有行波入侵时，雷电流在接地电阻上产生的电压 iR 作用在低压绕组中性点上，相当于行波从中性点入侵低压绕组。变压器低压侧带有线路，线路波阻抗远小于绕组波阻抗，等效成绕组首端接地。iR 大部分作用在变压器低压绕组上，由于电磁感应，在高压绕组上将出现变比 k 倍的电压 kiR。高压绕组出线端的电位受到避雷器残压限制，kiR 沿高压绕组分布且在中性点上达到最大值，可能危及中性点附近的绝缘，把这种现象称为逆变换过电压。

（二）正变换过电压

在城市郊区和农村，配电的低压线路较长，且一般没有建筑物的屏蔽，因此低压线路容易遭受雷击。当雷电沿低压侧线路入侵时，由于变压器低压侧中性点是接地的，低压绕组将有雷电流通过并产生磁通。通过电磁感应，在变压器高压侧按变比感应出 k 倍的过电压，称为正变换过电压。变压器低压绕组的绝缘裕度比高压绕组的大，一般低压侧不易损坏，却可能使高压绕组绝缘击穿。

为了防护正、逆变换过电压，如图 9-11 所示，需要在配电变压器低压侧加装避雷器 MOA2，其接地引下线也应与配电变压器的金属外壳相联。

第五节　变电站的防雷保护

变电站有敞开式变电站和气体绝缘变电站两种。

一、敞开式变电站的防雷保护

（一）220kV 及以下变电站

运行经验表明，对于 220kV 及以下的一般变电站，无论主接线形式如何，只要保证每段可能单独运行的母线上都有一组避雷器，就可以使整个变电站得到保护。旁路母线上是否应装设避雷器，应视当旁路母线投入运行时，避雷器到被保护设备的电气距离是否满足要求而定。

对于母线与设备连接线很长的大型变电站，或靠近大跨越、高杆塔的特殊变电站，经计算或试验证明以上布置不能满足要求时，才需要考虑是否在适当位置增设避雷器。

（二）330kV 及以上变电站

对于规模较大的超高压、特高压变电站，站内接线复杂，电气距离大，不能简单地利用式（9-4）确定避雷器的保护范围，一般需参照运行经验和有关资料，设计出避雷器布置的初步方案，再经模拟试验或计算机仿真计算验证后，才确定合理的保护接线。

500kV 敞开式变电站典型防雷接线如图 9-12 所示，一般是在每回线路入口的出线断路器的线路侧加装一组线路型避雷器，在每台变压器的出口装设一组电站型避雷器，并联电抗器处装设一组避雷器，并应尽可能靠近设备本体安装。

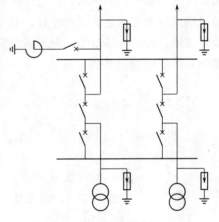

图 9-12　500kV 敞开式变电站
典型防雷接线

二、气体绝缘变电站的防雷保护

GIS 在许多国家得到推广应用。我国 110～220kV 城市高压变电站中 GIS 应用广泛，超高压特高压变电站中 GIS 的应用也日益增多。其防雷保护除了和常规变电站具有共同原则外，也有自己的一些特点：

（1）GIS 中采用稍不均匀电场，伏秒特性很平坦，其绝缘水平取决于负极性雷电过电压，宜采用氧化锌避雷器进行保护，能更好地防护陡波过电压，降低 GIS 的绝缘水平。

（2）GIS 结构紧凑，避雷器与被保护设备相距较近，作用在被保护物上的雷电过电压幅值低，防雷保护措施比敞开式变电站容易实现。

（3）GIS 的同轴母线筒的波阻抗小，一般只有 60～100Ω，入侵波折射后，过电压幅值和陡度都显著变小，这在 GIS 较长或入侵波较陡的情况下，对 GIS 变电站的过电压防护是有利的。

（4）GIS 内绝缘是由高压 SF_6 气体和固体绝缘材料构成的组合绝缘，是非自恢复绝缘。由于电场结构较均匀，一旦出现电晕，将立即导致击穿，而且不能很快恢复原有的电气强度，甚至导致整个 GIS 系统的损坏，而 GIS 本身的价格又远比敞开式变电站昂贵，因而要求它的防雷保护措施要更加可靠、绝缘配合中留有足够的裕度。

GIS 与架空输电线路的连接，有经过电缆段和不经过电缆段两种方式；GIS 与变压器的连接，有直接连接或经过电缆段连接等方式。

66kV 及以上无电缆段进线的 GIS 防雷保护接线如图 9-13 所示。在架空线路与 GIS 管道的连接处装设一组氧化锌避雷器 MOA1，避雷器的接地端要与管道的金属外壳相连接。连接 GIS 管道的架空线路需要设置长度不小于 2km 的进线段，并满足进线段的要求。如果 MOA1 与变压器最大电气距离不超过 50m（66kV 变电站）或 130m（110～220kV 变电站），或者虽然超过，但经校验只装设 MOA1 一组避雷器能满足保护要求时，可以只装设 MOA1，否则需要再增装 MOA2。

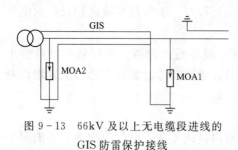

图 9-13　66kV 及以上无电缆段进线的 GIS 防雷保护接线

66kV 及以上有电缆段进线的 GIS 防雷保护接线如图 9-14 所示。在电缆与架空输电线路连接处装设一组避雷器 MOA1，其接地端应与电缆的金属外皮连接。对于三芯电缆，外皮末端应与 GIS 管道金属外壳连接并接地；对于单芯电缆，外皮末端应通过氧化锌电缆层保护器 FC 接地，FC 的接地端与 GIS 管道金属外壳连接。

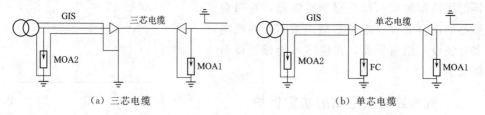

（a）三芯电缆　　　　　　　　　　（b）单芯电缆

图 9-14　66kV 及以上有电缆段进线的 GIS 防雷保护接线

电缆首端到 GIS 一次回路任何电气设备的最大电气距离不超过 50m（66kV 变电站）或 130m（110～220kV 变电站），或者虽然超过，但经校验只装设 MOA1 一组避雷器能满足保护要求时，可以只装设 MOA1，否则需要再增装 MOA2。

有电缆段进线的 GIS 也应该采用进线段，其长度为 2km。

如果 GIS 规模较大，母线很长，需要在 GIS 内部装设无间隙 MOA。GIS 内部和外部装设的避雷器应尽可能采用残压和伏安特性曲线比较接近的同一类型的避雷器，避免由于伏安特性曲线的差异导致可能出现的避雷器动作后放电电流负担不均匀的问题。

在 GIS 中，氧化锌避雷器和其他类型阀型避雷器不能混用。

第六节　旋转电机的防雷保护

旋转电机包括发电机、同步调相机、变频机和电动机等，它们与电网的连接有两种方式：一种是经变压器与架空输电线路连接，雷电沿输电线路入侵时，经变压器绕组间的电压传递作用在电机上；另一种是直接与架空输电线路或电缆连接，称为直配电机，线路上的雷电入侵波可以直接入侵电机绕组。受到电机结构、制造工艺及运行条件的限制，电机防雷遇到很大的困难，因此旋转电机的防雷，尤其是直配电机的防雷保护成为一个特别突出的问题。旋转电机的防雷保护要比变压器困难得多，其雷害事故也多于变压器。

一、旋转电机防雷保护的特点

（1）由于有旋转部分，电机不能像变压器那样把绕组浸在油中，只能使用固体绝缘材料，绝缘还不能太厚，因此，在相同电压等级的电气设备中，电机的绝缘水平是最低的，仅为变压器绝缘水平的 1/3 左右，它的主绝缘冲击系数接近于 1。旋转电机主绝缘的出厂冲击耐压值与变压器出厂冲击耐压值的比较见表 9-5。

表 9-5　　　　　　　　　　电机和变压器的冲击耐压值　　　　　　　　　　单位：kV

电机额定电压 U_n（有效值）	电机出厂工频交流耐压值（有效值）	电机出厂冲击耐压值（幅值）	同级变压器出厂冲击耐压值（幅值）	FCD 型避雷器 3kA 残压值（幅值）	ZnO 避雷器 3kA 残压值（幅值）
10.50	$2U_n+3$	34.0	80	31	26.0
13.80	$2U_n+3$	43.3	108	40	34.2
15.75	$2U_n+3$	48.8	108	45	39.0

（2）在电机的生产过程中，固体绝缘内部可能存有气泡，在将线棒嵌入并固定在铁芯槽内时，绝缘容易受到损伤，使得电机在运行中绝缘容易发生局部放电。再加上，电机在运转中受到发热、机械振动、臭氧、灰尘和潮湿等因素的作用，绝缘容易老化。电机绝缘内部局部缺陷的累积效应比较强，日积月累可能使绝缘击穿。因此，运行中电机主绝缘的实际冲击耐压值比表中所列数值还低。

（3）由表 9-5 可知，保护旋转电机用的磁吹避雷器与电机之间绝缘配合裕度很小，电机出厂冲击耐压值只比 3kA 冲击电流下磁吹避雷器的残压高 8%～10%；即使使用残压更低的氧化锌避雷器，电机出厂冲击耐压值也仅比避雷器的残压高 25%～30%，增加了配合难度，需要采用进线段限制流过避雷器的雷电流幅值。

（4）旋转电机绕组的匝间电容很小且不连续，分析波过程时，电机的等值电路与变压器的等值电路有较大差异，而与输电线路的等值电路相近。作用在相邻两匝间的过电压与入侵波陡度成正比。因此，电机防雷保护需要考虑的因素太多，既要考虑主绝缘的保护，还要考虑纵绝缘和中性点绝缘的保护，必须采取加装电容器组、电抗器、电缆段等措施限制入侵波的陡度。

二、非直配电机的防雷保护

非直配电机由于有变压器的隔离，雷电入侵时，变压器绕组间传递过电压会作用在电机上。变压器带有电机时低压绕组对地电容较大，传递过电压的静电分量幅值一般较低，对电机不会构成威胁；而电磁感应是按变压器高、低压绕组间的变比关系传递，它是危害发电机的重要因素，需要加装避雷器限制变压器高压侧入侵波的幅值。

运行经验表明，只要把变压器保护好，不必对发电机再采取专门的保护措施；但对于处在多雷区的经升压变压器送电的大型发电机，仍宜装设一组氧化锌避雷器或磁吹避雷器进行保护。

三、直配电机的防雷保护

资源 9.5

发电机安装在户内，不必考虑直击雷过电压。直配电机的雷电过电压有两种：一种是与电机相连的架空线路上的感应雷过电压；另一种是雷直击于与电机相连的架空线路而引起的入侵波过电压，其中感应雷出现的几率更高些。

直配电机的防雷保护要求高、困难大，行业标准规定 60000kW 以上的发电机不允许与架空线路直接相连。通常直配电机防雷采取以下措施：

1. 装设避雷器

如图 9-15 所示，每台发电机出线的母线上加装一组 FCD 型磁吹避雷器或氧化锌避雷器，以限制入侵波的幅值，同时采取进线保护措施限制流过避雷器的雷电流不超过 3kA。

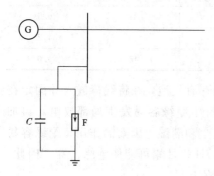

图 9-15　直配电机的防雷保护

2. 并联电容器

在发电机母线上并联电容器，限制感应雷过电压和入侵波陡度。在架空线路上产生的感应雷过电压，当电荷量一定时，线路对地电容越大，线路上过电压的幅值越低，所以母线并联电容能够抑制感应雷过电压。

在第六章第八节旋转电机中的波过程部分介绍了，入侵波陡度越大，每匝绕组绝缘上的压降就越高。试验表明，为保护匝间绝缘，必须将入侵波的陡度限制在 5kV/μs 以下。

发电机绕组的中性点一般是不接地的。如果三相同时进波，在直角波头情况下，中性点电压可以达到入侵波电压的 2 倍，因此必须对中性点采取保护措施。试验证明，入侵波陡度降至 2kV/μs 以下时，中性点的过电压将不会超过相端的过电压。

计算表明，每相母线上并联容值为 0.25~0.5μF 的电容器，能够将入侵波陡度降至 2kV/μs 以下，同时也能满足限制感应雷过电压使之低于电机冲击耐压的要求。

3. 设置进线段保护

进线段用 100m 左右的电缆段联合避雷器来做，过去主要使用管型避雷器，现在更多使用氧化锌避雷器。以电缆段首端加装管型避雷器为例，其接线如图 9-16 所示，工作原理同第九章第三节中有电缆段变电站进线段。

电缆段要发挥分流作用，电缆段首端并联的管型避雷器 FE2 可靠动作并短接电缆芯线与金属外皮至关重要，如果 FE2 不动作，全部入侵波电流将沿电缆芯线入侵电机，进线段没有发挥限流作用。由于电缆的波阻抗远小于架空线路的波阻抗，入侵波到达电缆与架空线路连接点（节点）时发生负反射，节点处电压幅值下降，FE2 是可能不动作的。为了确保 FE2 动作，需要将其前移 70m 左右，即图中加装的 FE1，确保在反射波回到安装点前 FE1 可靠动作。但避雷器前移后，避雷器接地线增长，会分担更高的电压，使电缆金属外皮上的电压与芯线上的电压差值增大，流过芯线的雷电流增大。为了进一步限流，电缆段首端的 FE2 依然保留。FE1 的接地线架设在架空线路的下方，增大与架空线路导线之间的耦合。

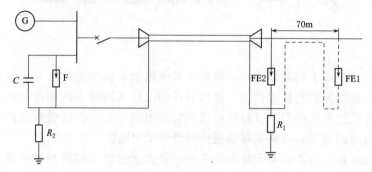

图 9-16　有电缆段的进线保护接线

分析表明，当电缆段长 100m，电缆末端外皮接地引下线长 12m，接地电阻 $R_1 = 5\Omega$ 时，雷电流幅值为 50kA 的行波从电缆段首端入侵，流过母线上装设的避雷器 F 的雷电流幅值不会超过 3kA。也就是说，这种保护接线的耐雷水平可达 50kA。这样的进线保护接线简单，常用作单机容量为 1500～6000kW（不含 6000kW）或少雷区 60000kW 及以下直配电机的防雷保护。

行业标准推荐的 25000～60000kW 直配电机防雷保护接线如图 9-17 所示。电缆段长度不小于 150m，首端装设两组配电型无间隙氧化物避雷器 MOA1，相距 150m 左右。电缆段应直接埋设在土壤中，以充分利用其金属外皮的分流作用。如受条件限制不能直接埋设，可将电缆金属外皮多点接地。MOA1 接地引下线应与电缆金属外皮共同接地，接地电阻应不大于 3Ω。

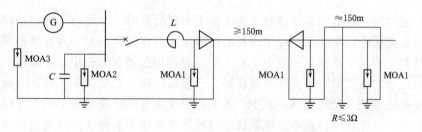

图 9-17　25000～60000kW 直配电机防雷保护接线

断路器与电缆段之间接有限制工频短路电流的电抗器 L。为保护电抗器及电缆端部绝缘，在其间装设一组 MOA1。

发电机的中性点一般是不接地或经消弧线圈接地，如果能够引出且未直接接地，可在中性点装设旋转电机中性点保护避雷器 MOA3；如果不能引出，可以将每相母线上并联电容器的容值增大到 $1.5\sim2\mu F$，将入侵波陡度限制在 $2kV/\mu s$ 以下。

第十章 内部过电压

资源 10.1

电力系统中，由于断路器操作、故障或其他原因，系统参数会发生变化，从而引起电网内部电磁能量的转移或传递，这种形成的电压升高称为内部过电压。内部过电压能量来源于电力系统内部，其幅值可能不如雷电过电压，但持续时间长，总能量大于一次雷电放电的能量，对避雷器的通流容量要求更高。

内部过电压幅值与系统额定电压成正比，将内部过电压幅值与系统最高运行相电压幅值之比称为内部过电压倍数，用来表征过电压的高低。内部过电压中，工频过电压的幅值不高，以最高运行相电压有效值为基础计算过电压的倍数。

最高运行相电压幅值的表达式为

$$U_{\varphi} = k \frac{\sqrt{2}}{\sqrt{3}} U_{n} \qquad (10-1)$$

式中　U_{φ}——最高运行相电压幅值，kV；

　　　U_{n}——系统额定电压有效值，kV；

　　　k——电压偏移系数，是系统最高工作电压与系统额定电压之比，在 220kV 及以下系统，k 取 1.15；330～500kV 系统，k 取 1.1；750kV 系统，k 取 1.0667；1000kV 系统，k 取 1.05。

内部过电压分操作过电压和暂时过电压两大类。

一、操作过电压

操作过电压是指电力系统进行开关操作或出现故障时，系统由一种稳定状态过渡到另一种稳定状态，在转变过程中出现的过电压。操作过电压是一种高频振荡、强阻尼、在几毫秒到几十毫秒（一般小于 0.1s）后衰减消失的暂态过电压，幅值很高。引起操作过电压的主要原因有切断空载线路、合空载线路、切空载变压器、电网解列和中性点不接地系统弧光接地等，其中，发生在中性点有效接地系统中的操作过电压主要是前四种，发生在中性点不接地系统中的操作过电压主要是弧光接地过电压，以及配电网中投切无功补偿用电容器组产生的过电压和开断高压感应电动机形成的过电压等。由于断路器和避雷器的技术进步，在超高压及以上电网中，切断空载线路过电压和切断空载变压器过电压已经不严重，发生电网解列过电压的概率很小，影响力大的操作过电压是合空载线路过电压。在特高压电网中，由于电网额定电压已经很高，原本不被关注的接地故障及故障清除过电压也凸显出来，成为必须考虑的操作过电压。

二、暂时过电压

暂时过电压是在瞬时过程（操作过电压）完成后出现的稳态性质的工频电压升高

或谐振现象，但只是短时存在或不允许持久存在，因此叫暂时过电压。

暂时过电压包括工频电压升高和谐振过电压两类，通常暂时过电压持续时间比操作过电压持续时间长。

1. 工频电压升高

工频电压升高是在电力系统正常工作或故障时出现的一种幅值超过最大工作相电压、频率为工频或接近工频的过电压。引起工频电压升高的主要原因有空载长线末端电压升高、不对称短路、发电机突然甩负荷等。

2. 谐振过电压

谐振是指振荡回路中某一自振荡频率等于外加强迫频率的一种稳态（或准稳态）现象。在这种周期性或准周期性的运行状态中，发生谐振的谐波幅值会急剧上升，产生谐振过电压。电力系统中电阻、电容类器件的伏安特性是线性的，而电感类器件的伏安特性可能是线性的、非线性的或者周期性变化的。依据电感的不同，谐振过电压分线性谐振、非线性谐振和参数谐振三种。谐振过电压持续时间比操作过电压持续时间要长得多，可达十分之几秒甚至可能稳定存在，直到新的操作破坏谐振条件为止。但某些情况下，谐振发生一段时间后会自动消失，不能自保持。

谐振过电压的危害性取决于电压幅值大小和持续时间的长短，而且可能产生持续过电流而烧坏设备，造成比较严重的后果。

第一节 切断空载线路过电压

切断空载线路是电力系统中常见的一种操作。例如一条空载线路退出运行检修，或者两端都带有电源的线路发生故障时，两端断路器的分闸时间总存在一定差异，后跳闸的断路器就是进行着切断空载线路的操作。空载线路是容性负载，回路中电流是几十到几百安培的电容电流，类似的容性负荷还有电缆和电容器组等，它们都可能引起切容性负载过电压。早期断路器受到技术水平的限制，灭弧能力不强，能够切断很大短路电流的断路器，在切断空载线路的电容电流时有可能发生电弧重燃，使空载线路的工作状态发生变化，产生电磁能量振荡。因此切断空载线路过电压产生的根本原因是断路器重燃。

资源 10.2

一、过电压产生机理

切断空载线路等值电路如图 10-1 所示，图中 L_1 为电源等值漏感，C_1 为电源侧对地电容，L_2 为线路等值电感，C_2 为线路等值电容，$e(t)$ 为电源电动势，$e(t) = E_m \sin\omega t$。

图中 A 代表断路器的动触头，B 代表断路器的静触头。断路器分闸过程就是动触头远离静触头的过程。B 点电压为线路上电压，A 点电压是电

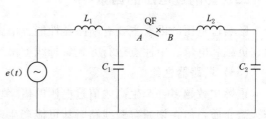

图 10-1 切断空载线路等值电路

源电压，A、B 两点之间的电压是恢复电压。断路器能否顺利切断空载线路，实质是 A、B 两点间恢复电压上升速度与绝缘恢复速度作竞争，如果绝缘恢复速度高于恢复电压上升速度，能够顺利切断空载线路；反之，A、B 两点间绝缘击穿，产生电弧重燃。

以产生最大过电压为条件设定断路器开断过程中的重燃和熄弧时刻，切断空载线路过电压的发展过程如图 10-2 所示。

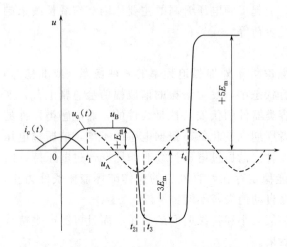

图 10-2 切断空载线路过电压的发展过程

假设 t_1 时刻断路器分闸，电源电压为幅值 E_m，回路中电容电流刚好过零，电弧第一次熄灭。再假设线路上电荷没有路径泄放，线路电压保持 E_m，断路器静触头 B 点电压也为 E_m；断路器动触头 A 点电压按照正弦曲线变化，A、B 两点之间的恢复电压越来越高。

经过半个周期，在 t_2 时刻，A 点电压为幅值 $-E_m$，A、B 两点之间的恢复电压为 $2E_m$，如果 A、B 两点间绝缘承受不了 $2E_m$ 电压的作用，将击穿，发生电弧第一次重燃。

电弧重燃的实质是将线路通过电弧连接到电源上，即线路电压要按照电源电压变化。那么，在空载线路这样一个电感电容串并联的电路中，由初始电压向稳态电压过渡时一定会产生振荡，振荡是以稳态值 $-E_m$ 为轴，稳态值 $-E_m$ 和初始值 E_m 之间的差值为振幅振荡，因此在 t_2 时刻产生幅值为 $-3E_m$ 的过电压。

重燃时流过断路器的电流主要是高频振荡电流，设 t_3 时刻高频电流第一次过零，触头间电弧第二次熄灭，线路上电压将保持 $-3E_m$ 不变。此后，B 点电压为 $-3E_m$，A 点电压继续按正弦曲线变化。

虽然 A、B 两点之间的距离越来越远，但两点之间的恢复电压也越来越高。t_4 时刻，电源电压达到 E_m 时，A、B 两点之间的恢复电压达到 $4E_m$，如果 A、B 两点间绝缘承受不了 $4E_m$ 电压的作用，将击穿，发生电弧第二次重燃，产生幅值为 $5E_m$ 的过电压。

按此发展下去，还会产生 $-7E_m$、$9E_m$ 等幅值更高的过电压。因此断路器重燃次数越多，产生高幅值过电压的概率越大。

二、影响过电压的因素

影响过电压的因素主要有断路器性能、电弧重燃和熄灭的随机性、线路上电压初值、负载和电晕、中性点运行方式、母线上出线回路数等。

（一）断路器性能

重燃次数越多，产生高幅值过电压的概率也越大。早期多油断路器使用几十吨油作灭弧介质，但在切断空载线路时却可能产生多次重燃；压缩空气断路器的重燃次数较少或不重燃。SF_6 的应用大幅度地提高了断路器的灭弧性能，使得现代断路器已能防止重燃或减少重燃的次数。

（二）电弧重燃和熄灭的随机性

断路器触头间电弧重燃和熄灭都有明显的随机性。开断时，不一定每次都重燃，即使重燃也不一定在电源电压为最大值并与线路残留电压极性相反时发生。若重燃提前产生，振荡的振幅及相应的过电压随之降低。如果重燃后不是在高频电流第一次过零时熄弧，而是在高频电流第二次过零或更后时间才熄弧，则线路上残留电压大大降低，相应地断路器触头间的恢复电压及再次重燃所引起的过电压，都将大大降低。因此，有时一次重燃产生过电压的幅值可能高于多次重燃产生过电压的幅值。

（三）线路上电压初值

上述切断空载线路过电压的发展过程是在线路电压为电源电压幅值这种最严重的情况下分析的，如果断路器在电源电压为 0 或较低值时分闸，线路上电压初值低，断路器触头间恢复电压也低，就可以不重燃，或者即使重燃，产生的过电压幅值也较低。因此，设法降低线路电压初值能有效抑制过电压。

（四）负载和电晕

过电压产生时如果线路上产生电晕，将有利于导线上的电荷泄漏而降低电压初值，同时电晕损耗将消耗过电压能量，限制过电压幅值。

线路末端带有负载（如空载变压器）时，当线路首端断路器熄弧后，三相导线上的电荷将通过负载相互中和，导线上电压降为 0。

当线路侧装有电磁式电压互感器时，它的等值电感、电阻与线路电容构成一个阻尼振荡电路，并由于电压升高引起磁路饱和后阻抗降低，给线路上的残余电荷提供一个泄放的附加路径，因而降低过电压。我国 220kV 线路侧加装电磁式电压互感器时可使过电压降低 30%。

绝缘子表面积污、受潮或淋雨，表面漏导电流增大，为线路上的电荷提供一个泄放路径，会降低过电压的幅值。

（五）中性点运行方式

中性点直接接地系统过电压是在相电压基础上发生和发展的，而中性点不接地系统过电压可能在线电压基础上发生和发展。中性点直接接地系统中，各相有自己独立回路，相间电容影响不大，切断空载线路过电压与上面分析的情况相同。当中性点不接地或经消弧线圈接地时，由于三相断路器分闸的不同期性，会形成瞬间的不对称电路，使中性点发生电压偏移，三相间相互影响使分闸时断路器中电弧的重燃和熄灭变得更复杂，在不利的情况下，会使过电压幅值显著增高，一般来说比中性点直接接地系统的过电压幅值要高 20% 左右。

我国曾在中性点直接接地的 110kV 和 220kV 系统进行过大量的切断空载线路试验，实测到的过电压一般不会超过 3 倍，并符合正态分布规律。

（六）母线上出线回路数

当母线上接有多回路出线时，只拉开一路，过电压也比较小，是由于电弧重燃时残余电荷在所有线路上迅速重新分配，线路上电压初值迅速下降，使振荡的初始电压更接近稳态电压，因而降低了过电压幅值。

三、限压措施

切断空载线路过电压在 220kV 及以下高压线路绝缘水平的选择中有重要的影响，设法消除或降低这种过电压可采取如下措施：

（一）选用快速断路器

选用灭弧能力强的快速断路器，如真空断路器、SF_6 断路器等。目前，超高压电网用的断路器全部是 SF_6 断路器，切断空载线路过电压已经不会威胁到绝缘。

（二）采用并联电阻断路器

如图 10-3 所示，断路器有主触头 QF1 和辅助触头 QF2 两个触头，电阻 R 与 QF2 串联后再与 QF1 并联，R 的阻值通常在 $1000 \sim 3000\Omega$，属于中值电阻。

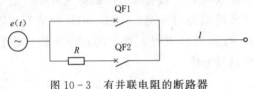

图 10-3 有并联电阻的断路器切断空载线路

分闸时，先跳 QF1，把分闸电阻 R 通过闭合的 QF2 串联到空载线路回路中，QF1 上的电压是电容电流在 R 上产生的电压，只要 R 取值不太大，不会引起 QF1 重燃。由于线路上的残余电荷通过 R 向电源释放，使线路上的电压初值降低，经过 $1 \sim 2$ 个工频周期再跳 QF2，完成整个切断空载线路的操作。跳 QF2 时，一般不会引起断路器重燃，即使产生重燃，由于 R 的阻尼作用，过电压幅值也较低。实测表明，使用并联电阻断路器切断空载线路产生过电压的幅值一般不会超过 $2.28U_\varphi$。

（三）线路侧并联电抗器

线路侧接并联电抗器，在断路器触头间断弧后，电抗器与线路电容构成振荡电路，使线路上的残余电压成为交流电压，但频率与电势频率不同，断路器两端的恢复电压呈现拍频波形，如图 10-4 所示，电压频率很低，幅值上升速度大为降低，触头间恢复电压较低，不产生电弧重燃。

（四）加装避雷器

装设氧化锌避雷器或磁吹避雷器能够有效防护切断空载线路过电压，考虑到空载长线的电容效应，需要在线路的首端和末端同时装设避雷器。

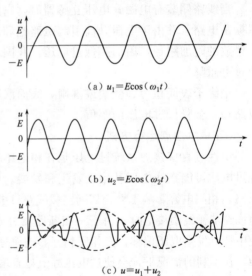

（a）$u_1 = E\cos(\omega_1 t)$

（b）$u_2 = E\cos(\omega_2 t)$

（c）$u = u_1 + u_2$

图 10-4 拍频波形示意图

第二节 合空载线路过电压

合空载线路是电力系统一种常见的操作。合闸时，如果线路上电压初始值和稳态值不一致，就会产生 L、C 振荡，振荡的高频部分叠加在稳态电压上产生过电压。在现代超高压、特高压输电系统中，可以采取有效措施限制其他类型操作过电压的幅值，但合空载线路过电压却很难找到限制保护措施，因此合空载线路过电压成为确定超高压、特高压电网绝缘水平的决定性因素。

一、过电压形成机理

合空载线路分计划性合闸和自动重合闸两种，因为线路上电压初值不同，产生的过电压幅值也不同。

（一）计划性合闸

如新建的线路或检修结束后的线路按计划投入运行属于计划性合闸。计划性合闸过电压波形如图 10-5 所示，电源电动势 $e(t)=E_m\cos\omega t$，线路电压初值为 0，如果合闸时电源电压不为 0，就会由于线路电压初始值与稳态值不一致而产生过渡过程，经振荡后稳定在电源电压上。假设电源电压为幅值 E_m 时合闸，过渡过程以稳态值 E_m 为轴，振幅为 E_m，可以产生幅值为 $2E_m$ 的过电压。工程中，由于能量损耗，振荡分量不断衰减，线路上的电压要低于 $2E_m$，通常为 $(1.65 \sim 1.85)E_m$。

（二）自动重合闸

过电压形成机理同计划性合闸。自动重合闸过电压波形如图 10-6 所示，假设电源电压为 $-E_m$ 时断路器跳闸，并且线路上电荷没有泄漏路径，使线路电压保持 $-E_m$。又假设重合闸时电源电势刚好为 E_m，过渡过程将以 E_m 为轴，振幅为 $2E_m$ 振荡，产生幅值为 $3E_m$ 的过电压。过电压的幅值与重合闸方式有关：

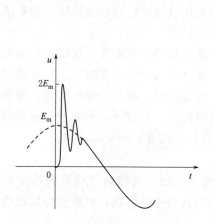

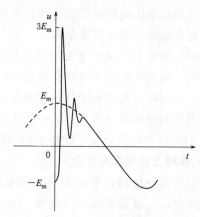

图 10-5 计划性合闸过电压波形 　　图 10-6 自动重合闸过电压波形

（1）三相重合闸。如图 10-7 所示，A 相线路发生单相接地，设断路器 QF2 先跳闸，然后断路器 QF1 再跳闸。QF1 跳闸时相当于切断空载线路，流过 B、C 两个健全相断路器的电流是电容电流，断路器在电流过零时熄弧，此时 B、C 相上的电压绝对值都是 E_m，但极性可能不同。经 0.5s 左右，QF1 或 QF2 三相自动重合闸，假设 B、C 相线路上的电荷没有泄漏，线路电压保持 E_m，在最不利的情况下，B、C 两相中有一相的电源电压在重合闸瞬间正好经过幅值，且极性又与该相线路电压相反，就会产

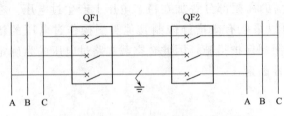

图 10-7　中性点有效接地系统中单相接地
故障和重合闸示意图

生幅值为 $3E_m$ 的过电压。

（2）不成功的三相重合闸。如果线路存在永久性故障，重合闸时，非故障相上的工频稳态电压要比接地消失后的高。因此，不成功的三相重合闸产生过电压的幅值比成功的三相重合闸产生过电压的幅值要高。

（3）单相自动重合闸。单相故障时只切除故障相，而健全相不与电源相脱离，当故障相重合闸时，故障相线路上电压初值为 0，就不会出现高幅值的过电压。如果再考虑到零序回路的损耗电阻及其阻尼作用较正序的大，成功的单相重合闸过电压可能低于计划性合闸过电压，因此超高压系统多采用单相自动重合闸。

二、影响因素

以上对合空载线路过电压的分析是在最严重的条件、最不利的情况下发生的。实际上，过电压的幅值会受到多种因素的影响，如合闸时电源电压的相位角、线路上的残余电压值、回路损耗、线路长度和电源功率等。

（一）合闸时电源电压的相位角

不在断路器动、静触头等电位时合闸是合空载线路过电压产生的根源，计划性合闸时电源电压值越低或重合闸时线路上电压与电源电压同极性，过渡过程的振幅都比较小，产生的过电压幅值也较低；而在电源电压（用余弦函数表示时）为幅值、相位角 $\theta=0°$ 时合闸，过电压幅值最高。

合闸相位角 θ 与断路器触头间的预击穿现象相关。预击穿是指断路器触头在机械上未闭合前，触头间电位差已将介质击穿，使触头在电气上先接通。试验表明，预击穿现象的发生与断路器触头动作速度相关。速度越低，越易发生预击穿。动作速度较慢的油断路器的合闸相位角多半处于最大值附近的 $\pm30°$ 之内；快速空气断路器的合闸相位角在 180° 内较均匀分布，既有 $\theta=0°$ 时合闸，也有 $\theta=90°$ 时合闸。

（二）线路上的残余电压值

线路发生故障使断路器跳闸后，如果线路上的电荷能通过线路绝缘子的泄漏电阻、电磁式电压互感器等负载泄放掉，使线路残余电压降低，就能够降低过渡过程的振幅，产生的过电压幅值较低。

母线上有多回出线时，如果有长度不小于合闸线路长度的其他线路，重合闸时，合闸线路中非故障相导线会与其他线路一起重新分配其上面的存储电荷，使线路上残余电压下降，产生的过电压幅值较低。母线上的其他线路越长，合闸时吸收合闸线路的振荡能量就越多，过电压幅值越低。

线路上并联电抗器，能够抑制工频电压升高，降低总过电压的幅值。

但也有特殊的情况可能使导线上的残余电压升高，使过渡过程复杂化。例如，在某些不利情况下，图 10-7 中 QF1 在开断空载线路时，非故障相触头间有电弧重燃，则线路上残余电压可能接近 $3E_m$。不过，此时将产生强烈电晕，经 0.5s 以上的停电间隔时间后，电压初值一般不大于 $1.5E_m$。再例如超、特高压线路常接有并联电抗器，线路上残留电荷可以通过电抗器呈现弱阻尼的振荡泄放，若线路补偿度较高，会使放电回路的振荡频率接近工频，即此时的残余电压是接近工频的交流电压，使重合闸线路电压大小和极性与电源电压的大小和极性之间的差异更具有随机性。

(三) 回路损耗

实际线路是有很多耗能元件的，如线路及电源的电阻、导线上的电晕等，它们会减弱振荡，从而降低过电压。

(四) 线路长度和电源功率

合空载线路会引起空载长线末端电压升高。线路越长、电源容量越小，空载长线末端电压越高，故在确定线路最大可能的合空载长线过电压时，应以系统最小运行方式为依据。合空载线路过电压叠加上空载长线末端电压升高将使过电压幅值更高，特别是重合闸时，如果没有限制措施，线路上的过电压倍数可达 3.6 或以上。

三、限压措施

限制合空载线路过电压可以采用并联电抗器降低工频稳态电压、在断路器线路侧并联电磁式电压互感器泄放线路上残压电荷等措施外，主要采用下列措施：

(一) 控制合闸相角

借助专门装置控制合闸相位角，自动选择在断路器触头两端的电位极性相同时，甚至等电位时完成合闸操作，以降低甚至消除合空载线路过电压，也称为同电位合闸或同步合闸。具有这种功能的断路器已经研制成功，它既有精准、稳定的机械特性，又有检测触头电压的二次选择回路。

(二) 采用并联电阻断路器

它是限制合空载线路过电压最有效的措施，并联合闸电阻的接法与图 10-3 中分闸电阻的接法相同。合空载线路时，先合辅助触头 QF2，把合闸电阻串联到回路中阻尼振荡；经过 8~15ms，合主触头 QF1，短接合闸电阻，使线路与电源直接连接，完成合闸操作。合闸电阻一般取 1~2 倍线路波阻抗，即 400~1000Ω 的低值电阻，用于超高压系统中。

断路器加装合闸电阻会使其结构复杂，也容易引起一些故障。当电源容量较大、线路较短时，因为合空载线路过电压的幅值不高，可以选用不带合闸电阻的线路断路器。

(三) 加装避雷器保护

在线路首端和末端安装氧化锌避雷器或磁吹避雷器，能够有效地限制过电压的幅值。在我国，避雷器是作为并联电阻断路器的后备保护配置的，要求避雷器在断路器并联电阻失灵或其他意外情况产生较高幅值过电压时能可靠动作，将过电压限制在允许范围内。运行经验表明，如果加装氧化锌避雷器，就可能把合空载线路过电压限制在 $(1.5\sim1.6)U_\varphi$，因此断路器可以不用加装合闸电阻。

避雷器限制合空载线路过电压是具有一定保护范围的。模拟计算表明，磁吹避雷器的保护范围大致在 100km 左右，氧化锌避雷器的保护范围在 200~300km。

第三节 切空载变压器过电压

资源 10.4

切空载变压器也是电力系统中一种常见的操作。空载变压器是一个小容量的感性负载，空载时铁芯回路的磁阻很小，说明该电感的感抗很大，因此是一个大电感。类似的感性负载还有消弧线圈、电抗器及电动机等，它们均可能引起切感性负载过电压。

一、过电压产生的原因

切空载变压器的等值电路如图 $10-8$ 所示，图中 L_S 为电源等值电感，L_T 为变压器的激磁电感，C_T 为变压器绕组及连线的对地电容。流过断路器 QF 的被开断电流是变压器的励磁电流，电流很小，一般只有额定电流的 $0.5\%\sim5\%$，仅几安到几十安。

试验研究表明，断路器在切断 100A 以上的工频交流电流时，触头间的电弧总是在电流自然过零时熄灭，这种情况下，变压器电感上储存的磁场能量为 0，不会产生过电压。但像少油断路器、SF_6 断路器等类型灭弧能力强的断路器在切断 100A 以下工频交流电流时，可能在电流未过零时，强行熄灭电弧而切断电流，把这种现象称为截流，此时储存在激磁电感中的磁场能量要转化成对地电容中的电场能量，使对地电容上电压升高，形成过电压。因此切空载变压器过电压产生的原因是断路器截流。

二、过电压发展过程及影响因素

如图 $10-9$ 所示，假设在电流瞬时值为 I_0、对应电压瞬时值为 U_0 时断路器截流，此时激磁电感中存储的磁场能量 W_L 和对地电容中存储的电场能量 W_C 分别为

$$W_L = \frac{1}{2} L_T I_0^2$$

$$W_C = \frac{1}{2} C_T U_0^2$$

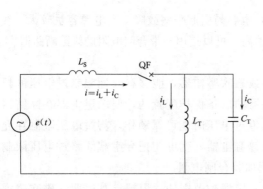

图 $10-8$ 切空载变压器的等值电路

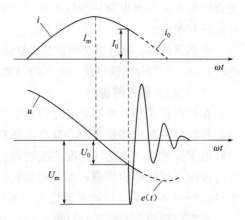

图 $10-9$ 切空载变压器过电压

在 L_T、C_T 构成的振荡回路中发生电磁振荡,在某一瞬间,全部磁场能量转换成电场能量,这时电容 C_T 中总能量为 W、产生最大电压 U_m。

$$W = W_L + W_C = \frac{1}{2}L_T I_0^2 + \frac{1}{2}C_T U_0^2$$

$$\frac{1}{2}C_T U_m^2 = \frac{1}{2}L_T I_0^2 + \frac{1}{2}C_T U_0^2$$

$$U_m = \sqrt{\frac{L_T}{C_T}I_0^2 + U_0^2} \qquad (10-2)$$

U_m 与截流时电流大小 I_0 和变压器电压 U_0 相关,如果忽略电容中的电场能量 $\frac{1}{2}C_T U_0^2$,则有

$$U_m \approx \sqrt{\frac{L_T}{C_T}}I_0 = Z_T I_0 \qquad (10-3)$$

其中

$$Z_T = \sqrt{\frac{L_T}{C_T}}$$

式中 Z_T——变压器的特性阻抗,Ω。

过电压形成后,经多次振荡后,电压衰减到 0。振荡的频率为

$$f_0 = \frac{1}{2\pi\sqrt{L_T C_T}}$$

在切空载变压器过程中,绕组中电流所产生的主磁链通过整个铁芯,如果变压器各绕组接线方式相同,会在各绕组上产生相同倍数的过电压。变压器另一侧绕组的对地电容也参与暂态振荡,应按变比归算到开断侧,若这一侧接有较长的线路,特别是电缆,会使过电压明显下降。

上述分析没有考虑能量损耗,如果考虑损耗,如铁芯的磁滞损耗和涡流损耗、导线的铜损耗等,过电压的幅值会降低。试验分析表明,截流后激磁电感中储存的磁场能量,只有小部分在振荡过程中转化为电场能量,大部分是在振荡中损耗了。

截流后变压器回路的高频振荡使断路器触头间的恢复电压上升速度很快,很容易发生断路器重燃。如果重燃,会消耗磁场能量,使过电压幅值下降。因此用开断感性小电流时灭弧能力差的断路器切空载变压器,不会产生高幅值过电压。

从式(10-3)能够看出,切空载变压器过电压的幅值与变压器的特性阻抗和截流时电流的大小有关,虽然截流时电流很小,但变压器的特性阻抗很大,可以达到几万欧姆,导致过电压幅值较高。国内外大量实测数据表明:通常过电压倍数为 2~3 倍,有 10% 左右可能超过 3.5 倍,极少数更高达 4.5~5.0 倍,甚至更高。

影响过电压幅值的因素主要有变压器的特性阻抗和截流时电流的大小,此外,变压器中性点接地方式也会影响过电压幅值。

(一)特性阻抗

激磁电感 L_T 越大或对地电容 C_T 越小,特性阻抗越大,产生的过电压幅值越高。

L_T 和 C_T 与变压器的额定电压、额定容量、结构、外部连线及电气设备的杂散电容等因素有关。随着优质导磁材料（如冷轧硅钢片）的广泛应用，虽然 L_T 较大，但变压器励磁电流减小很多，仅为 0.5% 额定电流左右，只有几安培，产生的过电压对绝缘没有威胁。此外，变压器绕组改用纠结式接线以及增加静电屏蔽等措施也使对地电容 C_T 有所增大，使过电压幅值降低。

（二）截流时电流的大小

截流时电流 I_0 的大小与断路器的性能及变压器的励磁电流相关。在其他条件相同的情况下，截流时电流越大，产生的过电压幅值越高，因此截流的上限值成为断路器的重要技术指标。

试验表明，对于某一类型的断路器，截流值的大小有很大的分散性，但最大可能截断的电流值有一定的限度，而且基本保持恒定。空载变压器回路中感性电流较小时，截流值随感性电流的增大而增大，过电压幅值随之提高；当感性电流超过断路器的最大可能截流值时，截流值和过电压倍数则不再随感性电流的增大而变化。

（三）中性点接地方式

在中性点非有效接地系统，切除空载变压器时，由于三相断路器动作的不同期，会出现复杂的相间电磁联系和中性点电压偏移，在不利的情况下，切三相空载变压器时过电压幅值会比切单相空载变压器时产生的过电压幅值高 50%。

三、限压措施

虽然切空载变压器时过电压幅值可能很高，但总能量不大，目前是采用氧化锌避雷器进行防护。避雷器需要加装在断路器与变压器之间，避免断路器跳闸时把避雷器切掉。

理论上断路器并联线性或非线性电阻能够限制切空载变压器过电压，但需要并联几万欧姆的高值电阻，这与限制切断空载线路过电压并联的中值分闸电阻和限制合空载线路过电压并联的低值合闸电阻区别很大，没有应用的场合，因此工程中一般不采用。

需要注意的是，断路器是确保系统安全运行的重要装置，必须具有强灭弧能力。随着电网容量的增大，我国一些超高压变电站的短路电流已经超过断路器额定开断电流上限（如 80kA），不得不把中性点改成小电抗接地。虽然断路器的灭弧能力越强，产生切空载变压器过电压的幅值越高，但不能为了限制切空载变压器过电压而选用灭弧能力差的断路器。

第四节　弧光接地过电压

资源 10.5

运行经验表明，电力系统中的故障至少有 60% 是单相接地故障。接地有金属接地和电弧接地两种。在中性点不接地系统中，发生单相接地时，流过故障点的是几安培到几百安培的电容电流 I_C，与线路长度相关。运行经验表明，发生电弧接地时，如果 $6\sim10$kV 系统的 I_C 小于 30A，$35\sim60$kV 系统的 I_C 小于 10A，单相接地电弧一般可以自行熄灭；如果 I_C 再增大，单相接地电弧难以自行熄灭，但还不会形成稳定燃烧的电弧，在故障点会出现电弧"熄灭—重燃"的间歇性现象，直到 I_C 达到几百安培时才形成稳定电弧。金属接地和稳定电弧接地对系统安全威胁较小。发生不稳定电弧接地，电弧点燃时健全相电压由相电压过渡到线电压，电弧熄灭时健全相电压又要由线电压回到相电压，过渡过程将导致电感电容元件之间的电磁振荡，形成遍及全系统的过电压，称为弧光接地过电压，可能危及设备绝缘。

中性点不接地系统弧光接地过电压形成的原因是单相接地电容电流超过一定限值、形成不稳定电弧接地，或者说是中性点电压偏移。

一、弧光接地过电压的特点

弧光接地过电压具有以下一些特点：

（1）220kV 及以下电压等级电气设备的绝缘要能够耐受内部过电压。弧光接地过电压一般不会使符合标准的良好电气设备的绝缘损坏。但系统中常有一些弱绝缘的电气设备或设备绝缘在运行中可能急剧下降，以及设备绝缘中有某些潜伏性故障却在预防性试验中未检查出来等情况，在这些情况下，如果遇到弧光接地过电压就可能危及设备绝缘。

（2）弧光接地过电压的波及面较广、全网发生。虽然定期进行绝缘预防性试验，但是往往因设备陈旧或遭受脏污的侵袭，会形成绝缘弱点，引发弧光接地过电压。

（3）单相不稳定电弧接地故障在系统中出现的机会很多，可能达到 65%。

（4）由于中性点不接地系统发生单相接地时，不改变电源三相线电压的对称性，允许带故障运行 1.5～2h，因此过电压一旦发生，持续时间极长。

二、弧光接地过电压的发展过程

为简化问题分析，作下列简化：①忽略线间电容的影响；②设备相导线对地电容相等，即 $C_1 = C_2 = C_3 = C$。中性点不接地系统单相接地故障如图 10-10 所示，单相接地时流过短路点电流是电容电流，超前电压 90°。弧光接地过电压的发展与电弧的熄灭时刻有关。通常认为电弧的熄灭可能在两种情况下发生：空气中的开放性电弧大多在工频电流过零时刻熄灭；油中的电弧则常常是在过渡过程中高频振荡电流过零时刻熄灭。下面按照工频电流过零时熄弧的情况来说明弧光接地过电压的发展过程。

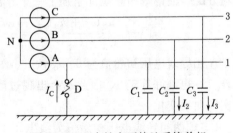

图 10-10 中性点不接地系统单相
接地故障图

设 u_A、u_B 和 u_C 为三相电源的相电压，u_1、u_2 和 u_3 为 A、B、C 三相导线对地电压。弧光接地过电压的发展过程如图 10-11 所示。

设 t_1 时刻，A 相电源电压为幅值 U_φ 时线路发生单相电弧接地，令 $U_\varphi = 1$。此时，u_1 降为 0，u_2 和 u_3 将由相电压过渡到线电压。t_1 时刻，u_2 和 u_3 的相电压都是 -0.5，对应的线电压都是 -1.5。由于初始值和稳态值不一致，过渡过程产生振荡：振荡的稳态值为－1.5，振幅为1，因此产生2.5倍的过电压，电压为－2.5；经多次振荡后，电压稳定在线电压上并按照线电压变化。

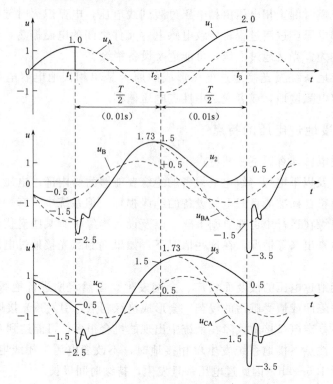

图10-11　弧光接地过电压的发展过程

t_2时刻，$u_A = -U_\varphi$时，接地点电容电流过零，电弧自然熄灭，接地故障消失，三相导线电压应该回归到电源相电压。但B、C两相导线上存储的电荷会在三相导线上平均分配，使得每相导线都附加上一个直流电压：

$$\frac{u_2 C_2 + u_3 C_3}{C_1 + C_2 + C_3} = \frac{1.5U_\varphi C + 1.5U_\varphi C}{3C} = U_\varphi$$

A相导线电压初始值为0。u_1按u_A叠加上U_φ变化，在t_2时刻要到达的稳态值是－1+1，也刚好等于0，因此不会出现过渡过程，然后u_1按照相电压u_A叠加U_φ得到的实线曲线变化。

B、C两相导线电压初始值为线电压1.5。u_2和u_3按照u_B和u_C叠加上U_φ变化，在t_2时刻要到达的稳态值是0.5+1=1.5，也刚好等于初始值，不会出现过渡过程，然后按照相电压叠加U_φ得到的实线曲线变化。

t_3时刻，$u_1 = 2$，故障相出现2倍过电压，电弧重新点燃，u_1降为0。u_2和u_3要过渡到线电压，此时B、C两相导线对应的线电压都为－1.5，与初始值0.5之间的差值为2，过渡过程以－1.5为轴、振幅为2进行，产生3.5倍过电压，电压为－3.5，经振荡后稳定在线电压上。

在t_3以后的"熄弧—重燃"过程将与第一次"熄弧—重燃"过程相同，过电压最大值也相同。

由上述分析可知，按照工频电流过零时熄弧的理论分析，弧光接地过电压在健全相上产生的最大过电压倍数为 3.5，故障相上产生的最大过电压倍数为 2。实际系统中弧光接地接地过电压倍数大部分小于 3.1。

三、影响因素

（一）电弧过程的随机性

间歇性电弧的燃弧及熄弧的随机性是影响过电压的主要因素。电弧的燃烧和熄灭会受到发弧部位周围媒质和大气条件等因素的影响，具有很强的随机性，直接影响到过电压的发展过程，使电压数值具有统计性。电弧的点燃和重燃不一定在电压为幅值时发生，电弧熄灭可能在工频电流过零时发生，也可能在高频电流过零时发生。由于电弧过程的随机性，实测过电压值一般低于理论分析值。

（二）导线相间电容的影响

故障点电弧重燃后，健全相的对地电容和健全相与故障相之间的相间电容是并联在一起的。由于燃弧前相间电容与相对地电容上的电压是不同的，在燃弧后振荡过程之前，会存在一个电荷重新分配的过程，结果使健全相电压初始值增高并更接近于线电压，减小与线电压之间的差值，使过渡过程的振幅减小，降低过电压幅值。

如图 10-11 所示，以 t_3 时刻电弧重燃为例进行简单分析：

电弧重燃前，$u_2=0.5$，$u_{21}=-1.5$。

电弧重燃后电荷重新分配，B 相线路对地电容 C 与 B、A 相间电容 C_{21} 并联，使得 u_2 变成 $\dfrac{0.5C+(-1.5)C_{21}}{C+C_{21}}$，计算结果小于 0.5，$C_{21}$ 越大 u_2 越接近稳态值 -1.5，振幅越小。

（三）电网损耗电阻

考虑电源内阻、线路导线电阻、接地电弧的弧阻等损耗电阻时，会使振荡回路存在有功损耗，过电压幅值将减小。

（四）对地绝缘的泄漏电导

电弧熄灭后，电网对地电容中所储存的电荷，因绝缘子表面有泄漏，不可能保持不变，电荷泄漏的快慢与线路绝缘表面状况及气象条件等因素有关。电荷泄漏使系统中性点位移电压减小，弧光接地过电压有所降低。

四、限压措施

防止产生弧光接地过电压的根本途径是消除不稳定电弧，可以采用中性点直接接地、中性点经消弧线圈接地、分网运行和人为增大相间电容等措施。

（一）中性点直接接地（或小电阻接地）

中性点直接接地系统发生单相接地时会产生很大的单相短路电流，断路器立即跳闸切断故障，经过一段时间间歇让故障点的电弧熄灭后再自动重合闸。如果成功，就立即恢复送电；如果不成功，断路器将再次跳闸，不会出现间歇电弧现象。

110kV 及以上电网均采用这种中性点接地方式，除可避免弧光接地过电压外，还能降低电气设备的绝缘水平，缩减建设投资。

35～60kV 电网，绝缘占成本比例不高，并且单相接地故障频繁，如果中性点直接接地，断路器频繁动作，会破坏供电的稳定性，需要经过技术经济比较后确定。

（二）中性点经消弧线圈接地

利用电弧接地时中性点电压下消弧线圈中流过的感性电流来补偿接地电容电流，并限制恢复电压上升速度，熄灭电弧。

消弧线圈是一个带有许多间隙、伏安特性不易饱和、外形像单相变压器的可调电感线圈。将感性电流补偿容性电流的百分数称为消弧线圈的补偿度 k（或称调谐度），将 $\nu = 1 - k$ 称为脱谐度。消弧线圈的运行主要就是调谐度的整定。在选择消弧线圈的调谐度时，应满足下述两方面的基本要求：①单相接地时，流过故障点的残流应符合能可靠地自动消弧的要求；②在电网正常运行和发生故障时，中性点位移电压都不可升高到危及绝缘的程度。

消弧线圈有欠补偿、全补偿和过补偿三种运行方式，通常采用过补偿 5%～10% 方式运行，流过接地点的电流为感性电流。采用消弧线圈接地后，把残余电流限制在 5～10A，在大多数情况下能够迅速消除单相接地电弧而不破坏电网的正常运行；接地电弧一般不重燃，将过电压倍数限制在 2.5 以内。但需要注意：

（1）消弧线圈接地不能完全消除弧光接地过电压，在某些情况下依然会产生过电压。消弧线圈接地也不能限制电弧重燃时过电压的幅值。

（2）调谐度越接近于 1，即脱谐度越趋近 0，中性点位移电压越高，当全补偿时，将发生线性谐振。为了限制中性点位移电压，需要通过线路换位减小三相导线对地电容的不对称系数。

（三）分网运行

中性点不接地系统中，如果线路过长，当条件允许时可以采用分网运行的方式，减小接地电流，有利于接地电弧熄灭。

（四）人为增大相间电容

人为增大相间电容是抑制弧光接地过电压的有效措施，例如配电系统中装设的并联电容器组，在进行无功补偿的同时，还能够增大相间电容，限制弧光接地过电压。并联电容后，一般不会产生高幅值的弧光接地过电压。

第五节　工 频 电 压 升 高

资源 10.6

与操作过电压相比，工频电压升高幅值并不大，它本身对系统中正常绝缘的电气设备一般没有危险，但由于下列原因，使它成为确定超高压、特高压输电系统绝缘水平的重要影响因素。

（1）工频电压升高和操作过电压往往同时发生，后者的高频部分常叠加在前者之上，使过电压幅值增大。因此工频电压升高直接影响到操作过电压的幅值，例如分析合空载线路过电压时要考虑线路长度及电源容量的影响。

（2）工频电压升高是决定保护电器工作条件的重要因素。普通阀型避雷器的灭弧电压和氧化锌避雷器的额定电压都是根据工频电压升高中单相接地时健全相上电压升高确定的。

（3）工频电压升高使断路器操作时流过其并联电阻的电流增大，这就要求增大并联电阻的热容量，使得低值并联电阻的制造难以实现。

（4）工频电压升高持续时间长。工频电压升高是不衰减或弱衰减现象，持续时间很长，对设备绝缘及其运行条件影响很大，有可能使油纸绝缘内部发生局部放电、污秽绝缘子发生沿面闪络、导线上出现电晕等。

为了保证安全，超高压电网的工频过电压必须予以限制。目前，我国500kV电网要求母线上的工频过电压幅值不超过最大运行相电压有效值的1.3倍，线路上不超过1.4倍。工频电压升高的三种典型形式有空载长线末端电压升高、不对称短路引起的工频电压升高和发电机突然甩负荷引起的工频电压升高。

一、空载长线末端电压升高

空载线路示意如图10-12所示，回路中流过电容电流。由于电容电流在电感上的电压与电容上的电压方向相反，产生容升效应，使空载长线末端电压 U_2 总比首端电压 U_1 高，更比电源电势 E 高，形成工频电压升高。

（一）不考虑电源容量影响时的过电压

长度为 l 的均匀无损空载线路，行波波速为 v ，有

$$\frac{\dot{U}_2}{\dot{U}_1} = \frac{1}{\cos\alpha l} \qquad (10-4)$$

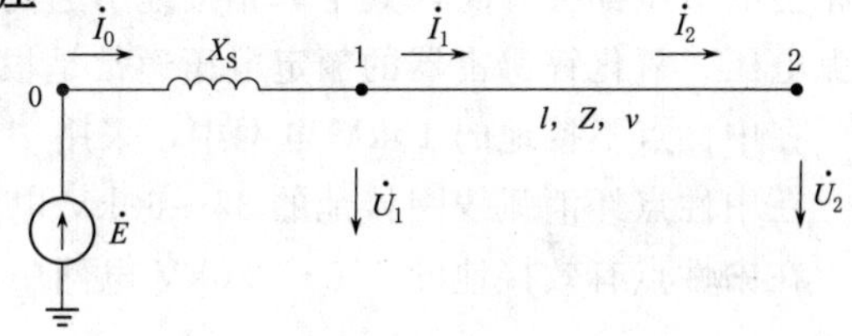

其中

$$\alpha = \omega / v$$

图 10-12 空载线路示意图

式中 α ——相位常数，电压频率为 50Hz ， $v = 300\text{m}/\mu\text{s}$ 时， $\alpha = 0.06°/\text{km}$ 。

从式（10-4）可以看出，沿线电压按余弦函数分布，线路末端电压最高；线路越长，末端电压越高。当线路长度 $l = 1500\text{km}$ 时， $\alpha l = 90°$ ， $\cos\alpha l = 0$ ，线路末端电压达到无穷大，发生线性谐振。因为1500km是工频交流电压波长的1/4，所以也称为1/4波长谐振。

（二）考虑电源容量影响时的过电压

电源电抗等效地延长了线路长度，使空载长线末端电压更高。当电源电抗为 X_S ，线路波阻抗为 Z 时，均匀无损空载长线末端电压与电源电势之间关系为

$$\frac{\dot{U}_2}{\dot{E}} = \frac{\cos\varphi}{\cos(\alpha l + \varphi)} \qquad (10-5)$$

其中

$$\varphi = \arctan \frac{X_S}{Z}$$

因为 $al + \varphi = 90°$ 时发生线性谐振，已经有了一个基础角度 φ，达到 $90°$ 所需线路长度会缩短，也就是说考虑电源容量影响时，相同长度的空载长线的末端电压会更高。例如，取 $\varphi = 21°$，在 $l = 1150\text{km}$ 时发生谐振。

电源容量越小，等值电抗越大。因此对于单电源供电系统，估算最严重的工频电压升高，应取最小运行方式时的 X_S 值为依据。对双电源供电线路，线路两侧断路器的操作必须遵循：分闸时要先分电源容量小的一侧，后分电源容量大的一侧；合闸时先合电源容量大的一侧，后合电源容量小的一侧。

工程中，由于受线路电阻和电晕损耗的限制，空载长线末端电压一般不会超过 2.9 倍首端电压。

为了限制超高压输电线路空载时末端电压升高，可以采用并联电抗器，电抗器的感性无功功率部分补偿了线路的容性无功功率，相当于减小了线路长度，使过电压幅值降低。通常补偿度为 $0.6 \sim 0.9$。电抗器可以加装在线路的首端、末端、中间或首末端都加，可同时降低空载长线首端和末端的工频电压升高。

二、不对称短路引起的工频电压升高

不对称短路是电力系统中最常见的故障形式。当发生单相或两相对地短路时，健全相上的电压都会升高，其中单相接地引起的电压升高更严重些。普通阀型避雷器的灭弧电压、氧化锌避雷器的额定电压通常是根据单相接地时健全相电压升高确定的。

在中性点不接地的 10kV 电网中，采用"110%避雷器"。

在中性点经消弧线圈接地的 $35 \sim 60\text{kV}$ 电网中，采用"100%避雷器"。

在中性点有效接地的 $110 \sim 220\text{kV}$ 电网中，采用"80%避雷器"。

三、发电机突然甩负荷引起的工频电压升高

输电线路在传输较大容量时，发电机电势必然高于母线电压。如果线路末端断路器因为某种原因突然跳闸甩掉部分或全部负荷，发电机的电枢反应将突然消失。但根据磁链守恒原理，通过激磁绕组的磁通来不及变化，与其相应的电源瞬态电动势将维持原来的数据。又由于原动机调速器和制动设备的惰性，不能立即达到应有的调速效果，导致发电机加速旋转造成电动势和频率都上升，从而引起工频电压升高并增强长线电容效应。

甩负荷工频电压随着转速增加而在 $1 \sim 2\text{s}$ 后达到最大值，然后随着调速器和电压调节器的作用而逐渐下降，总的持续时间可达几秒钟。

四、工频电压升高的影响

在考虑线路的工频电压升高时，如果同时计及空载线路的电容效应、单相接地及突然甩负荷等情况，那么工频电压升高可达到相当高的数值。运行经验表明：

（1）在一般情况下，220kV 及以下的电网中不需要采取特殊措施来限制工频电压

升高。例如，不考虑电源影响，100km 线路末端过电压倍数约为 1.005，200km 线路末端过电压倍数约为 1.02，过电压倍数较小。

（2）在 330～500kV 超高压电网中，应采用并联电抗器或静止补偿装置等措施，将工频电压升高限制到 1.3～1.4 倍最大运行相电压有效值以下。

第六节　谐　振　过　电　压

一、线性谐振过电压

发生线性谐振的系统中，除了电阻 R、电容 C 是线性元件之外，电感 L 也是线性元件，参数不随电压或电流而变化。像输电线路的电感或变压器的漏电感这种不带铁芯的电感元件，或者像消弧线圈这种励磁特性近于线性的带铁芯电感，它们与电容元件形成串联回路，在正弦交流电压下，当电压频率和系统自振频率相等或接近时，回路的感抗与容抗相等或相近而互相抵消，回路电流只受回路电阻的限制，可以达到很大的数值，使电感和电容上的电压远高于电源电压，产生强烈的串联谐振。

资源 10.7

电力系统正常运行时不会形成线性谐振。当发生故障或操作时，系统中某些回路被割裂、重新组合，构成各种振荡回路，在一定的电源作用下，将产生串联谐振。可能引起线性谐振的原因有空载长线电容效应、系统 $\dfrac{X_0}{X_1} = -2$ 时的单相接地、超高压并联电抗器线路不对称切合、消弧线圈全补偿和某些传递过电压等。可以采取使回路脱离谐振状态或增加回路的损耗等措施限制过电压。

我国电气设备绝缘配合时不考虑暂时过电压，在电力系统设计和运行时，应设法避开谐振条件以消除这种线性谐振过电压。

二、参数谐振过电压

系统中某些元件的电感会周期性地变化，如发电机的转子转动时，其电感的大小随着转子位置的不同而周期性地变化。当发电机带有容性负载时，如果感抗周期性变化的频率为电源频率的偶数倍，就可能发生参数谐振过电压。此时，即使发电机的励磁电流很小，甚至为 0，发电机的端电压和电流幅值也会急剧上升，这种现象又称为发电机的自励磁或自激过电压。

发电机在正式投入运行前，设计部门要进行自激校核，避开谐振点，因此一般不会发生谐振。运行中，如果发生参数谐振，可以采用快速自动调节励磁装置、增大振荡回路的阻尼电阻等措施消除过电压。

三、铁磁谐振过电压

铁磁谐振是发生在含有非线性电感元件的串联振荡回路中的谐振。当电感元件带有铁芯时，一般都会出现饱和现象，这时电感不再是常数，而是随着电流或磁通的变化而改变，在满足一定条件时，就会产生铁磁谐振现象。这种过电压可以是基波谐振、高次谐波谐振，也可以是分次谐波谐振；具有各种谐波谐振的可能性是铁磁谐振的一个重要特点。

铁磁谐振表现形式可能是：①单相、两相或三相对地电压升高或低频摆动，引起绝缘闪络或避雷器爆炸；②产生高值零序电压分量，出现虚幻接地现象和不正确的接地指示；或者电压互感器中出现过电流引起熔断器熔断或互感器烧毁；③小容量的异步电动机发生反转等。

引起铁磁谐振的主要原因有空载变压器铁芯饱和、断线、电磁式电压互感器铁芯饱和及某些传递过电压。以空载变压器铁芯饱和为例分析过电压的形成。

（一）过电压产生机理

串联铁磁谐振电路如图 10-13 所示，电路中 L 为空载变压器的铁芯电感，C 为绕组对地电容。现在只讨论工频交流电压下的谐振。电路中：

$$\dot{E} = \dot{U}_L + \dot{U}_C$$

因为电流在电感上的压降 $\dot{U}_L$ 与在电容上的压降 $\dot{U}_C$ 方向相反，所以有

$$E = |U_L - U_C|$$

电感、电容的伏安特性曲线如图 10-14 所示。当电源电势较低时，E 与 $\Delta U(I)$ 曲线有 a_1、a_2 和 a_3 三个交点，在这三点上电源电势与负载所要求的电压相等，是三个电压平衡点。通过小扰动法分析，能够知道 a_1 和 a_3 是稳定运行点，而 a_2 点是不稳定运行点。系统运行在 a_1 点时，电路中感抗大于容抗，电流为较小的感性电流，电感元件和电容元件上的电压都比较低，因此这是系统正常的运行状态。系统运行在 a_3 点时，电路中容抗大于感抗，电流为很大的容性电流，电感元件和电容元件上的电压都很高，出现了过电压和过电流，系统为谐振状态。

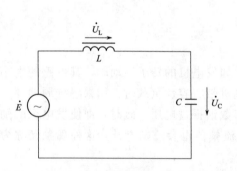

图 10-13 串联铁磁谐振电路

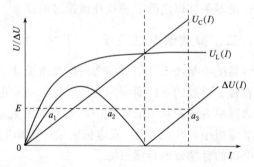

图 10-14 铁磁谐振电路的伏安特性曲线

系统运行从 a_1 点过渡到 a_3 点，回路电流由感性跃变成容性，电流相位发生 180° 的突然变化，把这种现象称为相位反倾。

（二）铁磁谐振的条件

（1）在含有非线性电感元件的电路中，发生铁磁谐振的必要条件是谐振回路的 $\omega L > 1/\omega C$。

（2）谐振回路的损耗电阻小于临界值。铁磁谐振发生的根本原因是铁磁元件的非

线性，即铁芯饱和；但铁芯的饱和特性本身又限制了过电压的幅值。此外，回路中的损耗会使过电压降低，当回路电阻大到一定数值时，就不会产生强烈的谐振现象。

（3）施加的电动势大小应在一定范围内。如果施加的电动势较高，E 与 $\Delta U(I)$ 曲线只有一个交点 a_3，系统直接处于谐振状态，称为自激励。

（4）需要有一定的激发。要发生相位反倾，回路必须经过强烈的过渡过程，如系统发生故障、故障消除、突然合闸等。把这种需要经过过渡过程来建立谐振的现象称为铁磁谐振的激发。铁磁谐振一旦激发，是可以自保持的，维持很长时间而不衰减。

（三）限制铁磁谐振过电压的措施

可以采取以下措施限制或消除铁磁谐振过电压：

（1）改善电磁式电压互感器的激磁特性，或改用电容式电压互感器。

（2）在电压互感器开口三角绕组中接入阻尼电阻，或在电压互感器一次绕组的中性点对地接入电阻。

（3）在有些情况下，可以在 10kV 及以下的母线上装设一组三相对地电容器，或用电缆段替代架空线段，增大对地电容，从参数上避开谐振。

（4）在特殊情况下，可将系统中性点临时经电阻接地，或投入消弧线圈，也可以投切部分线路，改变电路参数，消除谐振过电压。

第十一章 绝 缘 配 合

电力系统的运行可靠性主要由停电次数及停电时间来衡量。造成电力系统故障、停电的主要原因是出现过电压和绝缘故障，因此除了要限制电力系统中出现的过电压外，还要保证电气设备具有合理的绝缘水平。合理的绝缘配合是电力系统安全、可靠运行的基本保证。

电力系统中的绝缘包括发电厂、变电站电气设备的绝缘和线路的绝缘。它们在运行中除了长期承受额定工作电压的作用，还必须承受由于各种原因在系统中出现的波形、幅值及持续时间各异的多种过电压。这些过电压的参数将影响绝缘的耐受能力，通常情况下，它们在确定绝缘水平时起着决定性的作用。对于设备在运行中可能承受的电压类型可归纳如下：

（1）正常运行条件下的工频电压，它不超过设备的最高工作电压。

（2）暂时过电压。

（3）操作过电压。

（4）雷电过电压。

随着电力系统电压等级的提高，输变电设备的绝缘部分占总设备投资比重越来越大。由于电压等级高、输送容量大、重要性高，绝缘故障损失也较大，因此，在超高压、特高压系统中，绝缘配合问题尤为重要。

第一节 绝缘配合的概念和原则

一、绝缘配合的概念

资源 11.1

绝缘配合是指根据电气设备在系统中可能承受的各种作用电压（工作电压及过电压），并考虑过电压的限制措施和设备的绝缘性能后，确定电气设备的绝缘水平，以便把作用于电气设备上的各种电压所引起的绝缘损坏降低到经济上和运行上所能接受的水平。其根本任务是正确处理过电压和绝缘这一对矛盾，这就要求在技术上处理好各种电压、各种限压措施和设备绝缘耐受能力三者之间的相互配合关系，还要在经济上协调好投资费用、运行维护费用和事故损失费用等三者之间的关系，以求优化总的经济指标。

二、绝缘配合的原则

电气设备的绝缘水平是指设备绝缘能耐受的试验电压值（耐受电压），在此电压作用下，绝缘不发生闪络、击穿或其他损坏现象。绝缘配合的核心问题是确定各种电气设备的绝缘水平，它是绝缘设计的首要前提，往往以各种耐压试验所用的试验电压值来表示。在不同电压等级系统中绝缘配合的具体原则不同，同时还要按照不同的系统结构、不同的地区及电力系统不同发展阶段来进行具体的分析。

220kV 及以下系统中，要把雷电过电压限制到低于操作过电压的数值是不经济的，因此在这些系统中，一般以雷电过电压决定设备的绝缘水平，而限制雷电过电压的主要措施是加装避雷器，避雷器的雷电冲击保护水平是确定设备绝缘水平的基础，并保证输电线路具有一定的耐雷水平。以此确定的绝缘水平在正常情况下能耐受操作过电压的作用，因此一般不采用专门的限制内部过电压的措施。

在超高压系统中，操作过电压的幅值随电压等级而提高，在现有的防雷措施下，雷电过电压一般不如操作过电压的危险性大，因此在这些系统中，绝缘水平主要是由操作过电压的大小来决定，一般需采用专门的限制内部过电压的措施，如并联电抗器、带有并联电阻的断路器及金属氧化物避雷器等。由于限制过电压的措施和要求不同，绝缘配合的做法也不相同。我国对超高压系统中内部过电压的保护原则主要是通过改进断路器的性能，将操作过电压限制到预定的水平，然后以避雷器作为操作过电压的后备保护。实际上，超高压系统中电气设备绝缘水平也是以雷电过电压下避雷器的保护特性为基础确定的。

在污秽地区的电网，外绝缘强度受污秽影响而大大降低，污闪事故常在恶劣气象条件和工作电压下发生。因此，严重污秽地区电力系统外绝缘水平主要由系统最大运行电压决定。

由于系统中可能出现的各种电压与电网结构、地区气象和污秽条件等密切相关，并具有随机性；而电气设备的绝缘性能以及限压和保护设备的性能也有随机性，因此绝缘配合是一个相当复杂的问题，不可孤立地、简单地根据某一情况作出决定。

电力系统绝缘配合时不考虑谐振过电压，因此在系统设计和选择运行方式时均应设法避免谐振过电压的出现。此外，也不单独考虑工频电压升高，而把它的影响包括在最大长期工作电压内，这样一来，就归结为操作过电压下的绝缘配合了。

第二节 绝缘配合的基本方法

绝缘配合的基本方法按出现时间的先后顺序有多级配合法、惯用法（两级配合）、统计法和简化统计法。

一、多级配合法

多级配合法是在 1940 年以前采用的绝缘配合方法，其原则是价格越昂贵、修复越困难、损坏后果越严重的绝缘结构，其绝缘水平应越高。因此按照多级配合，变电站的绝缘水平高于线路的绝缘水平、设备的内绝缘水平高于外绝缘水平。

采用多级配合法是由于当时所用的避雷器保护性能不够完善和稳定，不能过于依赖它的保护功能而不得不把被保护设备的绝缘水平再分成若干档次，以减轻故障后果、减少事故损失，在现代阀型避雷器的保护性能不断改善、质量大大提高的情况下，再采用多级配合法必然会把设备内绝缘水平抬得很高，这是特别不利的。

二、惯用法（两级配合）

资源 11.2

到目前为止，惯用法是采用得最广泛的绝缘配合方法，除了在 330kV 及以上的超高压线路绝缘（均为自恢复绝缘）的设计中采用统计法以外，在其他情况下主要采用惯用法。

惯用法的基本配合原则是各种绝缘都接受避雷器的保护，即确定电气设备绝缘水平的基础是避雷器的保护水平。如果考虑设备安装点与避雷器间的电气距离所引起的电压差值、绝缘老化所引起的电气强度下降、避雷器保护性能在运行中逐渐劣化、冲击电压下击穿电压的分散性、必要的安全裕度等因素而在避雷器的保护水平上再乘以一个配合系数，即可得出电气设备应有的绝缘水平。

三、统计法

随着系统额定电压的提高，对 330kV 及以上电压等级的电气设备，降低绝缘水平的经济效益越来越显著。若仍按上述惯用法以过电压的上限和绝缘电气强度的下限作绝缘配合，势必将超高压、特高压系统的绝缘水平定得很高，或要求保护装置、保护措施有超常的性能，这在经济上要付出很大的代价。正确的做法是：规定出某一可以接受的绝缘故障率，容许冒一定的风险，用统计的观点和方法来处理绝缘配合问题，以获得优化的总经济指标。

采用统计法作绝缘配合的前提是充分掌握作为随机变量的各种过电压和各种绝缘电气强度的统计特性。

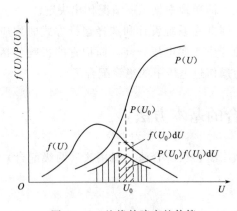

图 11-1　绝缘故障率的估算

设 $f(U)$ 为过电压幅值的概率密度函数，$P(U)$ 为绝缘击穿（或闪络）概率分布函数，且 $f(U)$ 与 $P(U)$ 互不相关，如图 11-1 所示。$f(U_0)\mathrm{d}U$ 为过电压在 U_0 附近 $\mathrm{d}U$ 范围内出现的概率，$P(U_0)$ 为过电压 U_0 作用下绝缘击穿（或闪络）的概率，这二者是相互独立的。因此，出现这样高的过电压并损坏绝缘的概率为 $P(U_0)f(U_0)\mathrm{d}U$，即图 11-1 中阴影部分 $\mathrm{d}U$ 区内的面积。

习惯上，过电压是按绝对值统计的（不分正负极性，约各占一半），并根据过电压的含义，应有 $U>U_\varphi$（最大运行相电压幅值），因此过电压 U 的范围是 $U_\varphi \sim \infty$（或到某一最大值），故绝缘故障率 R 为

$$R=\int_{U_\varphi}^{\infty} P(U)f(U)\mathrm{d}U \tag{11-1}$$

式中　R——图中阴影部分的总面积，即绝缘在过电压作用下遭到损坏的可能性，也

就是用以表示由某一种过电压造成事故的概率——绝缘故障率。

从图 11-1 中可以看出，提高绝缘强度，即曲线 $P(U)$ 向右移动，阴影面积减小，绝缘故障率将减小，但设备投资增大；若降低绝缘强度，曲线 $P(U)$ 向左移动，阴影面积增大，故障率增大，设备维护及事故损失费增大，当然，相应地设备投资费减小。因此，可用统计法按需要对敏感因素做调整，进行一系列试验设计与故障率估算，根据技术经济比较，在绝缘成本和故障率之间进行协调，在满足预定故障率的前提下，选择合理的绝缘水平。

采用统计法进行绝缘配合时，绝缘裕度不是某选定的固定值，而是与绝缘故障率相联系的变化数值。在实际工程中采用统计法是相当繁复和困难的。如对非自恢复绝缘做放电概率的测定，耗资太大，无法接受；对一些随机因素（气象条件、过电压波形影响等）的概率分布有时并非已知，因此统计法此时不适用，从而产生了简化统计法。

四、简化统计法

简化统计法是设定实际过电压的绝缘放电概率为正态分布规律，并已知其标准偏差。在此设定基础上，上述两条概率分布曲线就可分别用某一参考概率相对应的点来表示，此两点对应的值分别称为统计过电压和统计耐受电压。国际电工委员会绝缘配合标准推荐采用出现概率为 2% 的过电压（即不小于此过电压的出现概率为 2%）作为统计过电压 U_s，推荐采用闪络概率为 10%，即耐受概率为 90% 的电压作为绝缘统计耐受电压 U_w。绝缘故障率 R 只取决于 U_w 与 U_s 之间的裕度，因此称它们的比值 K_s 为统计安全因数，即

$$K_s = \frac{U_w}{U_s} \qquad (11-2)$$

在过电压保持不变的情况下，如提高绝缘水平，其统计绝缘耐压和统计安全因数均相应增大，绝缘故障率减小。简化统计法实质上是利用有关参数的概率统计特性，沿用惯用法计算程序的一种混合型绝缘配合方法。把这种方法应用到概率特性为已知的自恢复绝缘上，就能计算出在不同的统计安全因数 K_s 下的绝缘故障率 R，这对评估系统运行可靠性是重要的。

要得出非自恢复绝缘击穿电压的概率分布是非常困难的，一件被试品只能提供一个数据，代价太大了。目前，在各种电压等级的非自恢复绝缘的绝缘配合中仍采用惯用法，对降低绝缘水平的经济效益不很显著的 220kV 及以下的自恢复绝缘仍采用惯用法绝缘配合。只有对 330kV 及以上的超高压自恢复绝缘（如线路绝缘），有采用简化统计法进行绝缘配合的工程实例。

第三节 中性点接地方式对绝缘水平的影响

电力系统中性点接地方式是一个涉及面很广的综合性技术课题，它对电力系统的供电可靠性、过电压与绝缘配合、继电保护、通信干扰、系统稳定等方面都有很大的

资源 11.3

影响。通常将电力系统中性点接地方式分为非有效接地和有效接地两大类。在这两类接地方式不同的电网中，过电压水平和绝缘水平都有很大的差别。

下面从最大长期工作电压、雷电过电压和内部过电压三个方面来分析中性点接地方式对绝缘水平的影响。

一、最大长期工作电压

在中性点非有效接地系统中，由于单相接地故障时并不需要立即跳闸，而可以继续带故障运行一段时间，这时健全相上的工作电压升高到线电压，再考虑最大工作电压比额定电压 U_n 高 10%～15%，其最大长期工作电压为 $(1.1\sim1.15)U_n$。

在中性点有效接地系统中，最大长期工作电压仅为 $(1.1\sim1.15)U_n/\sqrt{3}$。

二、雷电过电压

不管原有的雷电过电压波的幅值有多大，实际作用到绝缘上的雷电过电压幅值均取决于阀型避雷器的保护水平。由于阀型避雷器的灭弧电压是按最大长期工作电压选定的，因而有效接地系统中所用避雷器的灭弧电压较低，相应的火花间隙数和阀片数较少，冲击放电电压和残压也较低，一般比同一电压等级的中性点为非有效接地系统中的避雷器低 20%左右。

三、内部过电压

在中性点有效接地系统中，内部过电压是在相电压的基础上产生和发展的，而在中性点非有效接地系统中，则有可能在线电压的基础上发生和发展，因而前者要比后者低 20%～30%。

总之，中性点有效接地系统的绝缘水平可比非有效接地系统低 20%左右。但降低绝缘水平的经济效益大小与系统的电压等级有很大的关系：在 110kV 及以上的系统中，绝缘费用在总建设费用中所占比重较大，因而采用有效接地方式以降低系统绝缘水平在经济上好处很大。在 66kV 及以下的系统中，绝缘费用所占比重不大，降低绝缘水平在经济上的好处不明显，因而供电可靠性上升为首要考虑因素，因此一般均采用中性点非有效接地方式。不过，6～35kV 配电网发展很快，采用电缆的比重也不断增加，且运行方式经常变化，给消弧线圈的调谐带来困难，并易引发多相短路。故有些以电缆网络为主的 6～10kV 大城市或大型企业配电网不再采用中性点非有效接地的方式，而改用中性点经低值或中值电阻接地的方式，它们属于有效接地系统，发生单相接地故障时立即跳闸。

第四节　电气设备绝缘水平的确定

电气设备包括电机、变压器、电抗器、断路器、互感器等，这些设备的绝缘可分为内绝缘和外绝缘两部分，绝缘水平的确定采用惯用法。内绝缘是指密封在箱体内的部分，它们与大气隔离，其耐受电压值基本与大气条件无关。外绝缘是指暴露于空气中的绝缘，包括空气中的间隙和绝缘表面，其耐受电压与大气条件有很大的关系。

确定电气设备的绝缘水平即是确定其耐受电压试验值，包括：①额定短时工频耐受电压，即 1min 工频试验电压；②额定雷电冲击耐受电压，用全波雷电冲击电压进行试验，称为基本冲击绝缘水平（BIL）；③额定操作冲击耐受电压，用规定波形（250/2500μs）操作冲击电压进行试验，称为操作冲击绝缘水平（SIL）。

由于作用于绝缘的典型过电压种类、幅值、防护措施以及绝缘的耐压试验项目、绝缘裕度等方面的差异，在进行电力系统绝缘配合时，按系统最高运行电压 U_m 值，划分为两个范围：①范围 I，$3.5\text{kV} \leqslant U_m \leqslant 252\text{kV}$；②范围 II，$U_m > 252\text{kV}$。

在范围 I 的系统中，除了型式试验、出厂试验时要进行雷电冲击耐压试验和操作冲击耐压试验外，一般只做短时工频耐压试验。短时工频耐压试验所采用的试验电压值往往比电气设备额定相电压高出数倍，其确定流程如图 11-2 所示。图中 K_1、K_S 分别为雷电冲击配合系数和操作冲击配合系数；β_1、β_S 分别为雷电冲击和操作冲击换算成等效工频的冲击系数，雷电冲击系数 β_1 通常可取 1.48，操作冲击系数 β_S 为 1.3～1.35（66kV 及以下取 1.3，110kV 及以上取 1.35）。

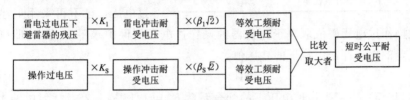

图 11-2 工频试验电压值确定流程

可见，基于雷电和操作冲击对绝缘的作用在某种程度上可以用工频电压等效，实际上，短时工频试验电压值由 BIL 和 SIL 共同决定。

一、雷电过电压下的绝缘配合

额定雷电冲击耐受电压的计算式为

$$\text{BIL} = K_1 U_{p(1)} \tag{11-3}$$

式中　　$U_{p(1)}$ ——阀型避雷器在雷电过电压下的保护水平，kV，通常简化为以配合电流下的残压 U_{res} 作为保护水平；

　　　　K_1 ——雷电过电压的配合系数，国际电工委员会规定 $K_1 \geqslant 1.2$，我国规定在电气设备与避雷器相距很近时取 1.25，相距较远时取 1.4，即

$$\text{BIL} = (1.25 \sim 1.4) U_{\text{res}} \tag{11-4}$$

二、操作过电压下的绝缘配合

在按内部过电压做绝缘配合时，通常不考虑谐振过电压，按操作过电压进行绝缘配合。

主要分为以下两种不同情况来讨论：

（1）变电站内所装的阀型避雷器只用作雷电过电压的保护。对内部过电压，避雷

器不动作以免损坏，依靠别的降压或限压措施（如改进断路器的性能等）加以抑制，绝缘本身应能够耐受可能出现的内部过电压。对于这一类变电站中的电气设备来说，其操作冲击绝缘水平可按下式求得

$$SIL = K_S K_0 U_\varphi \qquad (11-5)$$

式中　U_φ——系统最大运行相电压幅值；

　　　K_S——操作过电压下的配合系数，$K_S = 1.15 \sim 1.25$；

　　　K_0——操作过电压计算倍数。

行业标准对范围 I 的各电力系统所推荐的操作过电压计算倍数 K_0 见表 11-1。

表 11-1　　　　操作过电压计算倍数

系统额定电压	中性点接地方式	相对地操作过电压计算倍数
66kV 及以下	非有效接地	4.0
35kV 及以下	有效接地（经小电阻）	3.2
110～220kV	有效接地	3.0

（2）对于范围 II 的电力系统，过去 330kV 采用 2.75 倍操作过电压计算倍数，500kV 采用 2.0 倍或 2.2 倍操作过电压计算倍数，但目前普遍采用氧化锌，可以同时限制雷电过电压和操作过电压，已不再采用上述计算倍数。最大操作过电压幅值取决于避雷器的操作过电压的保护水平 $U_{p(s)}$，即氧化锌避雷器在规定的操作冲击电流下的残压值。

$$SIL = K_S U_{p(s)} \qquad (11-6)$$

式（11-6）中，操作过电压下的配合系数 $K_S = 1.15 \sim 1.25$，比雷电冲击配合系数 K_1 小，主要是因为操作冲击波的波前陡度远较雷电波小，被保护设备与避雷器之间的电气距离所引起的电压差值很小，可忽略不计。

为统一规范，BIL 和 SIL 值应从下列标准值中选取，不宜使用中间值，即 325kV、450kV、550kV、650kV、750kV、850kV、950kV、1050kV、1175kV、1300kV、1425kV、1550kV、1675kV、1800kV、1950kV、2100kV、2250kV、2400kV、2550kV、2700kV。

三、工频绝缘水平的确定

为了检验电气设备绝缘是否达到以上所确定的 BIL 和 SIL，330kV 及以上的超高压电气设备应进行雷电冲击和操作冲击耐压试验。对 220kV 及以下的高压电气设备，用 1min 工频耐压试验代替雷电冲击与操作冲击耐压试验，凡是合格通过工频耐压的设备绝缘在雷电和操作过电压下均能可靠运行。为了更加可靠和直观，IEC 又做以下规定：

（一）对 330kV 以下的电气设备

（1）绝缘在工频工作电压、暂时过电压和操作过电压下的性能用短时（1min）工频耐压来检验。

（2）绝缘在雷电过电压下的性能用雷电冲击耐压试验来检验。

（二）对 300kV 及以上的电气设备

（1）绝缘在操作过电压下的性能用操作冲击耐压试验来检验。

（2）绝缘在雷电过电压下的性能用雷电冲击耐压试验来检验。

算例1：一座 500kV 变电站，站用避雷器在雷电冲击波下的保护特性为：①10kA 下的残压 U_{res} 为 1100kV；②标准冲击全波下的放电电压峰值 $U_{b(i)}$ 为 840kV；③陡波放电电压峰值 U_{st} 为 1150kV。

试求：

（1）该避雷器雷电冲击保护水平 $U_{p(1)}$；（2）该变电站 500kV 级设备应有的基本冲击绝缘水平。

解：（1）该避雷器雷电冲击保护水平为

$$U_{p(1)} = \max[U_{res}, U_{b(i)}, U_{st}/1.15] = 1100\text{kV}$$

（2）该变电站 500kV 级设备应有的基本冲击绝缘水平为

$$BIL = K_1 U_{p(1)} = 1.4 \times 1100 = 1540(\text{kV})$$

算例2：某 110kV 变电站，避雷器额定电压为 100kV，5kA 雷电流时的残压为 260kV，请确定短时工频试验电压。

解：已知 110kV 系统操作过电压计算倍数 K_0 取 3，则设备绝缘雷电冲击耐受电压为

$$BIL = K_1 U_{p(1)} = 1.4 \times 260 = 364(\text{kV})$$

参照标准值取 $BIL = 450\text{kV}$。

操作冲击耐受电压为

$$SIL = K_S K_0 U_\varphi = 1.15 \times 3 \times \frac{1.15 \times 110\sqrt{2}}{\sqrt{3}} \approx 356(\text{kV})$$

雷电冲击系数 β_1 通常可取 1.48，操作冲击系数 β_S 为 1.35，将 BIL 与 SIL 转换至短时工频耐压值为：$\max\left[\dfrac{450}{1.48 \times \sqrt{2}}, \dfrac{358}{1.35 \times \sqrt{2}}\right] \approx 215(\text{kV})$，最后参照标准值，取其额定短时工频耐受电压为 230kV。

第五节　架空线路绝缘水平的确定

架空线路上发生的事故主要是绝缘子串的沿面放电和导线对杆塔或导线间空气间隙的击穿。确定线路绝缘水平就是要确定线路绝缘子串中绝缘子的片数、导线对杆塔及导线对导线的空气间隙，它们均属自恢复型绝缘，但目前大多仍采用惯用法来进行绝缘配合。

资源 11.4

一、绝缘子片数的确定

根据杆塔机械载荷选定绝缘子型式后，绝缘子片数的确定应满足下列要求：①在工作电压下不发生污闪；②在操作过电压作用下不发生湿闪；③具有一定的雷电冲击耐受强度，保证一定的线路耐雷水平。

具体做法是先按工作电压作用下所需的统一爬电比距，初步决定绝缘子片数，然后按操作过电压及耐雷水平的要求进行验算和调整。

（一）按工作电压要求

设单片绝缘子的几何爬电距离为 L_0（cm），则绝缘子串的统一爬电比距 λ 为

$$\lambda = \frac{nKL_0}{U_m} \tag{11-7}$$

式中 n——每串绝缘子的片数；

     U_m——系统最高工作（线）电压有效值，kV；

     K——绝缘子爬电距离有效系数，主要由各种绝缘子几何泄漏距离对提高污闪电压的有效性来确定，并以 XP-70（或 X-4.5）型和 XP-160 型普通绝缘子为基准，即它们的 $K=1$，其他型号绝缘子的 K 值由试验确定或查阅相关资料获得。

长期运行经验表明，在不同污秽地区的线路，当其 λ 值大于某值时，不会引起严重的污闪事故，可基本满足线路运行可靠性的要求。按防污秽闪络计算，绝缘子片数应为

$$n_1 \geqslant \frac{\lambda U_m}{KL_0} \tag{11-8}$$

n_1 已计及可能存在的零值绝缘子为实际应取值，不需再加零值片数，且对中性点接地方式不同的系统均适用。

在第二章第九节中计算了 110kV 线路采用 XP-70（或 X-4.5）型悬式绝缘子时，防污闪所需要的绝缘子片数 $n_1 = 6.47$，取 7 片。

（二）按操作过电压要求

绝缘子串的湿闪电压在考虑大气状态等影响因素并保持一定裕度的前提下，应大于可能出现的操作过电压，并留有 10% 的裕度。此时，应有的绝缘子片数为 n_2'，由 n_2' 片组成的绝缘子串的操作（或工频）湿闪电压幅值应为

$$U_W = 1.1 K_0 U_\varphi \tag{11-9}$$

式中   1.1——综合考虑各种影响因素和必要裕度的一个综合修正系数；

     K_0——统计操作过电压计算倍数。

在没有完整的绝缘子串操作湿闪电压数据时，可用绝缘子串工频湿闪电压代替。对常用的 XP-70（或 X-4.5）型绝缘子，n_2' 片绝缘子串的工频湿闪电压幅值 U_W，可按下列经验公式求得：

$$U_W = 60n_2' + 14 \tag{11-10}$$

预留的零值绝缘子片数 n_0 见表 11-2。

表 11-2   预留的零值绝缘子片数

线路额定电压/kV	35~220		330~500	
绝缘子串类型	悬垂串	耐张串	悬垂串	耐张串
n_0	1	2	2	3

由式（11-9）与式（11-10）联合确定的绝缘子片数 n_2' 中，没有包括零值绝缘子，但在实际运行中，不排除零值绝缘子存在的可能性，因此实际选用时应增加零值绝缘子片数 n_0，即

$$n_2 = n_2' + n_0$$

算例 3：按操作过电压要求，计算 110kV 线路 XP - 70 型悬垂绝缘子串应有的片数 n_2。

解：（1）绝缘子串的工频湿闪电压 U_W 应达到：

$$U_W = 1.1 K_0 U_\varphi = 1.1 \times 3 \times \frac{1.15 \times 110\sqrt{2}}{\sqrt{3}} \approx 341 (\text{kV})$$

（2）将 U_W 代入式（11 - 10），则得绝缘子片数 n_2' 为

$$n_2' = \frac{341 - 14}{60} = 5.45 \rightarrow \text{取 6 片}$$

（3）考虑零值绝缘子后，绝缘子片数 n_2 为

$$n_2 = n_2' + n_0 = 6 + 1 = 7$$

（三）按雷电过电压要求

一般情况下，按爬电比距及操作过电压选定的绝缘子片数能满足线路耐雷水平的要求。在特殊高杆塔或高海拔地区，按雷电过电压要求的绝缘子片数 n_3 会大于 n_2 和 n_1，成为确定绝缘子串绝缘子片数的决定性因素。

海拔高度超过 1000m 的地区，大气条件不同于标准大气条件时，应查相关规定进行校正。发电厂、变电站内的绝缘子串，每串绝缘子串的绝缘子片数可按线路耐张杆选取。线路耐张杆绝缘子的绝缘子片数要比直线杆多一片。

二、空气间隙的确定

输电线路的绝缘水平还取决于线路上各种空气间隙的极间距离。从经济角度看，空气间隙的选择对降低线路建设费用有很大作用。

架空输电线路的空气间隙主要有导线对大地、导线对导线、导线对避雷线、导线对杆塔及横担等间隙。导线对地面的高度主要是考虑穿越导线下的最高物体与导线间的安全距离，在超高压输电线路下还应考虑对地面物体的静电感应问题。确定空气间隙距离同样要根据工作电压、操作过电压和雷电过电压分别计算，并需考虑导线受风力（与风速相关）作用使绝缘子串偏斜的不利因素。

导线对杆塔空气间隙承受的电压就幅值而言，是工作电压最低，内部过电压次之，雷电过电压幅值最高；就作用时间而言，顺序恰好相反。绝缘子串风偏角及对杆塔的距离如图 11 - 3 所示，在确定导线对杆塔间隙的大小时，必须考虑风吹导线使绝缘子串倾偏摇摆偏向杆塔的偏角。由于工作电压长时间作用在导线上，应按 20 年一遇的最大风速（25～35m/s）考虑风力，相应的绝缘子串风偏角 θ_1

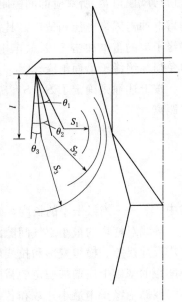

图 11 - 3　绝缘子串风偏角
及对杆塔的距离示意图

最大；内部过电压持续的时间较短，按最大风速的 50％ 计算，相应的风偏角 θ_2 较小；雷电过电压持续的时间最短，通常取风速为 $10\sim15\mathrm{m/s}$ 计算风偏角 θ_3，θ_3 最小。

（一）按工作电压确定风偏后的间隙距离 S_1

与风偏角 θ_1 所对应的间隙距离 S_1，应保证其在工作电压作用下不发生击穿，即 S_1 的 50％ 工频放电电压 $U_{50\%(\mathrm{g})}$ 应满足：

$$U_{50\%(\mathrm{g})} \geqslant K_1 U_{\varphi} \tag{11-11}$$

式中 K_1——安全系数，它考虑了工频电压升高、气象条件、安全裕度等因素的影响，可查表 11-3 确定。

表 11-3 安全系数 K_1 取值范围

线路额定电压/kV	≤66	110～220	330～500
安全系数 K_1	1.20	1.35	1.40

（二）按操作过电压确定风偏后的间隙距离 S_2

与风偏角 θ_2 所对应的间隙距离 S_2，应保证其在操作电压作用下不发生击穿，其等值工频放电电压 $U_{50\%(\mathrm{s})}$ 应满足：

$$U_{50\%(\mathrm{s})} \geqslant K_2 U_{\mathrm{s}} = K_2 K_0 U_{\varphi} \tag{11-12}$$

式中 K_2——空气间隙操作过电压统计配合系数，对范围 I 取 1.03，对范围 II 取 1.1；

U_{s}——配合计算用最大操作过电压，kV；

K_0——操作过电压计算倍数。

（三）按雷电过电压确定风偏后的间隙距离 S_3

与风偏角 θ_3 所对应的间隙距离 S_3，应使其雷电冲击强度与非污秽地区绝缘子串的雷电冲击闪络电压相适应。其雷电冲击波作用下的 50％ 放电电压 $U_{50\%(\mathrm{l})}$ 通常取为绝缘子串的雷电冲击 50％ 放电电压值的 85％。这是为了减少绝缘子串的闪络概率，以免损坏绝缘子沿面绝缘。

按上述原则确定了 S_1、S_2、S_3 后，就可得到绝缘子串处于垂直位置时对杆塔的水平距离：

$$\begin{cases} L_{\mathrm{g}} = S_1 + l\sin\theta_1 \\ L_{\mathrm{s}} = S_2 + l\sin\theta_2 \\ L_{\mathrm{l}} = S_3 + l\sin\theta_3 \end{cases} \tag{11-13}$$

式中 l——绝缘子串的长度，m。

导线对杆塔的最小空气间隙距离选式（11-13）中最大的。在实际中，需要考虑杆塔尺寸误差、横担变形和拉线施工误差等不利因素，杆塔与导线间的空气间隙在最小间距的基础上应增加一定的裕度。

线路绝缘子串最小片数和各级电压线路的 S_1、S_2、S_3 值见表 11-4。一般情况下，220kV 及以下线路中对空气间隙选择起决定作用的是雷电过电压，但随着电压等级的提高，以及输电线路防雷措施的改善，决定空气间隙的过电压可能是操作过电压，而不是雷电过电压。

表 11 - 4 线路绝缘子串最小片数和各级电压线路的 S_1、S_2、S_3 值

线路额定电压/kV	35	66	110	220	330	500
XP 型绝缘子片数	3	5	7	13	19	28
工作电压要求的 S_1 值/cm	10	20	25	55	90	130
操作过电压要求的 S_2 值/cm	25	50	70	145	195	270
雷电过电压要求的 S_3 值/cm	45	65	100	190	260	370

必须指出，上述空气间隙的选择原则是针对海拔 1000m 以下地区的，当海拔超过 1000m，每增高 100m，S_1、S_2 值应增大 1%。如因高海拔或高杆塔而增加绝缘子个数时，S_3 值也相应成比例增加。

附录 A　标准球间隙放电电压表

（大气压力 101.3kPa，气温 20℃）

附表 A-1、附表 A-2 均为一球接地时，球间隙放电电压。电压均指峰值（kV）。括号内的数字为球间隙距离大于 0.5 倍铜球直径时的数据，其准确度较低。

附表 A-1　　　　　　　　一球接地时，球间隙放电电压
（适用于工频交流、负极性直流、负极性冲击电压）

球间隙距离/cm	球直径/cm											
	2.00	5.00	6.25	10.00	12.50	15.00	25.00	50.00	75.00	100.00	150.00	200.00
	球间隙放电电压/kV											
0.05	2.8											
0.10	4.7											
0.15	6.4											
0.20	8.0	8.0										
0.25	9.6	9.6										
0.30	11.2	11.2										
0.40	14.4	14.3	14.2									
0.50	17.4	17.4	17.2	16.8	16.8	16.8						
0.60	20.4	20.4	20.2	19.9	19.9	19.9						
0.70	23.2	23.4	23.2	23.0	23.0	23.0						
0.80	25.8	26.3	26.2	26.0	26.0	26.0						
0.90	28.3	29.2	29.1	28.9	28.9	28.9						
1.00	30.7	32.0	31.9	31.7	31.7	31.7	31.7					
1.20	(35.1)	37.6	37.5	37.4	37.4	37.4	37.4					
1.40	(38.5)	42.9	42.9	42.9	42.9	42.9	42.9					
1.50	(40.0)	45.5	45.5	45.5	45.5	45.5	45.5					
1.60		48.1	48.1	48.1	48.1	48.1	48.1					
1.80		53.5	53.5	53.5	53.5	53.5	53.5					
2.00		57.5	58.5	59.0	59.0	59.0	59.0	59.0	59.0			
2.20		61.5	63.0	64.5	64.5	64.5	64.5	64.5	64.5			
2.40		65.5	67.5	69.5	70.0	70.0	70.0	70.0	70.0			
2.60		(69.0)	72.0	74.5	75.0	75.5	75.5	75.5	75.5			
2.80		(72.5)	76.0	79.5	80.0	80.5	81.0	81.0	81.0			

续表

球间隙距离/cm	球直径/cm											
	2.00	5.00	6.25	10.00	12.50	15.00	25.00	50.00	75.00	100.00	150.00	200.00
	球间隙放电电压/kV											
3.00		(75.5)	79.5	84.0	85.0	85.5	86.0	86.0	86.0	86.0		
3.50		(82.5)	(87.5)	95.5	97.0	98.0	99.0	99.0	99.0	99.0		
4.00		(88.5)	(95.0)	105.0	108.0	110.0	112.0	112.0	112.0	112.0		
4.50			(101.0)	115.0	119.0	122.0	125.0	125.0	125.0	125.0		
5.00			(107.0)	123.0	129.0	133.0	137.0	138.0	138.0	138.0	138.0	
5.50				(131.0)	138.0	143.0	149.0	151.0	151.0	151.0	151.0	
6.00				(138.0)	146.0	152.0	161.0	164.0	164.0	164.0	164.0	
6.50				(144.0)	(154.0)	161.0	173.0	177.0	177.0	177.0	177.0	
7.00				(150.0)	(161.0)	169.0	184.0	189.0	190.0	190.0	190.0	
7.50				(155.0)	(168.0)	177.0	195.0	202.0	203.0	203.0	203.0	
8.00					(174.0)	(185.0)	206.0	214.0	215.0	215.0	215.0	
9.00					(185.0)	(198.0)	226.0	239.0	240.0	241.0	241.0	
10.00					(195.0)	(209.0)	244.0	263.0	265.0	266.0	266.0	266.0
11.00						(219.0)	261.0	286.0	290.0	292.0	292.0	292.0
12.00						(229.0)	275.0	309.0	315.0	318.0	318.0	318.0
13.00							(289.0)	331.0	339.0	342.0	342.0	342.0
14.00							(302.0)	353.0	363.0	366.0	366.0	366.0
15.00							(314.0)	373.0	387.0	390.0	390.0	390.0
16.00							(326.0)	392.0	410.0	414.0	414.0	414.0
17.00							(337.0)	411.0	432.0	438.0	438.0	438.0
18.00							(347.0)	429.0	453.0	462.0	462.0	462.0
19.00							(357.0)	445.0	473.0	486.0	486.0	486.0
20.00							(366.0)	460.0	492.0	510.0	510.0	510.0
22.00								489.0	530.0	555.0	560.0	560.0
24.00								515.0	565.0	595.0	610.0	610.0
26.00								(540.0)	600.0	635.0	655.0	660.0
28.00								(565.0)	635.0	675.0	700.0	705.0
30.00								(585.0)	665.0	710.0	745.0	750.0
32.00								(605.0)	695.0	745.0	790.0	795.0
34.00								(625.0)	725.0	780.0	835.0	840.0
36.00								(640.0)	750.0	815.0	875.0	885.0
38.00								(655.0)	(775.0)	845.0	915.0	930.0
40.00								(670.0)	(800.0)	875.0	955.0	975.0

续表

球间隙距离/cm	球　直　径/cm											
	2.00	5.00	6.25	10.00	12.50	15.00	25.00	50.00	75.00	100.00	150.00	200.00
	球间隙放电电压/kV											
45.00									(850.0)	945.0	1050.0	1080.0
50.00									(895.0)	(1010.0)	1130.0	1180.0
55.00									(935.0)	(1060.0)	1210.0	1260.0
60.00									(970.0)	(1110.0)	1280.0	1340.0
65.00										(1160.0)	1340.0	1410.0
70.00										(1200.0)	1390.0	1480.0
75.00										(1230.0)	1440.0	1540.0
80.00											(1490.0)	1600.0
85.00											(1540.0)	1660.0
90.00											(1580.0)	1720.0
100.00											(1660.0)	1840.0
110.00											(1730.0)	(1940.0)
120.00											(1800.0)	(2020.0)
130.00												(2100.0)
140.00												(2180.0)
150.00												(2250.0)

附表 A－2　　　　一球接地时，球间隙放电电压
（适用于正极性直流、正极性冲击电压）

球间隙距离/cm	球　直　径/cm											
	2.00	5.00	6.25	10.00	12.50	15.00	25.00	50.00	75.00	100.00	150.00	200.00
	球间隙放电电压/kV											
0.05												
0.10												
0.15												
0.20												
0.25												
0.30	11.2	11.2										
0.40	14.4	14.3	14.2									
0.50	17.4	17.4	17.2	16.8	16.8	16.8						
0.60	20.4	20.4	20.2	19.9	19.9	19.9						
0.70	23.2	23.4	23.2	23.0	23.0	23.0						
0.80	25.8	26.3	26.2	26.0	26.0	26.0						
0.90	28.3	29.2	29.1	28.9	28.9	28.9						

续表

球间隙 距离/cm	球 直 径/cm											
	2.00	5.00	6.25	10.00	12.50	15.00	25.00	50.00	75.00	100.00	150.00	200.00
	球 间 隙 放 电 电 压/kV											
1.00	30.7	32.0	31.9	31.7	31.7	31.7	31.7					
1.20	(35.1)	37.8	37.6	37.4	37.4	37.4	37.4					
1.40	(38.5)	43.3	43.2	42.9	42.9	42.9	42.9					
1.50	(40.0)	46.2	45.9	45.5	45.5	45.5	45.5					
1.60		49.0	48.6	48.1	48.1	48.1	48.1					
1.80		54.5	54.0	53.5	53.5	53.5	53.5					
2.00		59.5	59.0	59.0	59.0	59.0	59.0	59.0	59.0			
2.20		64.5	64.0	64.5	64.5	64.5	64.5	64.5	64.5			
2.40		69.0	69.0	70.0	70.0	70.0	70.0	70.0	70.0			
2.60		(73.0)	73.5	75.5	75.5	75.5	75.5	75.3	75.5			
2.80		(77.0)	78.0	80.5	80.5	80.5	81.0	81.0	81.0			
3.00		(81.0)	82.0	85.5	85.5	85.5	86.0	86.0	86.0	86.0		
3.50		(90.0)	(91.5)	97.5	98.0	98.5	99.0	99.0	99.0	99.0		
4.00		(97.5)	(101.0)	109.0	110.0	111.0	112.0	112.0	112.0	112.0		
4.50			(108.0)	120.0	122.0	124.0	125.0	125.0	125.0	125.0		
5.00			(115.0)	130.0	134.0	136.0	138.0	138.0	138.0	138.0	138.0	
5.50				(139.0)	145.0	147.0	151.0	151.0	151.0	151.0	151.0	
6.00				(148.0)	155.0	158.0	163.0	164.0	164.0	164.0	164.0	
6.50				(156.0)	(164.0)	168.0	175.0	177.0	177.0	177.0	177.0	
7.00				(163.0)	(173.0)	178.0	187.0	189.0	190.0	190.0	190.0	
7.50				(170.0)	(181.0)	187.0	199.0	202.0	203.0	203.0	203.0	
8.00					(189.0)	(196.0)	211.0	214.0	215.0	215.0	215.0	
9.00					(203.0)	(212.0)	233.0	239.0	240.0	241.0	241.0	
10.00					(215.0)	(226.0)	254.0	263.0	265.0	266.0	266.0	266.0
11.00						(238.0)	273.0	287.0	290.0	292.0	292.0	292.0
12.00						(249.0)	291.0	311.0	315.0	318.0	318.0	318.0
13.00							(308.0)	334.0	339.0	342.0	342.0	342.0
14.00							(323.0)	357.0	363.0	366.0	366.0	366.0
15.00							(337.0)	380.0	387.0	390.0	390.0	390.0
16.00							(350.0)	402.0	411.0	414.0	414.0	414.0
17.00							(362.0)	422.0	435.0	438.0	438.0	438.0
18.00							(374.0)	442.0	458.0	462.0	462.0	462.0
19.00							(385.0)	461.0	482.0	486.0	486.0	486.0

continued

续表

球间隙距离/cm	球 直 径/cm											
	2.00	5.00	6.25	10.00	12.50	15.00	25.00	50.00	75.00	100.00	150.00	200.00
	球 间 隙 放 电 电 压/kV											
20.00							(395.0)	480.0	505.0	510.0	510.0	510.0
22.00								510.0	545.0	555.0	560.0	560.0
24.00								540.0	585.0	600.0	610.0	610.0
26.00								570.0	620.0	645.0	655.0	660.0
28.00								(595.0)	660.0	685.0	700.0	705.0
30.00								(620.0)	695.0	725.0	745.0	750.0
32.00								(640.0)	725.0	760.0	790.0	795.0
34.00								(660.0)	755.0	795.0	835.0	840.0
36.00								(680.0)	785.0	830.0	880.0	885.0
38.00								(700.0)	(810.0)	865.0	925.0	935.0
40.00								(715.0)	(835.0)	900.0	965.0	980.0
45.00									(890.0)	980.0	1060.0	1090.0
50.00									(940.0)	1040.0	1150.0	1190.0
55.00									(985.0)	(1100.0)	1240.0	1290.0
60.00									(1020.0)	(1150.0)	1310.0	1380.0
65.00										(1200.0)	1380.0	1470.0
70.00										(1240.0)	1430.0	1550.0
75.00										(1280.0)	1480.0	1620.0
80.00											(1530.0)	1690.0
85.00											(1580.0)	1760.0
90.00											(1630.0)	1820.0
100.00											(1720.0)	1930.0
110.00											(1790.0)	(2030.0)
120.00											(1860.0)	(2120.0)
130.00												(2200.0)
140.00												(2280.0)
150.00												(2350.0)

附录 B　避雷器电气特性

普通阀型避雷器（FS 系列和 FZ 系列）、电站用磁吹避雷器（FCZ 系列）、保护旋转电机用磁吹避雷器（FCD 系列）的电气特性见附表 B-1～附表 B-3。典型电站和配电用氧化锌避雷器参数（参考）见附表 B-4。

附表 B-1　　　普通阀型避雷器（FS 系列和 FZ 系列）的电气特性

型　号	额定电压有效值/kV	灭弧电压有效值/kV	工频放电电压有效值（干燥及淋雨状态）/kV		冲击放电电压（预放电时间 1.5～2.0μs）/kV 不大于		冲击残压（波形 8/20μs）/kV 不大于				备　注
							FS 系列		FZ 系列		
			不小于	不大于	FS 系列	FZ 系列	3kA	5kA	5kA	10kA	
FS-0.25	0.22	0.25	0.6	1.0	2.0		1.3				
FS-0.50	0.38	0.50	1.1	1.6	2.7		2.6				
FS-3（FZ-3）	3.00	3.80	9.0	11.0	21.0	20	(16.0)	17	14.5	(16)	
FS-6（FZ-6）	6.00	7.60	16.0	19.0	35.0	30	(28.0)	30	27	(30)	
FS-10（FZ-10）	10.00	12.70	26.0	31.0	50.0	45	(47.0)	50	45	(50)	
FZ-15	15.00	20.50	42.0	52.0		78			67	(74)	组合元件用
FZ-20	20.00	25.00	49.0	60.5		85			80	(88)	组合元件用
FZ-30J	30.00	25.00	56.0	67.0		110			83	(91)	组合元件用
FZ-35	35.00	41.00	84.0	104.0		134			134	(148)	
FZ-40	40.00	50.00	98.0	121.0		154			160	(176)	110kV 变压器中性点保护专用
FZ-60	60.00	70.50	140.0	173.0		220			227	(250)	
FZ-110J	110.00	100.00	224.0	268.0		310			332	(364)	
FZ-154J	154.00	142.00	304.0	368.0		420			466	(512)	
FZ-220J	220.00	200.00	448.0	536.0		630			664	(728)	

注　残压栏内括号者为参考值。

附表 B-2　　　　　　　　**电站用磁吹避雷器（FCZ系列）的电气特性**

型号	额定电压有效值/kV	灭弧电压有效值/kV	工频放电电压有效值（干燥及淋雨状态）/kV		冲击放电电压/kV 不大于		冲击电流残压（波形 8/20μs）/kV 不大于		备注
			不小于	不大于	预放电时间1.5～2.0μs及波形1.5/40μs	预放电时间100～1000μs	5kA 时	10kA 时	
FCZ-35	35	41	70	85	112	—	108	122	110kV变压器中性点保护专用
FCZ-40	—	51	87	98	134		—①	—	
FCZ-50	50	69	117	133	178	—	178	205	
FCZ-110J	110	100	170	195	260	(285)②	260	285	
FCZ-110	110	126	255	290	345	—	332	365	
FCZ-154	154	177	330	377	500	—	466	512	
FCZ-220J	220	200	340	390	520	(570)	520	570	
FCZ-330J	330	290	510	580	780	820	740	820	
FCZ-500J	500	440	680	790	840	1030	—	1100	

① 1.5kA 冲击残压为 134kV。

② 加括号者为参考值。

附表 B-3　　　　　**保护旋转电机用磁吹避雷器（FCD系列）的电气特性**

型号	额定电压有效值/kV	灭弧电压有效值/kV	工频放电电压有效值（干燥及淋雨状态）/kV		冲击放电电压（预放电时间1.5～2.0μs及波形1.5/40μs）/kV 不大于	冲击电流残压（波形 8/20μs）/kV 不大于		备注
			不小于	不大于				
FCD-2	—	2.3	4.5	5.7	6.0	6.0	6.4	电机中性点保护专用
FCD-3	3.15	3.8	7.5	9.5	9.5	9.5	10.0	
FCD-4	—	4.6	9.0	11.4	12.0	12.0	12.8	电机中性点保护专用
FCD-6	6.30	7.6	15.0	18.0	19.0	19.0	20.0	
FCD-10	10.50	12.7	25.0	30.0	31.0	31.0	33.0	
FCD-13.2	13.80	16.7	33.0	39.0	40.0	40.0	43.0	
FCD-15	15.75	19.0	37.0	44.0	45.0	45.0	49.0	

附表 B-4　典型电站和配电用氧化锌避雷器参数（参考）

单位：kV

避雷器额定电压（有效值）	避雷器持续运行电压（有效值）	标称放电电流20kA 电站避雷器				标称放电电流10kA 电站避雷器				标称放电电流5kA 电站避雷器				标称放电电流5kA 电站避雷器			
		陡波冲击电流残压（峰值）不大于	雷电冲击电流残压（峰值）不大于	操作冲击电流残压（峰值）不大于	直流1mA参考电压不小于	陡波冲击电流残压（峰值）不大于	雷电冲击电流残压（峰值）不大于	操作冲击电流残压（峰值）不大于	直流1mA参考电压不小于	陡波冲击电流残压（峰值）不大于	雷电冲击电流残压（峰值）不大于	操作冲击电流残压（峰值）不大于	直流1mA参考电压不小于	陡波冲击电流残压（峰值）不大于	雷电冲击电流残压（峰值）不大于	操作冲击电流残压（峰值）不大于	直流1mA参考电压不小于
5	4.0	—	—	—	—	—	—	—	—	15.5	13.5	11.5	7.2	17.3	15.0	12.8	7.5
10	8.0	—	—	—	—	—	—	—	—	31.0	27.0	23.0	14.4	34.6	30.0	25.6	15.0
12	9.6	—	—	—	—	—	—	—	—	37.2	32.4	27.6	17.4	41.2	35.8	30.6	18.0
15	12.0	—	—	—	—	—	—	—	—	46.5	40.5	34.5	21.8	52.5	45.6	39.0	23.0
17	13.6	—	—	—	—	—	—	—	—	51.8	45.0	38.3	24.0	57.5	50.0	42.5	25.0
51	40.8	—	—	—	—	—	—	—	—	—	—	—	73.0	—	—	—	—
84	67.2	—	—	—	—	—	—	—	—	254.0	221.0	188.0	121.0	—	—	—	—
90	72.5	—	—	—	—	264	235	201	130	270.0	235.0	201.0	130.0	—	—	—	—
96	75.0	—	—	—	—	280	250	213	140	288.0	250.0	213.0	140.0	—	—	—	—
(100)*	78.0	—	—	—	—	291	260	221	145	299.0	260.0	221.0	145.0	—	—	—	—
102	79.6	—	—	—	—	297	266	226	148	305.0	266.0	226.0	148.0	—	—	—	—
108	84.0	—	—	—	—	315	281	239	157	323.0	281.0	239.0	157.0	—	—	—	—
192	150.0	—	—	—	—	560	500	426	280	—	—	—	—	—	—	—	—

续表

避雷器额定电压（有效值）	避雷器持续运行电压（有效值）	标称放电电流 20kA 电站避雷器				标称放电电流 10kA 电站避雷器				标称放电电流 5kA 电站避雷器			
		陡波冲击电流残压（峰值）不大于	雷电冲击电流残压	操作冲击电流残压	直流1mA参考电压 不小于	陡波冲击电流残压（峰值）不大于	雷电冲击电流残压	操作冲击电流残压	直流1mA参考电压 不小于	陡波冲击电流残压（峰值）不大于	雷电冲击电流残压	操作冲击电流残压	直流1mA参考电压 不小于
(200)*	156.0	—	—	—	—	582	520	442	290	—	—	—	—
204	159.0	—	—	—	—	594	532	452	296	—	—	—	—
216	168.5	—	—	—	—	630	562	478	314	—	—	—	—
288	219.0	—	—	—	—	782	698	593	408	—	—	—	—
300	228.0	—	—	—	—	814	727	618	425	—	—	—	—
306	233.0	—	—	—	—	831	742	630	433	—	—	—	—
312	237.0	—	—	—	—	847	760	643	442	—	—	—	—
324	246.0	—	—	—	—	880	789	668	459	—	—	—	—
420	318.0	1170	1046	858	565	1075	960	852	565	—	—	—	—
444	324.0	1238	1106	907	597	1137	1015	900	597	—	—	—	—
468	330.0	1306	1165	956	630	1198	1070	950	630	—	—	—	—

* 过渡。

训 练 题

第一章 电介质的极化、电导和损耗

1. 多选题：一切电介质在电场作用下都会发生（　　）等电气物理现象。
   A. 极化　　　　　　　B. 电导　　　　　　　C. 损耗　　　　　　　D. 击穿

2. 判断题：介质受潮后介电常数和电导率增大，介质损耗因数也增大。（　　）
   A. 正确　　　　　　　　　　　　　　B. 错误

3. 判断题：两个结构、尺寸完全相同的电容器，如果在极间放置不同的电介质，它们的
   电容值是不同的。（　　）
   A. 正确　　　　　　　　　　　　　　B. 错误

4. 单选题：水的介电常数81是在20℃（　　）电压下的相对介电常数值。
   A. 直流　　　　　　B. 工频交流　　　　C. 雷电冲击　　　　D. 操作冲击

5. 判断题：变压器进水受潮后，其绝缘的等值相对电容率变小，使测得的电容量变小。
   （　　）
   A. 正确　　　　　　　　　　　　　　B. 错误

6. 判断题：一个由两部分并联组成的绝缘，其整体的介质损耗功率值等于该两部分介质
   损耗功率值之和。（　　）
   A. 正确　　　　　　　　　　　　　　B. 错误

7. 判断题：聚乙烯的介质损耗随温度升高而增大。（　　）
   A. 正确　　　　　　　　　　　　　　B. 错误

8. 单选题：电场下一切电介质中都会发生（　　）极化。
   A. 电子式　　　　　B. 离子式　　　　　C. 偶极子　　　　　D. 夹层

9. 多选题：电介质的损耗因数与（　　）无关。
   A. 频率　　　　　　B. 介电常数　　　　C. 形状　　　　　　D. 体积

10. 判断题：直流电压下，流过电介质的电流随加压时间延长而衰减的现象称为吸收现象。
    A. 正确　　　　　　　　　　　　　　B. 错误

第二章 气体介质的电气强度

1. 判断题：气体放电的首要前提是电离。（　　）
   A. 正确　　　　　　　　　　　　　　B. 错误

2. 多选题：气体分子本身的游离形式有（　　）游离。

A. 光 　　　　　　　　B. 热 　　　　　　　　C. 碰撞 　　　　　　　　D. 表面

3. 判断题：金属表面电离比气体空间电离更容易发生。（　　）

A. 正确 　　　　　　　　　　　　　　　　　B. 错误

4. 多选题：带电粒子通过（　　）消失。

A. 定向运动 　　　　B. 复合 　　　　　　C. 附着 　　　　　　　D. 扩散

5. 判断题：划分汤逊理论和流注理论的临界 δd 值为 0.26cm。（　　）

A. 正确 　　　　　　　　　　　　　　　　　B. 错误

6. 单选题：极间距离不大时，真空的击穿过程中，带电粒子主要来源于（　　）。

A. 光电子发射 　　B. 热电子发射 　　C. 强电场发射 　　D. 二次发射

7. 单选题：流注理论的自持放电条件是 $e^{\alpha s} \approx$（　　）。

A. 10^6 　　　　　　　B. 10^7 　　　　　　　C. 10^8 　　　　　　　D. 10^9

8. 判断题：空气中气体间隙的放电几乎都遵循流注理论。（　　）

A. 正确 　　　　　　　　　　　　　　　　　B. 错误

9. 判断题：电晕放电只有在电场不均匀系数大于 4 的电场中才能稳定存在。（　　）

A. 正确 　　　　　　　　　　　　　　　　　B. 错误

10. 多选题：对实际工程中遇到的各种极不均匀电场气隙，都可以按其电极的对称程度分别选用（　　）气隙的击穿特性曲线来估计其电气强度。

A. 板-板 　　　　　　B. 球-球 　　　　　　C. 棒-棒 　　　　　　D. 棒-板

11. 多选题：针极是正极性时，空间电荷（　　）。

A. 促进击穿 　　　　B. 抑制击穿 　　　　C. 促进起晕 　　　　D. 抑制起晕

12. 多选题：在超高压输电线路上应用电磁屏蔽原理来改善电场分布、提高起晕电压的措施有（　　）。

A. 扩径导线 　　　　B. 分裂导线 　　　　C. 加均压环 　　　　D. 换细线

13. 单选题：稍不均匀电场中，工频电压作用下，不接地电极为（　　）时的击穿电压最低。

A. 正极性 　　　　　B. 负极性 　　　　　C. 不确定

14. 判断题：冲击波标准波形由波前时间和视在半峰值时间定义。（　　）

A. 正确 　　　　　　　　　　　　　　　　　B. 错误

15. 判断题：同一个气体间隙，具有不同的冲击电压击穿值。（　　）

A. 正确 　　　　　　　　　　　　　　　　　B. 错误

16. 单选题：由于气隙的击穿存在（　　）现象，其冲击击穿特性最好用电压和时间两个参量来表示，即用伏秒特性曲线表示气隙的冲击击穿电压与放电时间的关系。

A. 时延 　　　　　　B. 统计 　　　　　　C. 分散 　　　　　　　D. 稳定

17. 单选题：冲击电压作用下，由于放电电压和放电时间具有（　　）性，所以伏秒特性曲线是一个曲线组。

A. 唯一 　　　　　　B. 时延 　　　　　　C. 分散 　　　　　　　D. 确定

18. 判断题：气体间隙在雷电冲击电压下可能最容易击穿。（　　）

A. 正确 　　　　　　　　　　　　　　　　　B. 错误

19. 判断题：在常态的空气中，均匀电场气体间隙的击穿场强约为 30kV/cm。（   ）

    A. 正确　　　　　　　　　　　　　　B. 错误

20. 判断题：随大气湿度增大，气隙的击穿电压提高。（   ）

    A. 正确　　　　　　　　　　　　　　B. 错误

21. 单选题：任何气隙击穿过程的完成都需要一定时间，下列波前时间的冲击波作用下，（   ）最容易使气隙击穿。

    A. $1.2\mu s$　　　　B. $2.6\mu s$　　　　C. $50\mu s$　　　　D. $250\mu s$

22. 判断题：只有极不均匀电场气隙中的屏障才能发挥影响击穿电压的作用。（   ）

    A. 正确　　　　　　　　　　　　　　B. 错误

23. 多选题：影响气隙中屏障发挥作用的因素有（   ）。

    A. 电场形式　　　　　　　　　　　　B. 密封性

    C. 位置　　　　　　　　　　　　　　D. 绝缘材料自身的绝缘性能

24. 多选题：抑制气体间隙中的游离过程可以采取（   ）等措施。

    A. 改善电场　　　B. 高气压　　　C. 高真空　　　D. 高电气强度气体

25. 判断题：SF_6 气体具有高电气强度的主要原因是具有电负性。（   ）

    A. 正确　　　　　　　　　　　　　　B. 错误

26. 单选题：高寒地区运行的超高压断路器，可以使用（   ）作为绝缘和灭弧媒质。

    A. SF_6　　　　　　　　　　　　　　B. $SF_6 - N_2$ 混合气体

    C. 真空　　　　　　　　　　　　　　D. 油

27. 多选题：影响 SF_6 击穿场强的主要因素有（   ）。

    A. 电场的形式　　　B. 电极表面粗超度　　C. 电极面积　　　D. 导电微粒

28. 多选题：采用 SF_6 与 N_2 的混合气体可以获得（   ）效果。

    A. 降低液化温度　　　　　　　　　　B. 降低对电场的敏感度

    C. 降低成本　　　　　　　　　　　　D. 提高击穿电压

29. 单选题：输电线路绝缘子串用（   ）表示其耐受冲击电压的能力。

    A. 击穿电压　　　　　　　　　　　　B. $U_{50\%}$ 冲击闪络电压

    C. 污闪闪络电压　　　　　　　　　　D. 起晕电压

30. 单选题：闪络距离相同时，闪络电压最低的是（   ）。

    A. 均匀电场中的闪络　　　　　　　　B. 具有强垂直分量极不均匀电场中的闪络

    C. 具有弱垂直分量极不均匀电场中的闪络　D. 击穿

第三章　液体介质和固体介质的电气强度

1. 判断题：电场越均匀，油的击穿电压分散性越大。（   ）

    A. 正确　　　　　　　　　　　　　　B. 错误

2. 判断题：均匀电场中，受潮的变压器油的击穿电压一般随温度升高而上升，但温度达 80℃ 及以上时，击穿电压反而下降。（   ）

    A. 正确　　　　　　　　　　　　　　B. 错误

3. 多选题：影响变压器油中杂质小桥的形成的因素有（　　　）。
　　A. 电极形状　　　　　B. 电压类型　　　　　C. 油的品质　　　　　D. 屏障

4. 判断题：提高并保持油的品质最常采用压力过滤法、真空喷雾法和吸附剂法。（　　）
　　A. 正确　　　　　　　　　　　　　B. 错误

5. 多选题：影响液体介质击穿电压的因素有（　　　）。
　　A. 液体的品质　　　B. 电压类型　　　　C. 频率　　　　　D. 温度

6. 多选题：变压器油的作用有（　　　）。
　　A. 绝缘　　　　　　B. 散热　　　　　C. 灭弧　　　　　D. 储能

7. 多选题：固体介质的击穿形式有（　　　）。
　　A. 电击穿　　　　　B. 热击穿　　　　C. 小桥击穿　　　　D. 电化学击穿

8. 判断题：冲击电压下固体介质的击穿一般是电击穿。（　　）
　　A. 正确　　　　　　　　　　　　　B. 错误

9. 多选题：影响固体介质击穿电压的因素有（　　　）。
　　A. 频率　　　　　　B. 电压类型　　　　C. 温度　　　　　D. 湿度

10. 多选题：（　　）可能造成固体介质的电老化。
　　A. 局部放电　　　　B. 电导　　　　　C. 电解　　　　　D. 表面漏电起痕

第四章　电气设备绝缘预防性试验

1. 判断题：高电压预防性试验时，要先进行检查性试验再进行耐压试验（　　）。
　　A. 正确　　　　　　　　　　　　　B. 错误

2. 单选题：测量绝缘电阻及直流泄漏电流通常不能发现的设备绝缘缺陷是（　　）。
　　A. 贯穿性缺陷　　　　　　　　　B. 整体受潮
　　C. 贯穿性受潮或脏污　　　　　　D. 整体老化及局部缺陷

3. 判断题：使用摇表测量绝缘电阻时，把加压1分钟时测得的电阻作为绝缘电阻。（　　）
　　A. 正确　　　　　　　　　　　　　B. 错误

4. 单选题：测量介质损耗因数，通常不能发现的设备绝缘缺陷是（　　）。
　　A. 整体受潮　　　　　　　　　　B. 整体劣化
　　C. 小体积试品的局部缺陷　　　　D. 大体积试品的局部缺陷

5. 判断题：使用脉冲电流法测量局部放电能够测出真实放电量。（　　）
　　A. 正确　　　　　　　　　　　　　B. 错误

6. 判断题：在变电站使用QSI型西林电桥测量电气设备的损耗因数是要采用反接线。
　　　　　　　　　　　　　　　　　　　　　　　　　　　　（　　）
　　A. 正确　　　　　　　　　　　　　B. 错误

7. 多选题：影响测量电气设备介质损耗因数试验灵敏度的因素有（　　　）。
　　A. 试验电压　　　B. 温度　　　C. 湿度　　　D. 被试品体积

8. 多选题：描述局部放电的参数有（　　　）。
　　A. 视在放电量　　B. 放电能量　　C. 放电功率　　D. 放电重复率

9. 判断题：外加电压升高，局部放电重复率增大。（　　　）

    A. 正确　　　　　　　　　　　　　　B. 错误

10. 多选题：下列试验是非破坏性试验的有（　　　）试验。

    A. 泄漏电流测量　　　B. 局部放电　　　C. 电压分布测量　　　D. 直流耐压

第五章　高电压耐压试验

1. 判断题：变压器串级连接装置的级数不超过 3 级。（　　　）

    A. 正确　　　　　　　　　　　　　　B. 错误

2. 判断题：试验变压器容量按照被试品电容量和试验电压选择。（　　　）

    A. 正确　　　　　　　　　　　　　　B. 错误

3. 多选题：在实验室进行高电压试验中，广泛采用（　　　）等仪器、装置进行测量高电压。

    A. 球隙　　　　　　　B. 静电电压表　　　C. 电压互感器　　　D. 高压分压器

4. 判断题：静电电压表测的是电压的平均值或有效值，不能够测量瞬时值，所以不能测量一切冲击电压。（　　　）

    A. 正确　　　　　　　　　　　　　　B. 错误

5. 单选题：主要以固体介质作绝缘材料的电气设备，随着施加冲击或工频试验电压次数的增多其击穿电压下降的现象称为（　　　）。

    A. 电容效应　　　　B. 容升效应　　　　C. 吸收现象　　　　D. 累积效应

6. 判断题：由于容升效应，工频交流耐压试验时必须在被试品上直接测量电压。（　　　）

    A. 正确　　　　　　　　　　　　　　B. 错误

7. 单选题：工频交流耐压试验考核的是（　　　）。

    A. 主绝缘　　　　　B. 纵绝缘　　　　　C. 主绝缘和纵绝缘

8. 多选题：在进行外施交流耐压试验时，（　　　）可能产生过电压。

    A. 容升效应　　　　　　　　　　　　B. 调压器不在零位合闸

    C. 调压器不在零位分闸　　　　　　　D. 被试品突然击穿

9. 判断题：通过直流耐压试验更容易发现发电机定子绕组端部绝缘缺陷。（　　　）

    A. 正确　　　　　　　　　　　　　　B. 错误

10. 判断题：电气设备外绝缘冲击耐压试验采用三次冲击法。（　　　）

    A. 正确　　　　　　　　　　　　　　B. 错误

第六章　输电线路和绕组中的波过程

1. 判断题：分析电力系统过电压，要把系统等效成分布参数电路。（　　　）

    A. 正确　　　　　　　　　　　　　　B. 错误

2. 判断题：线路中行波电流的极性只取决于电荷极性，而与传播方向无关。（　　　）

    A. 正确　　　　　　　　　　　　　　B. 错误

3. 多选题：影响线路波阻抗的因素有（　　）。
   A. 导线平均高度　　B. 导线半径　　　　C. 电压幅值　　　　D. 导线周围介质

4. 多选题：线路末端开路时，行波在开路点发生（　　）。
   A. 电压正的全反射　　　　　　　　B. 电压负的全反射
   C. 电流正的全反射　　　　　　　　D. 电流负的全反射

5. 判断题：彼得逊法则只适用在一定条件下，首先入射波必须是沿一条分布参数线路传播过来；其次，节点之后任意线路上没有反行波或反行波没有到达节点。（　　）
   A. 正确　　　　　　　　　　　　　B. 错误

6. 多选题：（　　）可以用作过电压保护措施，能够减小过电压波的波前陡度和降低极短过电压波的幅值。
   A. 避雷器　　　　　B. 避雷针　　　　　C. 串联电感　　　　D. 并联电容

7. 多选题：耦合电压与源电压的关系有（　　）。
   A. 同时产生　　　　B. 同时消失　　　　C. 同极性　　　　　D. 异极性

8. 多选题：冲击电晕对线路中行波造成的影响有（　　）。
   A. 幅值衰减　　　　B. 陡度下降　　　　C. 波长增长　　　　D. 耦合系数增大

9. 判断题：截波电压对变压器绕组纵绝缘的威胁大于冲击全波电压对其的威胁。（　　）
   A. 正确　　　　　　　　　　　　　B. 错误

10. 多选题：影响变压器绕组中波过程的因素有（　　）。
    A. 绕组接线形式　　B. 中性点运行方式　C. 进波情况　　　　D. 内部保护措施

第七章　雷电放电及雷电防护设备

1. 判断题：阀型避雷器的灭弧电压应该大于避雷器安装地点可能出现的最大工频电压。
   （　　）
   A. 正确　　　　　　　　　　　　　B. 错误

2. 单选题：加装了并联分路电阻的普通阀型避雷器型号是（　　）。
   A. FS　　　　　　B. FZ　　　　　　C. FCD　　　　　D. FCZ

3. 判断题：FZ 型阀型避雷器加装并联分路电阻后，在改善工频放电电压的同时，还能够改善冲击放电电压。（　　）
   A. 正确　　　　　　　　　　　　　B. 错误

4. 判断题：普通阀型避雷器对任何过电压都能起到限制作用。（　　）
   A. 正确　　　　　　　　　　　　　B. 错误

5. 判断题：普通阀型避雷器没有专门的灭弧装置，它的灭弧能力和通流容量都是有限的，一般不允许在内部过电压下动作，以免损坏。（　　）
   A. 正确　　　　　　　　　　　　　B. 错误

6. 判断题：被保护物的冲击绝缘水平应高于避雷器的保护水平，阀型避雷器的保护水平越低越好。（　　）
   A. 正确　　　　　　　　　　　　　B. 错误

7. 单选题：（　　）避雷器是直流输电系统中最理想的过电压保护装置。

    A. 普通阀型　　　　　　B. 磁吹　　　　　　C. 氧化锌　　　　　　D. 管型

8. 多选题：雷电入侵时会形成截波的避雷器有（　　）。

    A. 保护间隙　　　　　　B. 管型避雷器　　　　　C. 普通阀型避雷器　　D. 氧化锌避雷器

9. 多选题：氧化锌避雷器的特点有（　　）。

    A. 无间隙　　　　　　B. 无续流　　　　　　C. 通流容量大　　　　D. 陡波响应速度快

10. 判断题：接地电阻主要是电流流散时遇到的土壤电阻。（　　）

    A. 正确　　　　　　　　　　　　　　　　B. 错误

第八章　输电线路的防雷保护

1. 多选题：用（　　）描述输电线路防雷性能。

    A. 击杆率　　　　　　B. 绕击率　　　　　　C. 耐雷水平　　　　　D. 雷击跳闸率

2. 判断题：输电线路的耐雷水平越高越不容易引起断路器跳闸。

    A. 正确　　　　　　　　　　　　　　　　B. 错误

3. 多选题：影响输电线路感应雷过电压的因素有（　　）。

    A. 雷击点距离　　　　B. 导线平均高度　　　C. 雷电流幅值　　　　D. 波阻抗

4. 判断题：感应雷过电压一般不会危及 110kV 线路绝缘。（　　）

    A. 正确　　　　　　　　　　　　　　　　B. 错误

5. 多选题：（　　）一般不会使输电线路绝缘子串闪络。

    A. 雷击杆塔塔顶　　　B. 绕击　　　　　　　C. 雷击避雷线档距中间　　　D. 云中闪电

6. 判断题：绝缘子串发生冲击闪络，就会使断路器跳闸。（　　）

    A. 正确　　　　　　　　　　　　　　　　B. 错误

7. 判断题：35kV 及以下的线路一般不在全线装设避雷线，而主要依靠装设消弧线圈和自动重合闸进行防雷保护。（　　）

    A. 正确　　　　　　　　　　　　　　　　B. 错误

8. 判断题：降低接地电阻是提高线路耐雷水平和减少反击概率的主要措施。（　　）

    A. 正确　　　　　　　　　　　　　　　　B. 错误

9. 判断题：输电线路直击雷主要是雷击避雷线。（　　）

    A. 正确　　　　　　　　　　　　　　　　B. 错误

10. 单选题：输电线路雷击跳闸率计算时不考虑（　　）。

    A. 雷击杆塔塔顶　　　　　　　　　　　　B. 绕击

    C. 反击　　　　　　　　　　　　　　　　D. 雷击避雷线档距中央

第九章　发电厂和变电站的防雷保护

1. 判断题：可以将避雷针加装在 35kV 变电站配电构架上。（　　）

    A. 正确　　　　　　　　　　　　　　　　B. 错误

2. 单选题：避雷针与被保护物空气中距离不宜小于（   ）m，以防止反击。

A. 1　　　　　　　B. 3　　　　　　　C. 5　　　　　　　D. 15

3. 判断题：变电所母线上避雷器动作后，作用在其他电气设备上的电压为一个接近于截波的衰减振荡波。对于变压器类电力设备，往往用多次截波冲击耐压值描述其耐受雷电过电压的能力。（   ）

A. 正确　　　　　　　　　　　B. 错误

4. 多选题：避雷器的保护范围与（   ）等因素有关。

A. 入侵波陡度　　　　　　　　B. 进线段长度

C. 避雷器类型　　　　　　　　D. 母线上进出线回路数

5. 多选题：进线段的作用有（   ）。

A. 限制入侵波电压的幅值　　　B. 限制入侵波电压的陡度

C. 限制流过避雷器雷电流幅值　D. 限制避雷器保护范围

6. 判断题：GIS绝缘的伏秒特性很平坦，其绝缘水平取决于雷电冲击水平，最理想的是采用保护性能优异的氧化锌避雷器进行保护。（   ）

A. 正确　　　　　　　　　　　B. 错误

7. 判断题：GIS中结构紧凑，设备之间的电气距离大大缩减，被保护设备与避雷器相距较近，比常规变电所有利。（   ）

A. 正确　　　　　　　　　　　B. 错误

8. 单选题：相同电压等级的电气设备，绝缘水平最低的是（   ）。

A. 变压器　　　　　　　　　　B. 断路器

C. 互感器　　　　　　　　　　D. 发电机

9. 单选题：变电站中，避雷器与变压器之间最大距离不超过20m，则避雷器与最远端电气设备之间距离不能超过（   ）m。

A. 20　　　　　　　B. 27　　　　　　　C. 37　　　　　　　D. 50

10. 判断题：分级绝缘变压器的中性点不接地时不宜在中性点加装避雷器。

A. 正确　　　　　　　　　　　B. 错误

第十章　内部过电压

1. 判断题：电力系统内部过电压产生的根源在电力系统内部，通常都是因为系统内部电磁能量的积聚和转换而引起。（   ）

A. 正确　　　　　　　　　　　B. 错误

2. 判断题：操作过电压的持续时间短，过电压幅值较大，但可以设法采用某些限压保护装置和其他措施加以限制。（   ）

A. 正确　　　　　　　　　　　B. 错误

3. 判断题：谐振过电压的持续时间较长，现有的限压保护装置的通流容量和热容量都很有限，无法防护谐振过电压。（   ）

A. 正确　　　　　　　　　　　B. 错误

4. 单选题：35kV 及以下中性点不接地系统，影响力最大的是（　　）过电压。

　　A. 切断空载线路　　　B. 合空载线路　　　C. 切空载变压器　　D. 弧光接地

5. 单选题：断路器重燃引起的是（　　）过电压。

　　A. 切断空载线路　　　B. 合空载线路　　　C. 切空载变压器　　D. 弧光接地

6. 单选题：由于 LC 电磁振荡引起的是（　　）过电压。

　　A. 切空载线路　　　B. 合空载线路　　　C. 切空载变压器　　D. 弧光接地

7. 判断题：在电力系统中，当切断电感电流时，若断路器的去游离很强，以致强迫电流提前过零，即所谓截流时，则不可能产生过电压。（　　）

　　A. 正确　　　　　　　　　　　　　B. 错误

8. 判断题：内部过电压的能量来自电网本身，它的幅值大小与电网的工作电压有一定的比例关系，故以额定电压为基础描述过电压倍数。（　　）

　　A. 正确　　　　　　　　　　　　　B. 错误

9. 多选题：（　　）等属于工频电压升高。

　　A. 空载长线末端电压升高　　　　　B. 自励磁

　　C. 不对称短路　　　　　　　　　　D. 发电机突然甩负荷

10. 多选题：属于非线性谐振的有（　　）。

　　A. 断线　　　　　　　　　　　　　B. 空载长线末端电压升高

　　C. 空载变压器铁芯饱和　　　　　　D. 电磁式电压互感器铁芯饱和

第十一章　绝　缘　配　合

1. 单选题：110kV 电网绝缘水平由（　　）决定。

　　A. 雷电过电压　　　B. 操作过电压　　　C. 谐振过电压　　　D. 工频电压升高

2. 多选题：我国电力系统绝缘配合不考虑（　　）。

　　A. 雷电过电压　　　B. 操作过电压　　　C. 谐振过电压　　　D. 工频电压升高

3. 单选题：绝缘配合更多采用的是（　　）法。

　　A. 统计　　　　　B. 简化统计　　　C. 惯用　　　　　D. 单级

4. 判断题：110kV 输电线路绝缘子串中有 7～9 片绝缘子。（　　）

　　A. 正确　　　　　　　　　　　　　B. 错误

参 考 文 献

[1]   沈其工，等. 高电压技术 [M]. 4 版. 北京：中国电力出版社，2022.

[2]   赵智大. 高电压技术 [M]. 4 版. 北京：中国电力出版社，2023.

[3]   严璋，朱德恒. 高电压绝缘技术 [M]. 3 版. 北京：中国电力出版社，2019.

[4]   常美生. 高电压技术 [M]. 3 版. 北京：中国电力出版社，2019.

[5]   吴广宁. 过电压防护的理论与技术 [M]. 北京：中国电力出版社，2015.

[6]   陈化钢. 电力设备预防性试验实用技术问答 [M]. 北京：中国水利水电出版社，2009.

[7]   国家能源局. DL/T 596—2021 电力设备预防性试验规程 [S]. 北京：中国电力出版社，2021.

[8]   中华人民共和国住房和城乡建设部，中华人民共和国国家质量监督检验检疫总局. GB/T 50065—2011 交流电气装置的接地设计规范 [S]. 北京：中国标准出版社，2011.

[9]   哈尔滨电工学院高压教研室，湘潭电机学院电器教研室. 高电压工程 [M]. 北京：中国工业出版社，1961.

[10]   刘玄毅，陈化钢. 高电压技术 [M]. 北京：中国水利水电出版社，1997.

[11]   中华人民共和国国家质量监督检验检疫总局，中国国家标准化管理委员会. GB 311.1—2012 绝缘配合　第 1 部分：定义、原则和规则 [S]. 北京：中国标准出版社，2012.

[12]   曾嵘，周旋，等. 国际防雷研究进展及前沿述评 [J]. 高电压技术，2015，41 (1)：1 - 13.